Frank Uwe Helbig

Druckelastische 3D-Gewirke

Frank Uwe Helbig

Druckelastische 3D-Gewirke

Gestaltungsmerkmale und mechanische
Eigenschaften druckelastischer Abstandsgewirke

Südwestdeutscher Verlag für
Hochschulschriften

Imprint
Any brand names and product names mentioned in this book are subject to
trademark, brand or patent protection and are trademarks or registered
trademarks of their respective holders. The use of brand names, product
names, common names, trade names, product descriptions etc. even without
a particular marking in this work is in no way to be construed to mean that
such names may be regarded as unrestricted in respect of trademark and
brand protection legislation and could thus be used by anyone.

Publisher:
Südwestdeutscher Verlag für Hochschulschriften
is a trademark of
Dodo Books Indian Ocean Ltd., member of the OmniScriptum S.R.L
Publishing group
str. A.Russo 15, of. 61, Chisinau-2068, Republic of Moldova Europe
Printed at: see last page
ISBN: 978-3-8381-2644-9

Zugl. / Approved by: Chemnitz, TU, Diss., 2006

Copyright © Frank Uwe Helbig
Copyright © 2011 Dodo Books Indian Ocean Ltd., member of the
OmniScriptum S.R.L Publishing group

Vorwort

Die vorliegende Arbeit entstand im Zeitraum von 2001 bis 2006 im Rahmen meiner Tätigkeit als Projektleiter im Bereich Forschung und Entwicklung bei der Firma Cetex Chemnitzer Textilmaschinenentwicklung gGmbH, Abteilung Wirkerei und Strickerei.
Besonders möchte ich Herrn Prof. Nendel danken, der als mein Mentor diese Arbeit betreut hat. Neben vielen wichtigen Hinweisen, welche für die Ausführung der Arbeit nützlich und wertvoll waren, sind seine Unterstützung und sein Zuspruch speziell in der Endphase der Arbeit außerordentlich hilfreich für mich gewesen.
Ebenso danke ich Herrn Prof. Fuchs für die Begutachtung meiner Arbeit, für aufschlussreiche Diskussionen im Rahmen vorheriger Konsultation und für die damit verbundenen Hinweise, denen ich im Umfeld zukünftiger wissenschaftlichtechnischer Betrachtungen ebenfalls Beachtung schenken will.
Gleichermaßen danke ich Herrn Prof. Rödel, der mich neben der Begutachtung meiner Arbeit vor allem darin unterstützt hat, durch Einbeziehung in seine wissenschaftlichen Tätigkeiten Einblicke in Arbeitsweisen und Interessenslagen angrenzender Fachbereiche zu gewinnen, um dadurch alternative Sichtweisen auf die eigenen Problemstellungen entwickeln zu können.
Ich danke Herrn Prof. Lohr, durch dessen fachliche Unterstützung ich im Verlauf meiner Arbeit den Blick auf das wesentliche finden konnte.
Mein Dank gilt meinem Geschäftsführenden Direktor Herrn Dipl.-Ing. Spröd, der mir durch Bereitstellung der Rahmenbedingungen innerhalb der Cetex Chemnitzer Textilmaschinenentwicklung gGmbH die Möglichkeiten zur Erfüllung dieser Arbeit eröffnet hat und auf dessen Unterstützung ich diesbezüglich stets vertrauen durfte.
Dank und Anerkennung gilt der Karl Mayer Textilmaschinenfabrik, Obertshausen für die intensive Zusammenarbeit auf dem umfangreichen Gebiet der Rechts/Rechts-Rascheltechnik und für die dabei entstandenen technischen Lösungen, die einerseits als Grundlagen zur Erfüllung dieser Arbeit gelten und die in ihrer nächst höheren Entwicklungsstufe die allgemeine Anwendung der vorliegenden Ergebnisse in Aussicht stellen.
Ebenso gilt den Firmen Teijin Monofilament Germany GmbH in Bobingen, Heinrich Essers GmbH & Co. KG in Wassenberg, Essedea GmbH & Co. KG in Wassenberg, Spitzen und Gardinenfabrikation GmbH in Falkenau, Pressless GmbH in Falkenau sowie Textilwerke St. Micheln GmbH & Co. KG in Mülsen mein besonderer Dank für die intensive Zusammenarbeit auf diesem technologisch umfangreichen Arbeitsfeld.
Abschließend möchte ich meiner Frau und meinen beiden Söhnen danken, die mir auch in den Momenten erhöhter Anspannung mit Ruhe und Rücksicht begegnet sind und durch verantwortungsvolle Übernahme zahlreicher zu erledigender Aufgaben die nötige Entlastung zugunsten meiner Arbeit verschafft haben.

Inhaltsverzeichnis

1	Einleitung	11
2	Stand der Technik und Aufgabenstellung	13
2.1	Polster – Begriffe, Gestaltung und Anwendung	13
2.2	Traditionelle Polsterkonstruktionen	14
2.2.1	Hochpolster	14
2.2.2	Flachpolster	15
2.3	Komfort und Nachhaltigkeit – allgemeine Anforderungen an moderne Polsterkonstruktionen	16
2.4	Werkstoffe und Materialien zur Unterpolsterung	18
2.4.1	Geschäumte Werkstoffe und Polster	18
2.4.2	Textile Polstermaterialien und Verfahren zu ihrer Herstellung	20
2.4.2.1	Herkunft und verfahrenstechnische Weiterentwicklungen	20
2.4.2.2	Vliesstoffe, Vliesstofftechnik und angelehnte Verfahren	20
2.4.2.3	Abstandstextilien	22
2.4.2.4	Abstandsgestricke	24
2.4.2.5	Abstandsgewirke	24
2.4.2.6	Weiterverarbeitung von Abstandsgewirken für Polsteranwendungen	28
2.4.2.7	Beurteilung herkömmlicher Materialien und Verfahren	29
2.5	Bestimmung druckelastischer Eigenschaften	31
2.6	Präzisierung der Aufgabenstellung	32
3	Herleitung des Erzeugnischarakters	33
3.1	Allgemeine Anforderungen	33
3.2	Formale Unterscheidung herkömmlicher Abstandsgewirke	33
3.3	Textiltechnologische Elemente der Abstandsgewirke und ihre Darstellungsformen	34
3.4	Geometrische und strukturelle Elemente der Abstandsgewirke	37
3.4.1	Allgemeine, verfahrenstechnische Einflüsse	37
3.4.2	Länge eines Abstandsgewirkes	38
3.4.3	Breite eines Abstandsgewirkes	38
3.4.4	Dicke eines Abstandsgewirkes	39
3.4.5	Maschendichte und Dichte der Abstandsfäden – die maßgeblichen Strukturparameter	39
4	Analysen zu herkömmlichen RR-Abstandsgewirken	43
4.1	Abstandsgewirke, gefertigt auf RR-Raschelmaschinen vom Typ RD	43
4.1.1	Abstandsgewirke mit geschlossenen Oberflächen	43
4.1.2	Geometrische Bedingungen	43

4.1.3	Betrachtungen zum Druckverformungsverhalten	44
4.2	Abstandsgewirke, gefertigt mit RR-Raschelmaschine vom Typ HDR	46
4.2.1	RR-Abstandsgewirke mit offenen, netzartigen Grundflächen	46
4.2.2	Offene, netzartige Abstandsgewirke mit ca. 10 mm Dicke	47
4.2.2.1	Geometrische Eigenschaften	47
4.2.2.2	Druckelastisches Verhalten	51
4.2.3	Offene, netzartige Abstandsgewirke mit ca. 20 mm Dicke	53
4.2.4	Hypothesen über Möglichkeiten und Grenzen zur Ausführung ähnlicher Gewirke in größeren Dicken	56
4.3	Zusammenfassung der Analyseergebnisse	56
4.4	Parameter zur Produktsynthese	59
4.4.1	Faserstofftechnische Einflüsse	59
4.4.2	Wirkereitechnische Parameter	59
5	Entwicklung der Modelle zur textilen Konstruktion	61
5.1	Ausgangssituation, Forderungen und Bedingungen	61
5.2	Belastungs- und Verformungsmodelle	61
5.2.1	Grundfall - Elastisches Knicken	61
5.2.2	Formänderung durch Biegeknicken	63
5.3	Beanspruchung von 3D-Elementen mit speziellen Einbaulagen	63
5.3.1	3D-Elemente in senkrechter Einbaulage	63
5.3.1.1	Statik der senkrecht orientierten 3D-Elemente	64
5.3.1.2	Geometrisches Verhalten der 3D-Elemente während der Druckverformung	64
5.3.2	3D-Elemente in symmetrischer, diagonaler Erstreckung	67
5.3.3	Kombination senkrechter und diagonaler 3D-Elemente	69
5.3.4	Ableitung eines Belastungskoeffizienten	71
5.4	Spannungsverhalten der 3D-Elemente	73
5.4.1	Druckspannung der 3D-Elemente	73
5.4.2	Herleitung der Biegespannungen am 3D-Element	73
5.4.3	Grenzfall „Elastisch-plastisches Knicken"	76
5.4.4	Kraft-Dickenkontraktions-Verlauf beim Biegeknicken	76
5.4.5	Spannungsverläufe während des Biegeknickens	78
5.5	Ergebnisse der Modellbetrachtungen	80
6	Textiltechnische Realisierung	83
6.1	Allgemeine Bedingungen der Produktsynthese	83
6.2	Wirkereitechnische Basis	83
6.3	Festlegungen zur Garnauswahl	85

6.4	Geometrie der regulären 3D-Gewirke	85
6.5	Präzisierung der RL- und RR-Bindungen	86
6.5.1	Bindungen der 3D-Elemente	86
6.5.2	Bindungen der 2D-Elemente	88
6.5.3	Festlegungen zu Rapportwiederholungen	89
6.6	Bestimmung von Fadenlieferwerten (FZ-Werte)	90
6.6.1	Grundlagen der FZ-Wertberechnung	90
6.6.2	Lauflänge der Schußlegung (GB 1 und GB 6)	91
6.6.3	Lauflänge der offenen Franse (GB 2 und GB 5)	91
6.6.4	Lauflänge der 3D-Bindung (IXI-Legung GB 3)	92
6.7	Codierung der Gewirkemuster	93
6.8	Thermische Fixierung	95
7	Druckspannungs-Verformungseigenschaften der 3D-Gewirke	97
7.1	Meßbedingungen	97
7.2	Auswertung der Druckverformungsmessungen	98
7.2.1	Einfluß der textiltechnischen und -technologischen Parameter auf die Druckspannungs-Verformungseigenschaften	98
7.2.2	Vergleich zwischen praktischen und theoretischen Ergebnissen	99
7.3	Kritik zum Modell	101
7.4	Bestimmung der Korrekturgrößen für die Druckverformungsfunktionen	103
8	Ergebnisdiskussion	105
8.1	Zusammenfassung und Schlußfolgerungen	105
8.2	Ausblick	108
9	Literatur- und Quellenverzeichnis	111
10	Abbildungsverzeichnis	115
11	Anlagen	119

Verzeichnis der verwendeten Abkürzungen und Kurzzeichen

Abkürzungen

ASRT	- Antriebs-, Steuer-, und Regelungstechnik
EF	- Eigenfunktion
EL	- Elektronische Legebarre
DPLM	- Doppelplüsch-Masche
DSVE	- Druckspannungs-Verformungseigenschaft
DSVW	- Druckspannungs-Verformungswert
FVK	- Faserverbundkunststoff (-e)
GB	- Grund-Legebarre
HDR	- Doppelfonturige Hochleistungs-Raschelmaschine
Herst.	- Hersteller
IXI	- Synonym für die Geometrie der 3D-Bindung
NB	- Nadelbarre
PET	- Polyethylenterephtalat (spez. Form von Polyester)
Pkw	- Personenkraftwagen
Rapp	- Rapport / Musterrapport
RD	Raschelmaschine Doppelfonturig
RR	- Rechts / Rechts
2D	- zweidimensional
3D	- dreidimensional

Kurzzeichen

Kurz-zeichen	Einheit	Bezeichnung
a	-	natürliche Zahl / Index der Grundbarren
A	-	Fläche / Flächeninhalt
B	- mm	Breite
B_{bindg}	- Nadeln	Bindungsbreite
c	-	Belastungskoeffizient
C	- mm	Fadenlänge der Platinenmasche
CV_{40}	- kPa	Druckspannungswert bei 40% Dickenkontraktion
CC_{xx}	- kPa	Druckspannungs-Verformungseigenschaft bei xx% Dickenkontraktion
D	- mm	Dicke
D_{Last}	- mm	Dicke - variabel, von Drucklast abhängig
D_{Lastk}	- mm	Dicke - spezielle, Drucklast abhängig
d	- mm	Durchmesser
dM	- 1/Flächeneinheit	Maschendichte (flächenbezogen)
dP	- 1/Flächeneinheit	Abstandsfadendichte (flächenbezogen)
dz	- mm	differentielle Länge
d_N	- mm	Nadelschaftdurchmesser
E	- Nadeln / in	Nadel- / Wirkfeinheit
e_{Kf}	-	Einzugsfolge von Kettfäden
F	- N	Kraft
$F_{A; B; C; D}$	- N	spezielle Lagerkraft
F_Q	- N	Querkraft
F_S	- N	Stabkraft
$F_{Sk}(90°)$	- N	äquivalente Einzelstabkraft
F_{K0}	- N	Eulersche Knickkraft
FBA	- mm	Abschlagbarren- bzw. Fräsblechabstand
fix	-	Index einer Größe im fixierten (veredelten) Warenzustand
fra	-	Index für beliebige Maschen einer RL-Franse-Bindung
frei	-	Index für Maschen einer RL-Franse-Bindung, die keine Verbindungen zu anderen RL-Legungen enthalten

G	-	Gelenk
FZ	- mm/Rack	Fadenzuführung / Fadenzuführwert
H	- mm	Fadenlänge des Maschenkopfes
in	-	Inch – englisches / amerikanisches Zoll: 1 in=25,4 mm
i	-	Anzahl senkrechter 3D-Elemente
j	-	Anzahl diagonaler 3D-Elemente
j_P	-	muster- / legungsbedingte Anzahl Abstandsfäden
J	- mm^4	Flächenträgheitsmoment
k	-	Anzahl / beliebige natürliche Zahl
Kf	-	Kettfaden
L	- mm	Länge
l_K	- mm	Knicklänge
Last	-	Index einer unter Druckbelastung veränderlichen Größe
Lf	- mm	Lauflänge
M	-	Krümmungsmittelpunkt
MD	- Maschen/cm	lineare Maschenreihendichte
M_E	- Pa	E-Modul
ML	- mm	Maschenlänge
MR	-	Maschenreihe
M_b	- Nm	Biegemoment
n	-	Anzahl / beliebige natürliche Zahl
n_K	-	Anzahl Maschenstäbchen
p	- Pa	Druck
Q	- mm	Fadenlänge des Maschenschenkels
q(z)	- N/m	Streckenlast
R	- mm	Fadenlänge der Bindungsstelle
r	- mm	Radius - variabel, vom Krümmungswinkel abhängig
r_K	- mm	spezieller, Knick- / Biegeradius
roh	-	Indizierung einer Größe im rohen (unveredelten) Warenzustand

S	-	Standardabweichung
s	- mm	Weg
s_k	- mm	Knickweg
s_0	- mm	spezieller Formänderungsweg
Ttex	- tex	Garnfeinheit / Titertex (1g/km=1tex)
UL	- Nadellücken / Nadelgassen	Unterlegung (Äquivalent für B_{bindg} in Abstandsfaden führenden Grund-Legebarren)
v	-	variable Größe
w	-	variable Größe
X; x	-	Koordinate; Index einer gerichteten Größe
Y; y	-	Koordinate; Index einer gerichteten Größe
Z	-	Koordinate; Index einer gerichteten Größe
z_0	- mm	spezielle Stichlänge einer Krümmung zu Beginn der Formänderung
z	- mm	variable Stichlänge einer Krümmung während der Formänderung
α	- °	Winkel / aus 3D-Gewirkegeometrie resultierende Abstandsfadenneigung
A	- °	Winkel / theoretische Abstandsfadenneigung
β	- °	Winkel / Krümmungswinkel
Δ	-	allg. Differenz einer Größe
ΔM_z	- mm	differentielle, gerichtete Lageänderung des Krümmungsmittelpunktes
δ	- %	relative Dehnung
δ_q	- %	relative Stauchung
ε	-	Dehnung
ε_q	-	Kontraktion
ε_{qD0}	-	textiltechnologisch bedingte Dickenkontraktion; Ausgangsgröße für die Druckverformung
ε_{Q^*}	-	Querkraft bedingte Kontraktion
$\varepsilon_{qDLast\ k}$	-	lastabhängige Dickenkontraktion, aus der die Fallunterscheidung des Biegeknicken resultiert
ϕ	- °	variabler Winkel
λ	-	Schlankheitsgrad

λ_0	-	Grenzschlankheitsgrad
ν	- %	relativer Variationskoeffizient
σ	- N / mm²	Spannung
σ_b	- N / mm²	Biegespannung
σ_d	- N / mm²	Druckspannung
σ_K	- N / mm²	Knickspannung
σ_S	- N / mm²	Streckgrenze

1 Einleitung

Technische Textilien sind eine Chance der modernen Textilindustrie, die größtenteils – schon weit vor dem Beginn der „Globalisierung" der Wirtschaft – durch den Rückgang und den Verlust ihrer Kerngeschäfte an traditionellen Produktionsstandorten Ideen, Impulse und Produktentwicklungen für aktuelle und zukünftige Wertschöpfung benötigt. Die Aussicht auf eine breite Anwendungsbasis ist Grund für den hohen Stellenwert der Technischen Textilien bei der Suche nach modernen Alternativen, wobei sich die Erzeugnisse in verschiedenen Fällen durchaus von den klassischen textilen Anwendungsfeldern abheben. Anwenderspezifische Produktklassifikationen nach Rubriken wie Buildtech, Geotech, Indutech oder Agrotech, so beispielsweise auf der "Techtextil", einer typischen Vertreterin der einschlägigen Fachmessen und Ausstellungen für Technische Textilien zur Anwendung gebracht, lassen dies deutlich werden. Andererseits zeigen Begriffe wie Clothtech, Hometech, Mobiltech oder Medtech, daß die Technischen Textilien nach wie vor auch traditionellen textilen Anwendungsfeldern zugeordnet werden [1].

Ein wesentlicher Einflußfaktor für den Variantenreichtum der Produktpalette „Technische Textilien" sind die Faserstoffe. Werden darauf aufbauend lediglich Verfahren in Betracht gezogen, die zur flächen- oder formbildenden Weiterverarbeitung der Garne bzw. Faserstoffe angewendet werden, so erfolgt die Steigerung der Produktvielfalt durch die zahlreichen zur Verfügung stehenden textilen Fertigungsmöglichkeiten. Klassische Technologien erfahren – zumeist durch mechatronische Lösungen – technische Modifikationen und Adaptionen, um den Bedingungen zur Herstellung „Technischer Textilien" besser entsprechen zu können. Zur Charakterisierung der textilen Erzeugnisse ist zwischen den faserverarbeitenden Verfahren der Vliesstofftechnik und den garnverarbeitenden Verfahren zu unterscheiden. Sogenannte Faserverbundstoffe können durchaus als Domäne der Vliesstofftechnik betrachtet werden [2]. Weiterhin sind, besonders ausgeprägt in Verbindung mit der Kunststofftechnik, Verfahrenskombinationen bekannt, bei denen mit minimiertem Aufwand für die Handhabung der Fasern oder Garnmaterialien unter Verwendung formbildender Matrices textil-armierte Werkstücke oder Halbzeuge, die sogenannten Faserverbundbauteile oder Faserverbundwerkstoffe entstehen. Längst kommen als Matrix nicht mehr nur Kunststoffe zur Herstellung von FVK zur Anwendung, sondern auch Mineralgemische werden eingesetzt, um Bauteile entstehen zu lassen, die im Bauwesen Verwendung finden [3].

Aus der Summe von verfügbaren Faserarten und daraus herstellbaren Garnen, den verschiedensten, zum Teil technisch modifizierten, klassischen sowie modernen textilen Flächen- oder Formbildungsverfahren und einem anscheinend unerschöpflichen Feld von möglichen Anwendungen, ergibt sich für sämtliche bisher hergestellte und zukünftig herzustellende Erzeugnisse eine Gemeinsamkeit. Es handelt sich dabei um die Erfüllung des komplexen Anspruches, aus dem Fertigungsverfahren als funktional hoch integriertes textiles Produkt hervorzugehen, welches die speziellen Anwenderanforderungen im Hinblick auf Beanspruchung, Weiterverarbeitungs- und Einbaubedingungen genügt. Gleichzeitig stellt dies eine grundlegende Bedingung für den Erfolg der Technischen Textilien dar. Neben den Prämissen der unmittelbaren Wirtschaftlichkeit ist die Nachhaltigkeit der Wertschöpfungen ein weiteres, wichtiges Kriterium und als übergeordneter Ansatzpunkt der strategischen Erzeugnisentwicklung zu berücksichtigen. Die verwendeten Materialien sollen innerhalb eines geschlossenen Kreislaufes im günstigsten Fall zur Reproduktion des Ersterzeugnisses gebracht werden. Voraussetzung dafür ist die Möglichkeit einer sortenreinen Materialtrennung.

Allerdings kann diese Bedingung bei Faserverbunden nicht immer mit vertretbarem wirtschaftlichen Aufwand erfüllt werden.

Während für die ingenieurtechnischen Disziplinen Faser-Kunststoff-Kombinationen zur Erfüllung technischer Aufgaben in diversen Bauteilen und Bauelementen [17; 70] unabdingbar sind und im Verhältnis zu ihrem Nutzen als vorteilhaft gegenüber dem Anwender und seiner Umwelt gelten, gewinnt die Materialauswahl darüber hinaus eine noch größere Bedeutung, wenn der Anwender in seinen Lebenssphären häufig und längerfristig mit Technischen Textilien in Kontakt kommt.

„Wie man sich bettet, so liegt man!" Ob nun trotz oder gerade wegen der Individualität des Menschen - bequemes Sitzen oder Liegen ist von allgemeinem Interesse.

Bei den mit Polsterungen ausgestatteten Erzeugnissen handelt es sich vorrangig um Gebrauchs- bzw. Konsumgüter, über deren Gebrauchswert der Endverbraucher im Einzelhandel befindet. Die persönliche Meinung zum Produkt wird von diesbezüglich angewendeten Marketingmitteln (Produktwerbung) und von individuellen Wahrnehmungen durch probeweisen Gebrauch, zum Beispiel im Einzelhandelsgeschäft, beeinflußt. Bei einem entsprechenden Sitz- oder Liegetest erfolgt neben einem Abgleich zwischen den aus der Produktwerbung abgeleiteten Erwartungen und dem individuellen Empfinden vor allem die ganz persönliche Präzisierung des eigenen Komfortanspruchs in Beziehung zum Erzeugnis. Neben den optischen Eindrücken und daraus abgeleiteten Meinungen, die ein Kaufinteressent aus der Form- und Oberflächengestaltung, dem Design eines Objektes und der Verhältnismäßigkeit zu seinen eigenen ästhetischen Ansprüchen gewinnt, spielen für die Beurteilung der physischen und physiologischen Komfortparameter der Polsteraufbau des Sitz- oder Liegesystems eine entscheidende Rolle. Mit einem persönlichen Test, sei es nun im Möbelstudio, im „Betten- und Matratzenlager" oder einem Autohaus, können jedoch nur überwiegend erste Eindrücke gewonnen werden. Eine genauere Einschätzung oder sogar eine sichere Aussage zur Leistungsfähigkeit des Produktes im Dauer- bzw. Langzeitgebrauch ist damit kaum möglich. Aber besonders diese Gebrauchseigenschaften sind entscheidende Kriterien zur Beurteilung des Komforts der Produkte und damit Parameter zur Bestimmung der Kundenzufriedenheit. Die Unterstützung der Anatomie und Physiologie des Anwenders steht bei der Entwicklung und Gestaltung von Sitz- oder Liegesystemen im Mittelpunkt. Mit dem Begriff „Komfort" wird dabei ein Komplex von Eigenschaften umschrieben, dem zahlreiche Funktionen zugrunde liegen. Das Zusammenwirken der drei Bestandteile - Bezug, Unterpolsterung und gestellverbindende Konstruktion - bildet die Grundlage für die Leistungsfähigkeit eines Sitzes oder einer Liege.

Für die Gebrauchsgüterproduktion gilt es, aus diesem komplexen Anforderungsspektrum Erzeugnisse abzuleiten, die neben den vielschichtigen Konsumentenwünschen auch betriebswirtschaftlichen Forderungen und Bedingungen genügen. Während bei einer Einzelanfertigung die individuellen Ansprüche der Kunden besonders berücksichtigt werden können, muß den von größeren Produktmengen gekennzeichneten industriellen Fertigungen eine Marktanalyse vorausgehen, auf deren Grundlage die Aufteilung bestimmter Erzeugnisse in entsprechende Marktsegmente erfolgt. Dabei ist die Tatsache besonders zu berücksichtigen, daß es sich um materialintensive Produkte handelt, demzufolge die verwendeten Materialien einen entscheidenden Faktor für das Preis – Leistungsverhältnis einer „bequemen" oder „komfortablen" Sitz- bzw. Liegenkonstruktion darstellen. Das Anwendungspotential voluminöser Textilien in Polstersystemen lässt sich mittels technischer Erweiterungen spezieller garnverarbeitender Verfahren steigern, wenn dadurch Komfortanspruch und Bauteilcharakter unmittelbar im textilen Produkt integriert werden können [64].

2 Stand der Technik und Aufgabenstellung

2.1 Polster – Begriffe, Gestaltung und Anwendung

Ein Polster bzw. eine Polsterung ist ein „elastisch, nachgiebiges Element von Sitz-, Liegemöbeln, Autositzen u. a." [4]. Es wird zwischen „Flachpolstern" und „Hochpolstern" unterschieden: „Bei Flachpolstern wird auf Gurten, Flachfedern und einer Leinwandunterlage eine Auflage aus einem elastischen Füllstoff (...) aufgebracht; darüber wird ein Bezug gespannt. Bei Hochpolstern werden Kegelfedern oder Federkerne auf Gurten oder Stahlbändern befestigt und so miteinander verknüpft, daß sich eine leicht gewölbte Fläche ergibt.; darüber wird kräftiges Leinen gespannt und wie beim Flachpolster überpolstert."

Mit dieser Beschreibung wird auf das breite Anwendungsspektrum von Polstern in Sitz- und Liegesystemen verwiesen. Dabei wird herausgestellt:

- Ein Flachpolster ist grundsätzlicher Bestandteil eines Polsteraufbaues.
- Ein Polster muß nicht zwingend mit dem Gebrauchsgegenstand, für dessen endgültige Anwendung es konzipiert wurde, fest verbunden sein.
- Ein Polster kann auch ein eigenständiges Produkt sein, das erst durch individuelle Verwendung mit einem anderen Gebrauchsgegenstand seine zweckmäßige Bestimmung erfährt.

In der Fortsetzung sollen jedoch nur Polster betrachtet werden, die fest mit einem Gebrauchsgegenstand oder einer geeigneten, steifen (festen / stabilen) Konstruktion zur Aufnahme des Polsters verbunden sind.

Tabelle 1: Sitze und Liegen mit fest eingebauten Polstern

Objekt	Anwendungsbereich	Gepolsterter Gebrauchsgegenstand	Objekteinsatz
Sitz	Mobiltech	Passagiersitz	Bus, Bahn, Flugzeug, Schiff usw.
		Fahrersitz	Pkw, Lkw, Landmaschine, Stapler, Baumaschine, Krananlage
	Hometech	Sessel, Couch, Bank, Stuhl, Hocker	Büro, Gastronomische Einrichtung, Zuschauerraum, Zuschauertribüne, Aufenthalts- und Warteraum, Wohnbereich
	Medtech	OP-Stuhl	Krankenhaus, Arztpraxis
		Rollstuhl, Krankenfahrstuhl	Heim- und Pflegedienst, individueller Gebrauch
Liege	Mobiltech	Bett, Matratze	Reisebus, Reisezug, Lkw, Schiff
	Hometech		Wohnung, Hotel, Pension usw.
	Medtech		Heim- und Pflegedienst, Krankenhaus
		OP-Tisch, Trage	Krankenhaus, Arztpraxis, Notdienst
	Sporttech	Matte	Turnhalle, Sportplatz, Camping

Aus der anwenderspezifischen Klassifikation [1] lassen sich die Bereiche Mobiltech, Hometech, Medtech und Sporttech als primäre Einsatzfelder von Sitz- und Liegepolstern ableiten. Tatsächlich sind gepolsterte Gebrauchsgegenstände in nahezu allen unseren Lebenssphären anzutreffen, ob für den privaten oder öffentlichen, den individuellen oder allgemeinen Gebrauch, ob für mobile oder immobile Anwendungen (Tabelle 1). Ähnlichkeiten und Übereinstimmungen der Polster bezüglich ihrer Anforderungen und technischen Ausführungen sind dabei grundsätzlich gegeben. Es gibt zwar für die jeweiligen Gebrauchsgegenstände favorisierte Arten des Polsteraufbaus, eine davon abhängige, eindeutige Trennung danach, ob grundsätzlich ein Hochpolster oder ein Flachpolster zum Einsatz kommen soll, ist allerdings nicht möglich. Die Entscheidung für die verwendete Art des Polsteraufbaus wird vielmehr von einem komplexen Spektrum aus Forderungen und Bedingungen bestimmt.

2.2 Traditionelle Polsterkonstruktionen

2.2.1 Hochpolster

Die Hochpolster können als die klassische Art der Polsterkonstruktionen betrachtet werden. Der klassischen Methode nach wurden die komfortablen Polstermöbel in der Vergangenheit vorwiegend mit der „geschnürten Federung" ausgestattet, deren Anfertigung vor allem handwerkliches Können voraussetzt. „Ein geordnetes System von Taillenfedern erhält durch ein System von Schnürungen die gewünschte Höhe, Spannung und Stellung, wodurch das Polster eine individuelle Federwirkung bekommt..." [8]. Durch den gefederten Unterbau dieser Polsterkonstruktion werden folglich mechanische Eigenschaften und Design des Enderzeugnisses in einem Montageablauf bestimmt. Speziell die oberen Verbindungen zwischen den Federn mittels der Schnüre haben hier einen besonderen Stellenwert (Abbildung 1). Die Anwendung der geschnürten Federung ist heute eher selten, vorrangig bei Restaurationen anzutreffen.

Abbildung 1: geschnürte Federung eines Polstersessels

Eine der Qualität des Enderzeugnisses nicht zuträgliche Lösung ist der Verzicht auf die Schnürung. Beispielsweise in Verbindung mit einer Flachpolsterauflage aus Schaumstoff beschädigen die Taillenfedern bei Gebrauch das darüber befindliche Flachpolster und dringen bleibend in selbiges ein [9]. Die Federn erhalten damit in ihrer zur Polsteroberfläche gerichteten geometrischen Ausprägung direkte Wirkung zum Benutzer. Der Einfluß des Flachpolsters auf den Polsterkomfort wird reduziert. Gleichzeitig verliert das Polster an Höhe.

In der industriellen Fertigung finden die Hochpolster ihre Umsetzung zum einen durch die Polster mit Federkernen. „In der Herstellung ist dieses System aus Zylinder- oder Bonellfederkernen [...] kostengünstiger als eine geschnürte Federung mit annähernd gleicher Federwirkung..." [8]. Weit verbreitet sind die Polsterkonstruktionen mit Federkernen im Betten- und Matratzenbau. Aber auch industriell gefertigte Polstermöbel im Wohnbereich sind mit solchen Systemen ausgestattet. Eine spezielle Form dieser Art von Hochpolstern sind die Taschenfederkerne. Hier werden die Metallfedern einzeln in textile Hüllen eingenäht. Ziel dieser Maßnahme ist eine vornehmlich punktuelle Federwirkung.

Weite Verbreitung im Bereich der industriellen Fertigung des Hochpolsters hat die vollständige Schaumstoffpolsterung. Bei dieser modernen Polstertechnik im Sandwichaufbau werden im Polsterkern keine Metallfedern verwendet. Daher wird die Schaumstoffpolsterung auch als ungefederte Polsterung bezeichnet. Über eine Unterfederung aus Wellenfedern wird eine doppelschichtige, in Raumgewicht und Stauchhärte unterschiedliche Schaumstoffkombination geklebt, wodurch eine stufen- bzw. lagenweise Polsterwirkung erzielt wird.

2.2.2 Flachpolster

Flachpolster sind „Polsterungen, die vorwiegend als Sitzpolster für Stühle, Bänke und Rückenlehnenpolsterungen bei Polsterstühlen zum Einsatz kommen ... Der Aufbau kann mit Schaumstoff, losen Füllstoffen oder als erhöhtes Flachpolster mit Formkanten erfolgen." [8]. Es ist zu beachten, daß ein Flachpolster ein eigenständiges Anwendungsobjekt sein kann, aber auch in jedem Fall integraler Bestandteil eines Hochpolsters ist (2.1).

Abbildung 2: Flachpolster eines klassischen Polsterstuhles mit Einlegerahmen

Die Unterscheidung für Flachpolster wird nach dem jeweils verwendeten Polstergrund vorgenommen. Es kommen dabei feste und elastische Polsterunterkonstruktionen in Betracht. Eine weitere Differenzierung erfolgt danach, ob das Flachpolster fest montiert oder mit einem Einlege- bzw. Auflegerahmen verbunden ist, wobei die Verbindung des Polsters zum Gebrauchsgegenstand in den beiden zuletzt genannten Varianten über den entsprechenden Rahmen erfolgt. (Abbildung 2)

2.3 Komfort und Nachhaltigkeit – allgemeine Anforderungen an moderne Polsterkonstruktionen

Komfort bezeichnet eine „auf technischen Errungenschaften und einem gewissen Luxus beruhende Bequemlichkeit." [4]. Diese individuelle Wahrnehmung, die sich in Abhängigkeit vom persönlichen Lebensstandard befindet, wird in Verbindung mit Polstern durch den unmittelbaren, körperlichen Kontakt ausgelöst. Entsprechend breit ist das Spektrum von Einflußgrößen, das zur Bestimmung des Komforts herangezogen werden kann. Im Wesentlichen wird das Komfortempfinden von zwei Gruppen von Eigenschaften bestimmt. (Abbildung 3) Zwischen beiden Gruppen bestehen Wechselbeziehungen, insbesondere, da durch die konstruktionstechnischen Eigenschaften, die sich aus Entwurf und Umsetzung der Sitz- oder Liegekonstruktion ableiten, die Bedingungslagen geschaffen werden, innerhalb derer die anwendungsspezifischen Eigenschaften des gepolsterten Gebrauchsgegenstandes zu erfüllen sind.

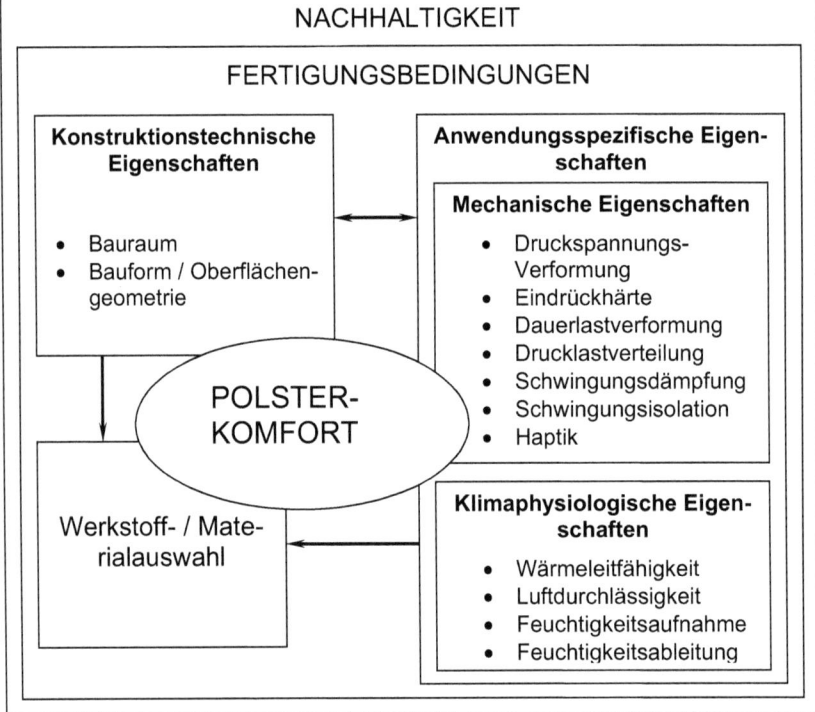

Abbildung 3: Parameter und Einflußgrößen des Polsterkomforts

Die konstruktionstechnischen Eigenschaften sind zunächst von einem kreativen Design abhängig. Da der jeweilige gestalterische Anspruch in den verschiedenen Anwendungsbereichen für Polster voneinander stark abweichen kann, ist auch dessen Einfluß auf die Ausführung der gepolsterten Gebrauchsgegenstände in gleichem Maße unterschiedlich. In ihren Abmessungen weitestgehend standardisierte Polster, wie beispielsweise Matratzen, sind vergleichsweise deutlich weniger von wesentlichen Gestaltänderungen betroffen als Fahrzeugsitze in Pkw. Letztere sollen sich nicht nur durch besondere Gebrauchseigenschaften auszeichnen, sondern bereits visuell Emotionen auslösen, die eine Kaufentscheidung unterstützen. Infolge dessen unterliegen sie auch modischen Aspekten. In beiden Fällen sind die aus solchen Anforderungen und Bedingungen folgenden Geometrien der Polsteroberfläche, die Bauform des Gebrauchsgegenstandes und der darin eingeschlossene Bauraum die Maßgaben, innerhalb derer die speziellen Anwendungseigenschaften erfüllt werden müssen.

Die Realisierung eines Designs bedingt die Auswahl geeigneter Werkstoffe bzw. Materialien, mit denen die Umsetzung erfolgen soll. Die Auswahl verschiedener Polstermaterialien und deren Kombination innerhalb des verfügbaren Bauraumes sind bestimmend für sämtliche Anwendungseigenschaften.

Die Gruppe der anwendungsspezifischen Eigenschaften läßt sich nochmals in zwei Kategorien aufteilen. Die Kategorie der mechanischen Eigenschaften bringt das ursprünglich an Polster gerichtete Anforderungsprofil zum Ausdruck, also das Verhalten eines Polsters bei Verformung infolge Druckbelastung. Kernstück der mechanischen Anwendungseigenschaften ist das Druckverformungsverhalten der Polsterung, welches ein Spektrum von Eigenschaften umfaßt, zu deren Bestimmung verschiedene Verfahren und Methoden zur Verfügung stehen. Neben den Druckspannungs-Verformungseigenschaften, die als Maß für die tragenden Eigenschaften einzelner Materialien nach DIN EN ISO 3386 [5] ermittelt werden können, sind weiterhin Untersuchungen und Prüfungen zur Bestimmung der Eindrückhärteigenschaften [37; 41; 42] oder des Verhaltens bei Langzeitbelastung [38; 43] anzuwenden. Für mobile Anwendungen sind ferner das Schwingungsverhalten der Polstermaterialien, insbesondere die schwingungsdämpfenden und die schwingungsisolierenden Eigenschaften [39] von Interesse.

Mit den Festlegungen zu den eingesetzten Polstermaterialien wird auch direkt Einfluß auf die zweite Gruppe komfortrelevanter Parameter genommen. Wissenschaftliche Untersuchungen der letzten Jahre haben ergeben, daß die klimaphysiologischen Eigenschaften einen wesentlichen Anteil am Komfort der Polster haben. In modernen Polstersystemen wird versucht, dieser Erkenntnis zunehmend im Sinne verbesserter Ergonomie Rechnung zu tragen. Die Tatsache, daß heute zahlreiche Arbeiten im Sitzen verrichtet werden, ist ein entscheidendes Argument für die Weiterentwicklung von Polstersystemen auf diesem Gebiet. Ein auf individuelle Bedürfnisse einstellbares Mikroklima in der Kontaktzone zwischen Mensch und Polsterung trägt zur Erholung und Entspannung bei und führt im Zusammenhang mit der Ausübung von Tätigkeiten zu verbesserter, länger anhaltender Konzentrationsfähigkeit. Ein Aspekt, der beispielsweise für Führer von Kraftfahrzeugen, Maschinen oder Anlagen gleichermaßen wie für Büroarbeitskräfte von Interesse ist. Aber auch Anwendungsbereiche, bei denen Personen mehr oder weniger bedingt zu eingeschränkten, körperlichen Aktivitäten während ihres Aufenthaltes gezwungen sind oder veranlaßt werden, liefern Gründe für die Untersuchung klimaphysiologischer Eigenschaften in Polstersystemen. So sind beispielsweise Flugzeugsitze aber auch Matratzen und Lagerungshilfen im häuslichen oder medizinischen Gebrauch Gegenstand der Betrachtungen [6; 7; 19]. Entscheidende Parameter zur Ermittlung des klimaphysiologischen Verhaltens eines Polsters sind die Feuchtigkeitsaufnahme, die Feuchtigkeitsableitung, die Luftdurchlässigkeit und die Wärmeleitfähigkeit der verwendeten Materialien.

Doch nicht nur die unmittelbaren Effekte eines Gebrauchsgegenstandes sondern auch die mittelbar mit ihm verbundenen, die Folgen seiner Herstellung und des Umganges nach Verschleiß seiner Gebrauchswerte, müssen für eine moderne Erzeugnisentwicklung und -produktion gleichermaßen im Mittelpunkt der Betrachtungen stehen.

Der hierfür allgemein verwendete Begriff der Nachhaltigkeit bedeutet zunächst schonenden Umgang mit Ressourcen in allen Prozessen der Produktentstehung. Dazu gehört neben der Materialökonomie und effizienter Verfahrenstechnik zur Herstellung des Polstermaterials selbst auch die Berücksichtigung der daraus entstehenden Bedingungen in den weiterverarbeitenden Bereichen. Eine große Anzahl verschiedener, „idealer" Komponenten kann zwar zu einem hochwertigen Polstersystem führen, bedingt aber zwangsläufig einen höheren Aufwand bei der Fertigung der Komponenten selbst als auch bei ihrer Zusammensetzung zur vollständigen Polsterung. Daß sich solcher Aufwand im Nutzen für den Anwender bzw. Konsumenten niederschlagen muß, der mit seinem Kauf letztlich die Leistung aller am Entstehungsprozeß Beteiligten honoriert, versteht sich von selbst. Die Forderungen nach immer leistungsfähigeren, angenehmeren, besser verträglicheren Polstersystemen verstärkt den Trend zu mehreren, verschiedenen Komponenten im Systemaufbau. Die Verwendung einer größeren Anzahl diverser Komponenten und das Fixieren der Komponenten untereinander, damit sie dauerhaft an ihrer gewünschten Position in Funktion bleiben, bedürfen zusätzlicher Mittel und Methoden, solche, die im Falle der stofflichen Verwertung nach Gebrauch den Demontageaufwand vergrößern, eine sortenreine Materialtrennung und damit das Recycling der Erzeugnisse insgesamt erschweren. Allgemein ist der Trend zu beobachten, daß moderne, leistungsfähige Polsterungen aus einem umfangreichen Material-Mix bestehen, der offenbar nur noch dann in seiner ökologischen Bilanz vertretbar bleibt, wenn spezielle Verordnungen und Gesetze umgesetzt werden, welche die Hersteller zur Rücknahme und Entsorgung von verschlissenen Gebrauchsgütern verpflichten [63].

Mit der Nachhaltigkeit, mit den ökologischen Folgen und Effekten eines Produktes, schließt sich der Kreis von Aufwand und Nutzen. Daher ist auch ein Polstermaterial, das mit seinen Funktionen alle Eigenschaften zur Bereitstellung eines gewünschten Komforts erfüllt, erst dann für ein Erzeugnis geeignet, wenn es den Bedingungen der Weiterverarbeitung angepaßt werden kann, und es sollte nur dann zum Einsatz kommen, wenn seine ökologische Bilanz gegenüber bisher verwendeten Erzeugnisstrukturen mindestens gleich, idealerweise sogar besser ist.

2.4 Werkstoffe und Materialien zur Unterpolsterung

2.4.1 Geschäumte Werkstoffe und Polster

Mindestens seit der Verwendung von Schaumstoffen in den ungefederten Hochpolstern gibt es zwischen Hoch- und Flachpolstern einen fließenden Übergang in der Materialauswahl, weshalb diesbezüglich unterschiedliche Betrachtungen zur Klassifizierung von Polstern vorgenommen werden.

Für die Herstellung von Polstern bzw. Polstermaterialien werden sowohl natürliche als auch künstliche Werkstoffe verwendet, weshalb eine eindeutige Unterscheidung und Zuordnung nach der Herkunft der Ausgangsmaterialien nicht unmittelbar möglich ist. Eine geeignete Gliederung kann sich jedoch in Verbindung mit der Art der Materialaufbereitung und mit den angewendeten Verfahren zur Herstellung der Polstermaterialen ergeben [6; 9; 10; 12]. (Anlage 1)

Der überwiegende Teil der heute erhältlichen Polsterungen basiert auf geschäumten Werkstoffen. 1937 erfindet Otto Bayer ein Verfahren zur Herstellung von Schaumstoffen durch Polyaddition von Diisocyanaten und Polyolen. Diese Entwicklung bildete den Ursprung der synthetischen Schaumfertigung. 1940 wurde mit der industriellen Produktion durch die Bayer-Werke in Leverkusen begonnen. Seit etwa 1965 spielt die darauf aufbauende Kunststofftechnik, die durch geeignete Technologien eine massenweise Herstellung von Schäumen mit verschiedensten mechanischen

Eigenschaften unter industrietechnischen Bedingungen ermöglichte, für die Fertigung von Polstern eine herausragende Rolle. Der sogenannte Polyether- oder PUR-Schaum bildet die Basis, auf der auch die viskoelastischen Schäume entstehen. Um mit geschäumten Materialien auch zukünftig den Anforderungen an Polsterungen zu entsprechen, speziell in Beziehung zum klimaphysiologischen Komfort, sind jüngste Entwicklungen auf die Ausbildung offenporiger Zellstrukturen im Schäumprozeß ausgerichtet, um dadurch die Bedingungen zur Abgabe der vom Polster aufgenommenen Feuchtigkeit zu verbessern [10; 12].

Die Qualität eines Schaumstoffes wird weitestgehend durch dessen Raumgewicht bestimmt. Je höher das Raumgewicht, um so haltbarer ist der Schaumstoff bei Belastungen. Die für Polsteranwendungen relevanten Weichschäume zeichnen sich durch besonders elastisches Verhalten, Verformbarkeit, Rückstellvermögen und damit verbundener Wiedererholung nach Entlastung aus [12].

Latex ist der typische Vertreter der natürlichen, schaumbildenden Rohstoffe. Es handelt sich hierbei um eine, aus den Stämmen von Gummibäumen gewonnene, milchig weiße, leicht geschäumte Flüssigkeit, aus der durch Evakuierung, thermische Einflußnahme und unter Zusatz von Kohlendioxid in einer geschlossenen Form eine Zellstruktur aufgebaut und stabilisiert wird. Häufige Verwendung findet Latex-Schaum in Matratzen, als synthetischer Latex auch durch den Zusatz künstlich hergestellter Komponenten.

Die Schaumstoffe werden nahezu ausschließlich in gebundener Form verwendet, wobei zwischen der Fertigung in kontinuierlichen und diskontinuierlichen Prozessen unterschieden wird. In jedem Fall erfolgt bei der Herstellung von Mehrkomponentenschäumen zunächst eine homogene Vermischung der in einem bestimmten Mengenverhältnis zueinander gebrachten Roh- und Hilfsstoffe.

Im kontinuierlichen Verfahren wird „diese Mischung gleichmäßig auf ein laufendes Band aufgetragen, welches sich langsam von der Mischkammer wegbewegt. Die anfänglich 0,5 bis 1,2 cm dicke Flüssigkeitsschicht auf der Bahn wächst durch die Reaktion der Komponenten im Schäumtunnel zu einem bis 1,2 m hohen, endlosen Block. Am Ende der Schaumstraße werden Kurz- und Langblöcke abgelängt...." [12]. Diese Verfahrensweise zur Herstellung von Schaumwerkstoffen gilt auch als Standard-Produktionsprozeß. Es entsteht ein Halbzeug in Form von Bahn-, Block- oder Mattenware, aus dem Polsterkörper in beliebigen Formen und Größen geschnitten werden können.

Diskontinuierliche Verfahren gestatten durch Einsatz spezieller Formwerkzeuge die Fertigung von Formpolstern, die in ihren Dimensionen nahezu den Abmessungen der Gebrauchsgüter entsprechen, denen sie zur Unterpolsterung dienen. Neben der Verarbeitung von Naturlatex in der Matratzenindustrie wird diese Technologie für PUR-Schaum vorwiegend bei der Herstellung von Fahrzeugsitzpolstern angewendet. Der aktuelle Stand der Technik ermöglicht den gleichzeitigen Eintrag unterschiedlicher Komponentenmischungen, wodurch partiell voneinander verschiedene, in Abhängigkeit von den zu erwartenden Belastungsanforderungen definiert platzierte Schaumqualitäten mit differenzierten mechanischen Eigenschaften in einem Formpolster realisiert werden. Innerhalb einer Fertigungsstufe kann so die Unterpolsterung eines Fahrzeugsitzes entstehen, die durch ein weiches Sitzpolster und unmittelbar damit verbundene, vergleichsweise härtere Seitenhalt-Polster gekennzeichnet ist. Es entstehen Produkte mit einem hohen Integrationsgrad, die sich auf Grund kostenintensiver Fertigungstechnik vorrangig unter den Bedingungen von Großserien- und Massenproduktionen wirtschaftlich umsetzen lassen. (Abbildung 4)

Hinsichtlich ihrer Ökologie unterliegen die Schaumstoffe zunehmend kritischen Beurteilungen, da sich deren Recycling weniger auf eine stoffliche Materialrückführung zur Verwendung in ähnlichen oder anderen Gebrauchsgütern sondern im wesentlichen entweder auf Ablagerung in Deponien oder energetische Verwertung konzentriert. Die beim Verbrennen von Schaumstoffen frei werdenden Gase bedürfen vor deren Freisetzen besonderer Filterung.

2.4.2 Textile Polstermaterialien und Verfahren zu ihrer Herstellung

2.4.2.1 Herkunft und verfahrenstechnische Weiterentwicklungen

Die textilen Werkstoffe bilden eine zweite, wesentliche Gruppe von Materialien, deren Bedeutung historisch gesehen weit zurück reicht, wenn die mittels Tier- oder Pflanzenfasern aufgepolsterten Lager in die Betrachtungen eingeschlossen werden. Die zur Herstellung von Unterpolsterungen verwendeten textilen Materialien können grundsätzlich sowohl in loser als auch in gebundener Form zum Einsatz kommen.

Die Tradition natürlicher Faserstoffe ist durch Verwendung loser Tierfasern bei der Polsterfertigung bis in die jüngste Vergangenheit erhalten geblieben. Aus einer Vorlage in loser Form erfährt das Material erst beim Polsteraufbau weitestgehend unabhängig von seiner Materialaufbereitung eine endgültige Ordnung, die aus der Zusammenführung mit anderen Bauteilen der Polsterkonstruktion in einem handwerklichen Herstellungsprozeß entsteht. Das Material wird entsprechend einer gewünschten Polstercharakteristik zwischen einer geeigneten Tragkonstruktion und der Überspannung durch einen Polsterbezug innerhalb des darin verfügbaren Bauraumes definiert angeordnet. Form und Funktion des Polsters resultieren ähnlich wie bei der geschnürten Federung der Hochpolster aus diesem manuellen Verfahren, das heute vorwiegend noch für Einzelanfertigungen und Restaurationen angewendet wird. Polsterungen in Pferdekutschen sowie die Sitze und Lehnen alter Kraftfahrzeuge oder alter Polstermöbeln können als typische Gebrauchgegenstände dafür gelten. Gleichsam wurden und werden auch pflanzliche Faserstoffe in loser Form aus Kokosfasern, Baumwolle oder Wolle zur Aufpolsterung verwendet.

Ein erster Schritt in diese Richtung waren die Roßhaargewebe, die ca. bis Mitte des 20. Jahrhunderts in speziellen Webereien gefertigt wurden. Insbesondere in der Polstermöbelfertigung wurden diese Materialien zum Einsatz gebracht.

Heute bieten neben den vorrangig faserverarbeitenden Vliesstofftechnologien auch verschiedene garnverarbeitende Technologien Möglichkeiten zur Fertigung voluminöser, textiler Materialien für Polsterungen. Speziell durch garnverarbeitende Technologien hergestellte voluminöse Textilien, die unter dem Begriff „Abstandstextilien" zusammengefaßt werden, bieten interessante Alternativen.

2.4.2.2 Vliesstoffe, Vliesstofftechnik und angelehnte Verfahren

Die Ablösung der losen Faserstoffe in der industriellen Polsterfertigung fand durch die Roßhaargewebe und das sogenannte Gummihaar statt. Bei letzterem handelt es sich um vliesähnlich vorgelegte Kokosfasern, die unter Verwendung elastisch abbindender Zusätze zu Mattenwaren in verschiedenen Dicken verarbeitet werden. Die Firma Fehrer in Kitzingen nahm auf dieser Basis 1924 die Produktion der sogenannten Schnellpolstermatten auf. Bereits 1931 wurde die Technologie von Gummihaarpolstern eingeführt, bei der durch Umformtechnik aus Gummihaarmatten Formpolster hergestellt werden (Abbildung 5).

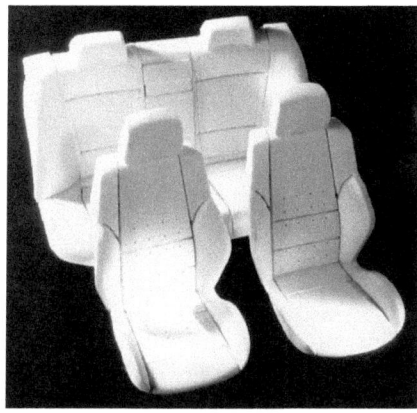 

Abbildung 4: Geschäumte Formpolster einer PKW-Sitzgarnitur [10]

Abbildung 5: Fahrzeugsitz mit Formpolstern aus Gummihaar [10]

Speziell in der Fahrzeugsitzproduktion fand dieses Material nach Ende des zweiten Weltkrieges eine weite Verbreitung und wurde bald zum Standard für Polsterungen in der Autoindustrie. Aktuell erlebt es in Sitzpolstern für mobile Anwendungen in Form von Zuschnitten aus Mattenware eine Renaissance. (Abbildung 6)

Abbildung 6: Polstereinlage des Audi A8 Klima-Komfort-Sitzes (Modelljahr 2004); Zuschnitt aus einer 20mm dicken Gummihaarmatte

Mit den Vliesstoffen wird für die textilen Polstermaterialien gleichzeitig die Brücke von den Naturfasern zu den Kunstfasern geschlagen. Für die Matratzenindustrie hat die Verarbeitung voluminöser Vliese mit niedrigem Raumgewicht in den Polsterungen besondere Bedeutung. In den Flachpolstern von Matratzen kommen Baumwolle, Wolle, Polyester und diverse Fasermischungen zum Einsatz. Zwischen einer Unterspannung und dem Bezug wird die Polstereinlage gehalten und durch geeignete Absteppungen endgültig fixiert. Für ein spürbares Polsterverhalten ist eine bestimmte Dicke der Vliesstoffe erforderlich. Um den voluminösen Charakter in Verbindung mit dem für Polster gewünschten, elastischen Verhalten von Vliesstoffen zu verbessern und weitere Anwendungsbereiche zu erschließen, wurde das Produkt „Caliweb" entwickelt, das auf Basis der Nähwirktechnik durch die Verfahren „Kunit" und „MultiKnit" hergestellt wird [14; 15]. Die Vliese werden in der für Textilien typischen Form als Bahnware zur Weiterverarbeitung bereitgestellt.

Bekannt sind ferner Entwicklungen zu Formpolstern für mobile Anwendungen, die durch Umformtechnik, ähnlich der Verarbeitung von Gummihaar, aus voluminösen Polyestervliesen gefertigt werden. Die Zuschnitte aus Vliesstoffen mit verschiedenen Raumgewichten werden gemäß einer zu erzielenden Polsterform und Polstercharakteristik kombiniert und in einem Formwerkzeug verfestigt, welches die Geometrie des vollständigen Sitzpolsters vergegenständlicht.

2.4.2.3 Abstandstextilien

Hervorgegangen sind die Abstandstextilien aus der Fertigung von Velour- oder Plüschstoffen. In vielen Fällen erfolgt unter dem Begriff der Doppelpol- oder Doppelplüschtechnik eine unmittelbare Trennung eines doppelwandigen Textils in der Mitte eines zwei textile Flächen verbindenden Polfadensystems, wodurch der sogenannte Schneidplüsch [22] entsteht. Kennzeichnend für diese Textilien sind die in jedem Fall geschnittenen Polfäden, die nicht durch Auftrennen einer Polschlinge entstanden sind. Bei den Velourstoffen ist eine Unterscheidung nach diesem Merkmal jedoch nicht immer möglich, da zum Beispiel die Kettenwirkerei für deren Herstellung sowohl Polkettenwirkmaschinen mit oder ohne Jacquard-Technik als auch Rechts/Rechts-Raschelmaschinen, zur Verfügung stellt [15]. Velourstoffe finden als feinmaschige aber strapazierfähige Textilien breite Anwendung in Polsterbezügen oder für dekorative Verkleidungen.

Auch die Doppelteppichweberei wird zur Herstellung von Polwaren zur Anwendung gebracht. Daraus entstehende Erzeugnisse haben im Gegensatz zu den feinmaschigen Velourstoffen der Kettenwirkerei einen eher gröberen Charakter. Ebenfalls durch den Einsatz von Jacquard-Technik entstehen strapazierfähige Textilien, die nach dem mittigem Auftrennen in der Polfadenzone vor allem durch die Musterungsvielfalt überzeugen. Unter Einsatz bestimmter Fasermaterialien in der Polfadenzone, verbunden mit speziellen, rückseitigen Beschichtungen der textilen Oberflächen, eignen sich Produkte aus der Doppelteppichweberei sogar als Kunstrasen in Fußballstadien.

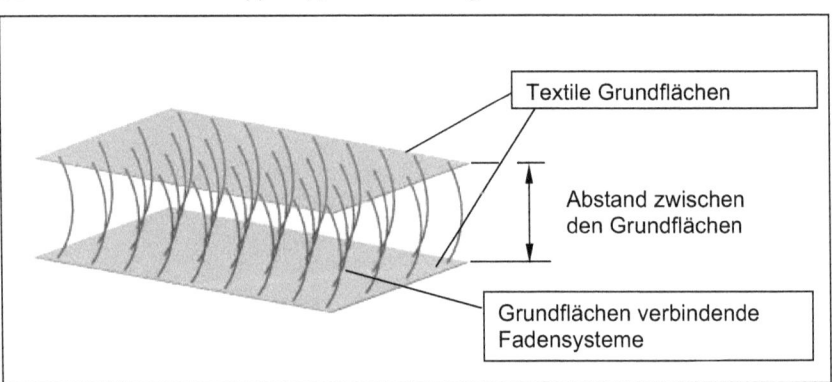

Abbildung 7: Prinzipieller Aufbau eines Abstandstextiles

Grundsätzlich stehen mit den drei maßgeblichen, traditionellen, flächenbildenden Textiltechnologien, der Weberei, der Strickerei und der Wirkerei Verfahren und Methoden zur Herstellung von Abstandstextilien zur Verfügung, wenn auf das Durchtrennen der Polfadensysteme verzichtet wird. Unabhängig vom speziellen Verfahren stimmen die Technologien darin überein, daß gemeinsam in einer Verfahrensstufe zwei in einem technisch vorbestimmten Abstand zueinander befindliche, textile Oberflächen unmittelbar aus der gleichzeitigen Verarbeitung mehrerer Fadensysteme entstehen, die mindestens durch ein zwischen diesen beiden Flächen sich erstreckendes Fadensystem miteinander verbunden werden. (Abbildung 7) Kommen solche Textilien im ungeschnittenen Zustand zum Einsatz, dann entsprechen jene gewöhnlich für die Velourstoffe als Polfäden bezeichneten ursprünglichen Verbindungsfäden nicht mehr ihrem, auf der Art der Weiterverarbeitung des Abstandstextils technologisch begründeten Namen. Aus diesem Grund wird für Verbindungsfäden im ungeschnittenen Abstandstextil vorzugsweise der Begriff Abstandsfaden verwendet. Die veränderte Funktion der Verbindungsfäden kommt mit der Wahl dieser Terminologie deutlich zum Ausdruck, da diese Abstandsfäden unter bestimmten garnspezifischen Eigenschaften den Zweck der Ausprägung und des Erhaltes eines Abstandes zwischen den beiden textilen Oberflächen und damit einer bestimmten Dicke des Textils erfüllen sollen. In der Fachsprache kommen darauf aufbauend verschiedenste Begriffe zur Anwendung, die zum Teil einen Verweis auf das angewendete Herstellungsverfahren liefern, teilweise aber auch die Dreidimensionalität der damit entstehenden Textilien besonders betonen. (Tabelle 2) Eine Vielzahl so bezeichneter Textilien, die für Anwendungen in Polsterkonstruktionen konzipiert sind, zeichnen sich traditionell durch Dicken aus, die vorwiegend für den Einsatz in Flachpolstern geeignet sind. Diverse Produkte in den Bereichen der Sport- und Funktionsbekleidungen, Polster in Wäschestücken oder in Oberbekleidungen, aber auch in speziellen medizinischen Anwendungen sind mit solchen Abstandstextilien ausgestattet. Überwiegend handelt es sich dabei um Abstandsgewirke [18; 19] oder Abstandsgestricke, während Abstandstextilien auf Basis der Doppelwebtechnik hierbei keine wesentliche Rolle spielen.

Tabelle 2: Typische Begriffe und Bezeichnungen für Abstandstextilien

Technologiespezifische Begriffe		
• Abstandsgewebe	• Abstandsgestrick	• Abstandsgewirke
• Doppelgewebe	• Doppelgestrick	• Doppelgewirke
• Doppelwandgewebe	• Rechts-Rechts-Abstandsgestrick	• Rechts-Rechts-Abstandsgewirke
• Zwei-Wand-Gewebe		• Zwei-Nadelbarren- bzw. Doppelnadelbarren-Abstandsgewirke (vorw. in engl.)
		• Polfadengewirke
Technologie unabhängige Begriffe		
Dreidimensionales Textil; 3D-Textil; räumliches Textil; Abstandstextil; engl.: face to face – fabric; spacer fabric		

2.4.2.4 Abstandsgestricke

Rechts/Rechts-Groß-Rundstrickmaschinen bilden die technische Basis der Rechts/Rechts-Abstandsgestricke. Die Maschinen sind durch hohe Maschinenfeinheiten von 14 - 28 E, teilweise auch bis 42 E gekennzeichnet, wobei die Wahl der Nadelteilung hauptsächlich von der jeweils zu erzielenden Oberflächenstruktur des Rechts/Rechts-Abstandsgestrickes abhängig ist [20; 45; 46]. Die Dicke eines entsprechenden Gestrickes ist abhängig vom Abstand zwischen Zylinder und Rippscheibe. Bekannt sind RR-Gestricke mit Dicken bis zu 6 mm.

Die bindungstechnischen Möglichkeiten zur Einarbeitung der Abstandsfäden zwischen den Zylinder- und Rippnadeln werden durch eine Vielzahl technischer und technologischer Parameter bestimmt, unter anderem durch Nadelteilung, Anzahl der Systeme oder Austriebslänge der Stricknadeln. Letztere leiten sich insbesondere aus den Gesetzmäßigkeiten zur Maschenbildung in Strickmaschinen ab und schaffen auf Grund der Notwendigkeit ihrer Einhaltung einige Beschränkungen für die Fertigung der RR-Abstandsgestricke.

Um für die Geometrie – speziell für die Dicke – eines RR-Abstandsgestrickes größeren Arbeitsfreiraum zu schaffen, kann auf die Möglichkeit zurückgegriffen werden, gröbere Teilungen zu verwenden sowie den Abstand zwischen der Rippscheibe und dem Zylinder zu vergrößern. Ein Erfindungsvorschlag, der die Grenzen der traditionellen Rechts/Rechts-Stricktechnik detailliert aufzeigt, empfiehlt die Verwendung gesteuerter Nadeln im Zylinder und stellt damit Gestrickdicken bis zu 14 mm in Aussicht [20].

Allgemein bekannt und für Anwendungen im dekorativen Bereich von Flachpolsterbezügen bevorzugt geeignet sind farbig oder bindungstechnisch gemusterte RR-Gestricke, die im wesentlichen durch Verwendung der Jacquardtechnik an den RR-Rundstrickmaschinen realisiert werden [45]. Durch eher geringe Gestrickdicken bleibt die Verwendung der RR-Gestricke aber weitestgehend auf die oberen, körpernahen Bereiche eines Polsteraufbaues beschränkt.

2.4.2.5 Abstandsgewirke

Abstandsgewirke werden auf den Rechts/Rechts-Raschelmaschinen hergestellt. Gegenüber einer aufeinanderfolgenden Verarbeitung der Fäden in der Strickerei durch einzeln bewegliche Nadelsysteme werden in der Wirkerei meist auf Kettbäumen vorbereitete Fadenscharen gleichzeitig, in gemeinsam beweglichen Nadelsystemen durch den Maschenbildungsprozeß zu textilen Strukturen verbunden. Je nach Bauart stehen Rechts-Rechts-Raschelmaschinen in Arbeitsbreiten bis 175 Zoll zur Verfügung.

In den beiden mit dem Rücken zueinander stehenden Abschlagbarren, die mit Hinweis auf ihr mechanisches Herstellungsverfahren auch „Fräsbleche" genannt werden, befindet sich jeweils eine auf- und abwärts bewegliche Nadelbarre. Die mechanisch vorbestimmte Distanz zwischen den beiden Abschlagkanten der Abschlagbarren wird als Abschlagbarren- oder Fräsblechabstand (FBA) bezeichnet. Das asynchrone Arbeitsprinzip, wonach die beiden Nadelbarren abwechselnd um 180° Hauptwellenumdrehung versetzt ihre aufsteigende bzw. ihre absteigende Bewegung vollziehen, hat sich an modernen Maschinen durchgesetzt [21]. Nicht weitergeführt wurden dagegen Entwicklungen von RR-Raschelmaschinen, welche mittels synchroner Hubbewegungen der beiden Nadelbarren eine Steigerung der Produktionsleistung in Aussicht stellten.

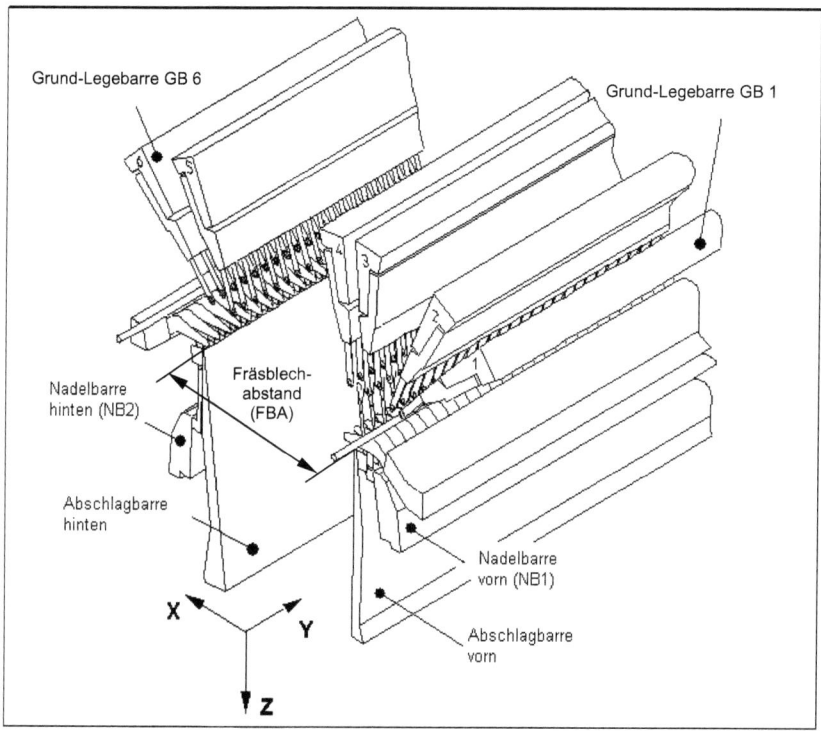

Abbildung 8: Arbeitsstelle einer Rechts/Rechts-Raschelmaschine

Durch die Lücken der Zungennadeln, welche auf den Nadelbarren befestigt und die in der Teilung zueinander nicht versetzt sind, werden die auf Legebarren angebrachten Lochnadeln geführt. Typische Rechts/Rechts-Raschelmaschinen sind mit fünf bis sieben Stück Grund-Legebarren (GB) ausgestattet. Mindestens die erste und die letzte, häufig jedoch die jeweils ersten und letzten beiden Grund-Legebarren aus dieser Legebarrenanordnung dienen zur Fertigung der beiden Oberflächen eines Abstandsgewirkes, während die verbleibenden Grund-Legebarren hauptsächlich zur Herstellung des Abstandsfadensystems eingesetzt werden.

Innerhalb der Arbeitsstelle einer RR-Raschelmaschine wird durch Zuordnung eines räumlichen, orthogonalen Koordinatensystems die Orientierung bezüglich der Anordnung der Arbeitselemente und der daraus entstehenden Elemente innerhalb der textilen Konstruktion verbessert. Über der X-Achse, welche die Bewegungsrichtung der Legebarren durch die Nadellücken bezeichnet, wird der Abstand der Abschlagbarren und eine daraus resultierende, mögliche Dicke (D) des Abstandsgewirkes bestimmt. Die Erstreckungsrichtungen aller Barren verlaufen in Richtung der Y-Achse, über der sich die Arbeitsbreite der Maschine und somit die Warenbreite (B) des Textils abbilden läßt. Die Hubbewegungen der Nadelbarren verlaufen weitestgehend in Richtung der Z-Achse, die zur Ableitung der Länge (L) eines textilen Erzeugnisses dienen kann und deren Richtungssinn in Warenfortschrittsrichtung weist [16]. (Abbildung 8 und Abbildung 9)

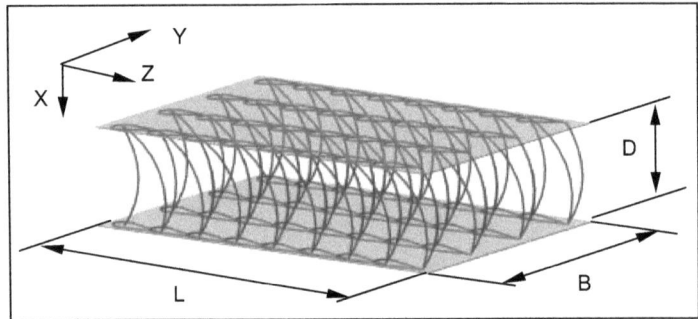

Abbildung 9: Allgemeine Geometrie eines Abstandsgewirkes (Ansicht 90° gegenüber Abbildung 8 um Y-Achse gedreht)

Während in der Vergangenheit zur Einleitung der Versatzbewegungen von Grund-Legebarren (GB), welche in Unterlegungen und Überlegungen unterschieden werden, an Raschelmaschinen, bei denen regelmäßig Musterwechsel vorgenommen wurden, Musterketten zum Einsatz kamen, sind heute zunehmend die als EL-Antriebe bezeichneten, elektromotorisch betriebenen und elektronisch gesteuerten Legebarrenantriebe anzutreffen, mit deren Verwendung vor allem die Möglichkeiten für die Bindungen der gewirkten Oberflächen aber auch der Legungen für Abstandsfäden verbessert wurden. (Abbildung 10 und Abbildung 11) In speziellen Fällen werden für die besondere bindungstechnische Ausgestaltung einer der beiden der textilen Oberflächen eines Abstandsgewirkes sogar Jacquardbarren zum Einsatz gebracht [18; 22].

Abbildung 10: Musterkettentrommel   Abbildung 11: EL-Antriebe zur Versatzsteuerung von Grund-Legebarren

Mit dem Einsatz von Musterkettensteuerungen zur Einleitung der Versatzbewegungen an den Abstandsfäden führenden Grund-Legebarren blieben vor allem die maximal möglichen Versatzwege dieser Legebarren innerhalb ihrer jeweiligen Unterlegungsbereiche sowie der Grad ihrer bindungstechnischen Variabilität erheblich beschränkt. Es gab technische Entwicklungen, um mit länger übersetzenden Versatzhebeln und Musterwechselgetrieben diese technologischen Grenzen zu überwinden. Entwicklungsschwerpunkt war die Wirktechnik für Verpackungsmittel, insbesondere für regulär gewirkte Säcke und Netze. Allerdings beträgt der Abschlagbarrenabstand bei Herstellung dieser Erzeugnisse wiederum nur wenige Millimeter. Die tatsächliche Überwindung dieser Grenzen auch bei größeren Abschlagbarrenabständen, die an diversen RR-Raschelmaschinen bis zu 60 mm betragen können, erfolgte erst durch Entwicklungen in den zurückliegenden zehn Jahren, die zur Ausstattung dieser Grund-Legebarren mit dynamisch leistungsfähigen EL-Antrieben führten [56].

Mittels elektromotorisch angetriebener, elektronisch gesteuerter oder geregelter, sogenannter sequentieller Kettbaumantriebe ist es heute möglich, basierend auf den Wickelkurven der Schär- bzw. Teilkettbäume, den jeweiligen im Wirkprozeß erforderlichen Fadenbedarf einzelner Grund-Legebarren bereitzustellen. Durch die Verwendung entsprechender spezieller technologischer Parameter zur Programmierung der Kettbaumantriebe kann der Fadenverbrauch auf eine einzelne Maschenreihe speziell abgestimmt werden. Der Fadenbedarf selbst resultiert aus der Nadelteilung, der Bindung der Grund-Legebarre und der Maschenlänge (häufig äquivalent als lineare Maschenreihendichte MD in Maschen/cm dargestellt) [34; 35]. Zur Herausbildung der geforderten Maschenlängen kommen Warenabzugsvorrichtungen, bestehend aus mehreren Abzugswalzen, die unmittelbar unter der den Abschlagbarren angeordnet sind, zum Einsatz. Ähnlich wie bei den Kettbaumantrieben kann durch sequentiellen Antrieb der Abzugswalzen die Maschenlänge bei der Herstellung des textilen Produktes modifiziert werden.

Für die nach allgemeinem technischen Stand bekannten Abstandsgewirke, die durch Gewirkedicken im Bereich von 2 mm bis ca. 12 mm gekennzeichnet sind, wird die Abzugskraft kraftschlüssig auf das Gewirke mittels Umschlingung der Walzen durch die Warenbahn übertragen. Unmittelbar an der Maschine wird die Warenbahn aufgewickelt. Die Dickenvariation der klassischen Abstandsgewirke resultiert aus der Möglichkeit, den Abschlagbarrenabstand abhängig vom Maschinentyp in bestimmten Bereichen zu verändern [23; 24]. Fein strukturierte Oberflächen, gute Dehnbarkeit und Elastizität in Y-Richtung und Z-Richtung sind typische Merkmale damit hergestellter Textilien, welche auf Wirknadelfeinheiten von 16 E und feiner gefertigt werden und die als Schuhstoffe, dekorative Verkleidungen von Fahrzeuginnenausstattungen oder zur Kaschierung textiler Oberflächen, gewissermaßen als Substitut für Schaumstoffschichtverbunde in Polsterauflagen Verwendung finden [15; 32]. (Abbildung 12)

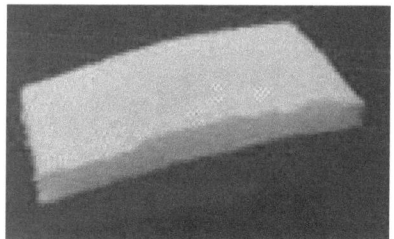
Abbildung 12: Abstandsgewirke mit ca. 6mm Dicke

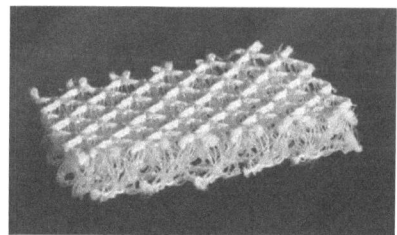
Abbildung 13: 10 mm dickes Abstandsgewirke mit netzförmigen Oberflächenstrukturen

In den meisten Fällen werden diese Textilien aus synthetischem Material, vorwiegend aus Polyester, gefertigt. Während für die Oberflächen hauptsächlich glatte oder texturierte Filamentseiden verarbeitet werden, kommen zum Erzielen einer polstertypischen, dauerhaft druckelastischen Gewirkekonstruktion bestimmter Dicke in der Abstandsfadenzone vorwiegend Monofile zum Einsatz. Zusätzlich andere Garnarten werden als Abstandsfäden dann verwendet, wenn neben den mechanischen Eigenschaften Forderungen nach verbesserten klimaphysiologischen Eigenschaften (z. B. Ableitung von Feuchtigkeit) erfüllt werden sollen [19]. Der für die mittleren bis hohen Nadelfeinheiten durch die Nadelgröße bestimmte Füllgrad der Nadelköpfe beschränkt die Verarbeitbarkeit von Monofilen meist auf ca. 0,1 mm Durchmesser.

Seit Mitte der neunziger Jahre sind Abstandsgewirke mit offenen, netzartigen Oberflächenstrukturen in Dimensionen bis zu 10 mm Dicke bekannt. (Abbildung 13) Kennzeichnend für diese Textilien ist die Verarbeitung von Polyester-Monofilen im Abstandsfaden mit einem deutlich größeren Durchmesser, der in verschiedenen Fällen bis zu 0,30 mm beträgt. Typisches Einsatzgebiet für diese Abstandsgewirke ist die Polsterung in Matratzen. Im besonderen Fall wird auch wieder auf die klimaphysiologischen Vorteile dieses Abstandsgewirkes verwiesen [25; 60].

Die Fertigung dieser Abstandsgewirke erfolgt auf zwei verschiedenen Typen von RR-Raschelmaschinen. Herkömmliche, feinmaschige Abstandsgewirke in Dicken bis 12 mm, die sich durch extreme Produktvielfalt auszeichnen, werden überwiegend mit den als „RD-Typ" bezeichneten Maschinen realisiert. (Anlage 2) Die Kinematik dieser RR-Raschelmaschinen folgt dem Prinzip, daß zum Passieren der Nadellücken ausschließlich die zum Einsatz gebrachten Grund-Legebarren eine gemeinsame Bewegung in X-Richtung vollziehen [21]. Wenn auch diese Maschinentypen die Einstellung von Abschlagbarrenabständen bis 30 mm gestatten, so liegt der Schwerpunkt ihrer Verwendung zur Herstellung von Abstandsgewirken jedoch in Bereichen bis 10 mm Gewirkedicke. Durch Verwendung verschiedenster Bindungstechniken und Garnfeinheiten lassen sich im druckelastischen Verhalten stark voneinander abweichende Strukturen erzeugen [32].

Bei den Rechts/Rechts-Raschelmaschinen vom „Typ HDR", deren Abschlagbarrenabstand durchaus 60 mm betragen kann, kommt das sogenannte Konträrprinzip zur Anwendung, bei dem die Hubbewegungen der Nadelbarren zusätzlich von einer, den Schwingbewegungen der Legebarren jeweils entgegengerichteten Bewegung in X-Richtung überlagert sind. Bei größeren Abständen der Abschlagbarren (i. d. R. 20 mm und darüber) sind die Grund-Legebarren, welche die Kettfadensysteme führen, die zur Herstellung der Oberflächen dienen, selbst vorwiegend gestellfest angeordnet, so daß deren Lochnadeln durch die zusätzliche (konträre) Horizontalbewegung der Nadelbarren (NB) durch die Nadellücken der Wirknadeln geführt und dadurch jeweils in Position zur Ausführung der Unterlegung oder Überlegung gebracht werden. Die üblicherweise hierbei angewendeten kinematischen Bedingungen haben zur Folge, daß entsprechend der Konstellationen nach Abbildung 8 in den Wirknadeln von Nadelbarre NB 1 lediglich Fadensysteme aus den Grund-Legebarren GB 1 bis GB 4 zur Legung gebracht werden können, während die Wirknadeln von Nadelbarre NB 2 nur Fadensysteme der Grund-Legebarren GB 3 bis GB 6 verarbeiten können. Da somit ausschließlich die Grund-Legebarren GB 3 und GB 4 in der Lage sind, Legungen in den Wirknadeln beider Nadelbarren zu vollziehen, können auch nur durch deren Legungen Rechts/Rechts-Bindungen gefertigt werden, während durch die Legungen der verbleibenden, gestellfest angeordneten Grund-Legebarren innerhalb eines Abstandsgewirkes tatsächlich nur Recht/Links-Bindungen entstehen [18; 54; 58].

2.4.2.6 Weiterverarbeitung von Abstandsgewirken für Polsteranwendungen

An den wirkereitechnischen Prozeß schließt sich für die meisten in Polsterungen verwendeten Abstandstextilien lediglich eine thermische Nachbehandlung an, die sich in vielen Fällen auf das Trockenfixieren beschränkt [2; 26; 57]. Wenn die Textilien mit farbig gemusterten Oberflächen im Sichtbereich zur Anwendung kommen sollen, werden meist spinngefärbte Garne verarbeitet. Da in sehr vielen Anwendungen das Abstandsgewirke als Polsterelement von weiteren Flächengebilden überdeckt wird, werden für das textile Polstermaterial häufig rohweiße, synthetische Garne eingesetzt, die anderen Formen der Nachbehandlung nicht dringend bedürfen. Das Abstandstextil wird als Bahnware zur Veredlung gebracht, indem es in einem Spannrahmen mittels Nadelketten aufgenommen und unter Ausnutzung des elastischen Verhaltens der Maschenwaren über die Warenbreite in einem vorgegebenen Maß aufgespannt wird. Unter bestimmten voreingestellten Temperaturen durchläuft die Ware in einem kontinuierlichen Verfahren beheizte Trockenkammern, wodurch es in der textilen Bahn zum Ausgleich der aus dem Maschenbildungsprozeß eingetragenen Spannungen kommt. In modernen Spanntrocken-Fixiermaschinen schließt sich unmittelbar an die beheizten Trockenkammern ein Konditionierfeld an, in welchem mittels einer kalten Luftdusche der so erreichte ausgeglichene Spannungszustand eine Stabilisierung erfährt. Die fixierte Warenbahn wird zu einer Großdocke aufgerollt und anschließend vorwiegend als Meterware abgelängt zur Konfektionierung gegeben. Bis zur Entstehung eines gepolsterten Enderzeugnisses setzt sich folglich die Fertigungskette der herkömmlichen Abstandsgewirke, ergänzt durch die Kettfadenvorbereitung, mindestens aus den vier Verfahrensschritten zusammen, wie sie in Abbildung 14 dargestellt sind.

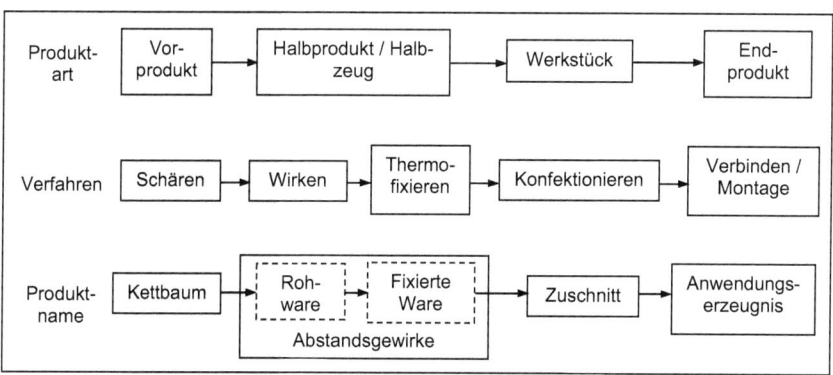

Abbildung 14: Allgemeine Fertigungs- und Produktlinien von Abstandsgewirken für Polsteranwendungen

In jedem Fall handelt es sich beim Abstandsgewirke bis zum Abschluß der Veredlung um ein Halbzeug, das erst durch Konfektionierung zum Endprodukt geführt wird. Durch Zuschnittarbeiten entsteht aus der fixierten Bahnware ein Werkstück, welches die Verwendung des Abstandsgewirkes im zukünftigen Endprodukt erkennen läßt. Alle geometrischen Eigenschaften werden also erst unmittelbar vor der Zusammensetzung des Anwendungsproduktes gebildet. Im Halbzeug sind dagegen die druckelastischen und klimaphysiologischen Eigenschaften integriert, die aus den Eigenschaften der eingesetzten Garne und ihrer Zusammensetzung zu einer textilen Konstruktion durch Wirk- und Veredlungsverfahren resultieren.

2.4.2.7 Beurteilung herkömmlicher Materialien und Verfahren

Die weite Verbreitung von Polstermaterialien in unseren Lebenssphären ist verbunden mit ständig wachsenden Anforderungen bezüglich ihrer Ökonomie, ihrer anwenderspezifischen Leistungsfähigkeit und ihrer Ökologie. Dem technischen Fortschritt in der Materialentwicklung selbst wie auch im Umfeld der Materialanwendung ist es geschuldet, daß die klimaphysiologischen Eigenschaften zunehmend an Bedeutung gewinnen. Der sich verstärkende Trend, Klima-Komfort-Sitze in Kraftfahrzeugen, letztere selbst immer öfter mit Klimatechnik im Fahrgastraum ausgestattet, einzusetzen, ist nur ein Beispiel dafür. Die Verwendung des klassischen Polsterwerkstoffes, nämlich des Schaumstoffes, ist dabei nur durch besondere, zusätzliche technische Maßnahmen zielführend. Schaumstoffe haben aber noch einen erheblichen, grundsätzlichen Nachteil: ein Recycling der Materialien ist nicht möglich. Aktuell werden alte, gebrauchte Schaumstoffteile entweder in Deponien abgelagert oder energetisch verwertet. Die beim Verbrennen von Schaumstoffen frei werdenden Gase bedürfen vor deren Freisetzen besonderer Filterung.

Speziell in sensiblen Anwendungsfeldern werden zum Erzielen gewünschter Klimaeffekte immer häufiger textile Materialien zum Einsatz gebracht. Die Tatsache, daß Abstandstextilien in Polstersystemen ausgezeichnete klimaphysiologische Bedingungen schaffen, wurde dabei schon mehrfach zum Ausdruck gebracht [6; 7; 27]. Weiterhin sind Ergebnisse zu textilen Polsterkonstruktionen bekannt, die beispielsweise in den Bereichen Medizin und Rehabilitation eingesetzt werden, wobei durch Abstandsgewirke neben den besonderen klimaphysiologischen Effekten gleichzeitig eine Druckentlastung zum Zweck der Decubitus-Prophylaxe erzielt werden kann [19; 28]. Zahlreiche Veröffentlichungen gehen auch auf die vielfältigen textiltechnischen und technologischen Möglichkeiten zur Beeinflussung des Druckverformungsverhaltens von Abstandsgewirken ein, ohne jedoch die damit erzielbaren bzw. erzielten Änderungen meßbarer mechanischer Eigenschaften umfassend zu untersuchen [18; 27; 29]. Dem gegenüber werden in der Arbeit von Titze [32] Versuche und Messungen zum druckelastischen Verhalten verschiedener Abstandsgewirke, die durch geringere Dicken bis ca. 10 mm gekennzeichnet sind, beschrieben. In Abschnitt 4 wird auf Ergebnisse sowie diverse Schlußfolgerungen daraus näher eingegangen.

Es ist weiterhin festzustellen, daß alle bisher wirtschaftlich umgesetzten Sitz- oder Liegepolster weiterhin auf einem elastischen Schaumkern aufbauen und sich die Verwendung der textilen Materialien infolge ihrer verhältnismäßig geringen Dicke auf die körpernahen Bereiche der Polsterkonstruktionen beschränkt. Mangelnde Stabilität dieser textilen Konstruktionen bei zunehmender Dicke und zum Teil beschränkte technische Voraussetzungen zu deren Herstellung sind Ursachen dafür, daß der Einsatz von Abstandstextilien in Unterpolsterungen bisher gering geblieben ist. Weitere Ursachen liegen gegebenenfalls auch in der zu geringen Produktivität der speziellen Textilmaschinen und einer unzureichenden technologischen Flexibilität in Hinblick auf die geforderten Anwendungsparameter. Alle der oben betrachteten, für diverse Polsterungen angewendeten Abstandstextilien werden in gebundener Form als Bahnware bereitgestellt, so daß herkömmlich übliche Zuschnittarbeiten notwendig werden, Maßnahmen, die Einfluß nehmen auf die Technologien zur Zusammensetzung von Polstersystemen und den Einsatz moderner textiler Materialien in Polstersystemen gelegentlich erschweren.

Durch neue, erweiterte Profile der Polstersysteme, beispielsweise durch eine stärkere Berücksichtigung von klimaphysiologischen Eigenschaften und eine Verbesserung der Nachhaltigkeit der Verfahren und Produkte, stehen die Polstermaterialien jedoch neuen Herausforderungen gegenüber – Herausforderungen, die durch herkömmliche Materialien nicht ohne enormen Aufwand im Systemaufbau erfüllt werden können. Besonders die in den beschriebenen Fällen zumeist verwendeten Polyester-Garne zur Herstellung von Abstandstextilien könnten die Wiederverwertbarkeit alternativer Materialien für Unterpolsterungen unterstützen. Die Summe dieser Betrachtungen gibt Anlass, Technologien zu untersuchen und zu entwickeln, die den Einsatz neuer textiler Konstruktionen zur Unterpolsterung von Sitz- und Liegesystemen möglich machen. Die Tendenz der Verwendung voluminöser textiler Strukturen in Polstersystemen unterstützt eine Konzentration auf die Abstandstextilien, deren Vorteile nicht zuletzt als Abstandsgewirke durch die bereits umfassend untersuchten klimaphysiologischen Eigenschaften aufgezeigt wurden. Durch die Verwendung von Abstandsgewirken in für Schaumstoff typischen Einsatzfeldern (2.4.2.5) ist der direkte Vergleich mit polymeren Materialien (weich-elastischen Schaumstoffen) zwangsläufig gegeben.

2.5 Bestimmung druckelastischer Eigenschaften

Das druckelastische Verhalten ist funktionelles Kernelement aller Polstermaterialien. Zur Ermittlung der entsprechenden Eigenschaften kommen Universalprüfmaschinen zum Einsatz. Verschiedene Hersteller von Polsterelementen und -systemen stehen heute der Anforderung gegenüber, nicht nur Messungen an ausschließlich speziell zugeschnittenen Materialproben, sondern auch an kompletten Anwendungserzeugnissen vornehmen zu können. Die Plazierung von ganzen Matratzen oder Sitzsystemen, deren Belastung unter Verwendung diverser Prüfkörper sowie die entsprechende Aufzeichnung der Meßergebnisse sollten möglich sein. (Abbildung 15) Robuste Konstruktionen und einfache Mittel zur Einrichtung und Modifikation der verschiedenen Prüfabläufe und –methoden sind grundsätzliche Voraussetzungen, um den Einsatz der Meßtechnik in produktiven Bereichen zu ermöglichen. Unter solchen Bedingungen lassen sich Veränderungen gewünschter Anwendungseigenschaften am Produkt innerhalb seines Entstehungsprozesses nicht nur im Rahmen seiner Entwicklung sondern ganz besonders auch in einer Serienfertigung besser bestimmen und im Sinne eines Qualitätsmanagements gezielt beeinflussen.

Abbildung 15: Meßplatz mit Material-Prüfmaschine „Zwicki" (Herst. Fa. Zwick Roell)

Im speziellen wird eine Materialprüfmaschine verwendet, welche unmittelbar die Messungen gemäß folgender Normen gestattet:

- DIN EN ISO 3386-1; Bestimmung der Druckspannungs-Verformungseigenschaften [5]
- DIN EN ISO 2439; Bestimmung der Härte (Eindrückhärte) [37]

Mittelbar lassen sich durch Einsatz einer geeigneten Test-/Belastungsvorrichtung auch Meßwerte von Produkteigenschaften gemäß

- DIN EN ISO 1856; Bestimmung des Druckverformungsrestes [38]

ermitteln. Sämtliche Materialprüfungen nach diesen Normen gehen von Beanspruchungen an weich-elastischen polymeren Schaumstoffen aus. Meist wird im Verlauf der Prüfung die Ermittlung von Materialdicken gefordert. Durch rechnergestützte Prüfabläufe können in den dazugehörigen Prüfvorschriften die entsprechenden Einstellungen an der Prüfmaschine vorgenommen werden. Mithin ist die Messung der Materialdicke eines Textils nach Norm

- DIN EN ISO 5084; Bestimmung der Dicke von Textilien und textilen Erzeugnissen [40]

ebenso konfigurierbar.

Für die Verwendung von Abstandsgewirken in Polsterkonstruktionen ergibt sich eine bevorzugte Einbaulage, die dadurch gekennzeichnet ist, daß die Richtung der Druckbelastung im Anwendungsfall senkrecht zur Y-Z-Ebene verläuft. Daraus resultiert hauptsächlich eine Druckverformungsbeanspruchung der sich zwischen den beiden textilen Oberflächen erstreckenden Abstandsfadensysteme.

2.6 Präzisierung der Aufgabenstellung

Ziel der Arbeit ist es, durch Anwendung modifizierter Rechts/Rechts-Rascheltechnik Möglichkeiten zur Herstellung voluminöser textiler Strukturen in neuen Dimensionen zu untersuchen, die eine Substitution von weichelastischen Schaumstoffkernen für Unterpolsterungen in Aussicht stellen. Durch die Bestimmung der Druckspannungs-Verformungseigenschaften [5] an den neuartigen RR-Abstandsgewirken wird die Vergleichbarkeit mit weich-elastischen Schäumen hergestellt. Darauf aufbauend ist zu erarbeiten, auf welchen grundsätzlichen, mechanischen Bedingungen das weichelastische Verhalten der Abstandsgewirke beruht und mit welchen Veränderungen texiltechnischer und texiltechnologischer Parameter diese Eigenschaften variiert werden können, um die Rückübertragung der Funktionalität (DSVE) auf die wirkereitechnische Produktsynthese im Zusammenhang mit der Fertigung regulärer Abstandsgewirke zu ermöglichen. Darauf aufbauend lassen sich folgende Aufgabenschwerpunkte ableiten:

- Präzisierung eines textil- und anwendungstechnischen Erzeugnischarakters
- Ableitung der maßgeblichen textiltechnischen und –technologischen Einflußgrößen auf die geometrischen und funktionellen Eigenschaften der Abstandsgewirke
- Analyse bekannter druckelastischer Abstandsgewirke
- Entwicklung mechanischer Modelle zur Veranschaulichung der Formänderungen druckbelasteter Abstandsgewirke
- Herleitung und analytische Darstellung der Belastungs- und Beanspruchungscharakteristika, auf deren Grundlage die Realisierbarkeit druckelastischer Abstandsgewirke in deutlich größeren Dicken ableitbar ist
- Festlegung spezieller textiltechnischer und –technologischer Parameter zur Fertigung textiler Muster
- Untersuchungen zum funktionellen Verhalten beispielhafter Gewirkekonstruktionen
- Vergleich der modellhaften Ansätze mit den praktischen Ergebnissen zur Funktionalität der textilen Muster.
- Präzisierung der modellbezogenen, analytischen Ergebnisse

3 Herleitung des Erzeugnischarakters

3.1 Allgemeine Anforderungen

Unter Punkt 2.3 wurde bereits in Ableitung zum Komfort als allgemeinen Anspruch auf die Eigenschaften, die von Polstersystemen erfüllt werden sollen, eingegangen. Ausgehend von einem objektorientierten Produktmodell [30] basieren diese Eigenschaften auf dem Aufbau des entsprechenden Erzeugnisses und spiegeln sich in seinen Funktionalitäten wider. Insofern beschreiben die in Abbildung 3 genannten Eigenschaften im wesentlichen die gewünschten Funktionalitäten eines Polsters. Darüber hinaus kann eine entsprechende Polsterkonstruktion aber auch über Eigenschaften verfügen, die nicht zwingend gefordert sind bzw. im speziellen Anwendungsfall funktionell nicht zum Tragen kommen.

Der Aufbau eines Produktes wird beschrieben durch eine äußere Geometrie und eine ihr innewohnende Struktur. Die äußere Geometrie der Unterpolsterungen wird primär von der Einbausituation bestimmt. Abhängig vom Endprodukt sollen die Materialien zur Unterpolsterung in ihrer räumlichen Ausdehnung innerhalb eines konstruktionsbedingten Bauraumes die entsprechenden Funktionen erfüllen, die im Begriff „Komfort" als anwendungsspezifische Eigenschaften zusammengefaßt werden. Die Realisierung der formalen Eigenschaften wendet sich primär den geforderten Funktionen seitens Konstruktion und Design sowie Weiterverarbeitung bis zum Enderzeugnis zu und ist somit für die Fertigungskette einer Gebrauchsgüterproduktion maßgeblich. Im allgemeinen gilt jedoch, daß ein Bauteil natürlich nur dann seinen anwendungsspezifischen Funktionen gerecht werden kann, wenn es die formalen Forderungen erfüllt.

Innerhalb der formalen Einschränkung „Bauraum" ist zur Erfüllung der Anwendungsfunktionen selbst letztlich die Bauteilstruktur, also der Baurauminhalt entscheidend. Das allgemeine Anforderungsprofil weich-elastischer Materialien zur Unterpolsterung besteht darin, daß diese gegen eine auf die Polsteroberfläche gebrachte Punkt- oder Flächenlast einen, mit zunehmender Verformung wachsenden Widerstand aufbauen, der nach Entlastung wieder abgebaut wird und die unbelastete Polsterkonstruktion möglichst in ihren geometrischen und lastaufnahmefähigen Ausgangszustand zurück führt. Der Sachverhalt, daß zur Realisierung und Variation des druckelastischen Verhaltens von Rechts/Rechts-Abstandsgewirken zahlreiche textiltechnologische Parameter zur Verfügung stehen, bildet die Grundlage, aus der durch die Analyse verfügbarer Abstandsgewirke die technischen und technologischen Anforderungen abgeleitet werden, die zur Herstellung dickerer, voluminöser und druckelastischer Abstandsgewirke führen.

3.2 Formale Unterscheidung herkömmlicher Abstandsgewirke

Gemäß Punkt 2.4.2.5 lassen sich die herkömmlichen druckelastischen RR-Abstandsgewirke in zwei Gruppen aufteilen. Einerseits handelt es sich dabei um die auf Rechts/Rechts-Raschelmaschinen vom „RD-Typ", welche mit mittleren bis höheren Nadelfeinheiten ausgerüstet sind (in der Regel ab 16 E bis zu 32 E), gefertigten Abstandsgewirke, deren Dicken bis ca. 12 mm reichen.

Andererseits sind Abstandsgewirke bekannt, die in gröberen Nadelfeinheiten (meist 12 E bis 10 E, aber auch geringer) auf HDR-Typen realisiert werden. Da die Dicken dieser textilen Konstruktionen jedoch 20 mm kaum überschreiten, werden auch diese Erzeugnisse auf Grund der geforderten Verformungen in Polstersystemen meist durch dickere, weichelastische Schaummaterialien im Polsteraufbau ergänzt.

Beide Produktgruppen werden in Form von Warenbahnen gefertigt, aus denen für die jeweilige Einbausituation durch entsprechenden Zuschnitt ein Polsterelement zu entnehmen ist. Markant für diese Textilien ist die vorrangige Verwendung von Monofil als Abstandsfäden.

Für die weiteren Betrachtungen erfolgt basierend auf den Gestaltungsvarianten herkömmlich verfügbarer druckelastischer Abstandsgewirke eine Differenzierung, die eine Ordnung der textilen Konstruktionen nach zwei wesentlichen Kriterien gestattet. Ein Kriterium ist die Dicke der Abstandsgewirke, die in drei Gruppen unterschieden werden soll. Ebenfalls in Abhängigkeit vom Maschinentyp und teilweise von den darin hauptsächlich verwendeten Nadelfeinheiten bilden die jeweils entstehenden Oberflächenstrukturen einen weiteren Gesichtspunkt, nach denen eine Ordnung der Abstandsgewirke möglich ist. Durch die Vielfalt bindungstechnischer Möglichkeiten in der Kettenwirkerei und durch die praktischen Möglichkeiten der Rechts/Rechts-Rascheltechnik, auf beiden Wirknadelbarren (NB 1 und NB 2) unabhängig voneinander mit unterschiedlichen Legungen der darauf anwendbaren Grund-Legebarren zu arbeiten, kann dieses Kriterium nach der kombinierten Verwendung blickdichter, geschlossener oder offener Konstruktionen, welche durch Filet- bzw. filetähnliche Bindungen entstehen, in den beiden Oberflächen eines Abstandsgewirkes unterschieden werden [33; 58; 60].

Tabelle 3: Ordnung und Unterscheidung herkömmlich herstellbarer bzw. verfügbarer, druckelastischer Abstandsgewirke (Kennzeichnung X)

Ordnende Gesichtspunkte		Gewirkedicke D		
	Unterscheidende Merkmale	D < 10 mm	D ≤ 20 mm	D > 20 mm
Oberflächenstruktur der Abstandsgewirke	Geschlossen – geschlossen	X	nicht verfügbar	nicht verfügbar
	Geschlossen – offen	X	nicht verfügbar	nicht verfügbar
	Offen – offen	X	X	X

Aus der Beziehungslage der jeweiligen ordnenden Gesichtspunkte zueinander und differenziert nach den entsprechenden unterscheidenden Merkmalen, entsteht ein Lösungsfeld, welches durch die allgemein bekannten und angewendeten technischen Voraussetzungen nicht in allen Bereichen durch am Markt verfügbare textile Konstruktionen untersetzt werden kann. Es läßt sich stattdessen ein breites Spektrum bisher textiltechnisch und -technologisch nicht erschlossener Konstruktionen von Abstandsgewirken ableiten, welches vor allem die Anwendungsbereiche beinhaltet, die basierend auf einer ausreichend großen Gewirkedicke für die Verwendung in Hochpolstern relevant sind. (Tabelle 3)

3.3 Textiltechnologische Elemente der Abstandsgewirke und ihre Darstellungsformen

Die Bindungstechnik der Abstandsgewirke und die in der Praxis angewendeten Darstellungsformen ihrer Legungen und Bindungen leiten sich aus denen des Schneidplüsches ab [22]. Für die Notationen wird zwischen Schreibweisen in Tabellen oder in Zeilen unterschieden.

Tabellarische Notationen beschreiben die Abfolge der Legungen verwendeter Grund-Legebarren in einzelnen Spalten nebeneinander. Für jede einzelne Legebarre wird zwischen ihrer Legung auf der vorderen und der hinteren Nadelbarre unterschieden. Im tabellarischen Musterplan soll die Trennung zwischen der Legung auf der vorderen Nadelbarre (NB 1) und der Legung auf der hinteren Nadelbarre (NB 2) durch eine kurze, waagerechte Linie, der Legungswechsel von hinten nach vorn durch eine längere waagerechte Linie gekennzeichnet werden. Das Ende eines Bindungsrapportes und seine stete Wiederholung wird durch eine doppelte Trennlinie markiert.

Für eine RR-Raschelmaschine beginnt ein Rapport stets mit der Legung auf der vorderen Nadelbarre und endet mit der Legung auf der hinteren Nadelbarre, unabhängig davon, ob die jeweilige Grund-Legebarre selbst durch die Wirknadelkinematik der Maschine die Möglichkeit hat, entsprechend notierte Legungen tatsächlich auf beiden Nadelbarren auszuführen. Infolge dessen umfaßt ein Musterrapport für eine RR-Raschelmaschine stets eine gerade Anzahl von Wirkzeilen, weshalb zwei auf die Nadelbarren vorn und hinten unmittelbar aufeinanderfolgende Grundbarrenlegungen auch als „Doppelreihe" bezeichnet werden. Die Wirknadelkinematik der zur Anwendung gebrachten Rechts/Rechts-Raschelmaschine ist so gestaltet, daß die Fadensysteme von GB 1 und GB 2 nur auf der vorderen, die Fadensysteme von GB 5 und GB 6 nur auf der hinteren Nadelbarre zur Legung gebracht werden können. Darüber hinaus sind durch die gestellfeste Anordnung dieser Grund-Legebarren nur für GB 2 und GB 5 tatsächlich Maschelegungen ausführbar, während dessen die Grund-Legebarren GB 1 und GB 6 ausschließlich Schußlegungen vollziehen können.

Tabelle 4: Notation einer RR-Bindung, hergestellt mit sechs Grund-Legebarren

Maschenreihe	Einbindung auf Nadelbarre	GB 1	GB 2	GB 3	GB 4	GB 5	GB 6
1	Vorn (NB 1)	0 0	0 1	1 0	0 1	1 1	3 3
1	hinten (NB 2)	0 0	1 1	0 1	1 0	1 0	3 3
2	Vorn (NB 1)	3 3	1 0			0 0	0 0
2	Hinten (NB 2)	3 3	0 0			0 1	0 0

Die Übersichtlichkeit tabellarischer Musternotationen für RR-Raschelmaschinen wird verbessert, indem die Notationen der Legungen vorn und der Legungen hinten zeilenweise zueinander versetzt angeordnet und die aus der Wirknadelkinematik resultierenden tatsächlich ausführbaren Legungen der jeweiligen Grund-Legebarren zusätzlich als fett geschriebener Text gekennzeichnet werden. Tabelle 4 enthält ein beliebiges Muster für eine RR-Raschelmaschine mit sechs Grund-Legebarren.

Zur schematischen, graphischen Darstellung eines Legungsbildes kommen ebene Legungspläne zum Einsatz. Für eine bessere Unterscheidung der beiden Wirkzeilen innerhalb einer Maschenreihe, ist es von Vorteil, die Einbindestellen auf den beiden Nadelbarren unterschiedlich zu markieren. Entgegen der normgerechten Kennzeichnung, welche dicke und dünne Punkte zur unterschiedlichen Markierung empfiehlt, werden im Verlauf der Arbeit für die Kennzeichnung der Wirkzeilen auf der vorderen

Nadelbarre (NB 1) Punkte, der Wirkzeilen auf der hinteren Nadelbarre (NB 2) Kreuze verwendet, um insbesondere in räumlichen Darstellungen diverser Bindungen eine deutliche Unterscheidung zu ermöglichen [61]. (Abbildung 16)

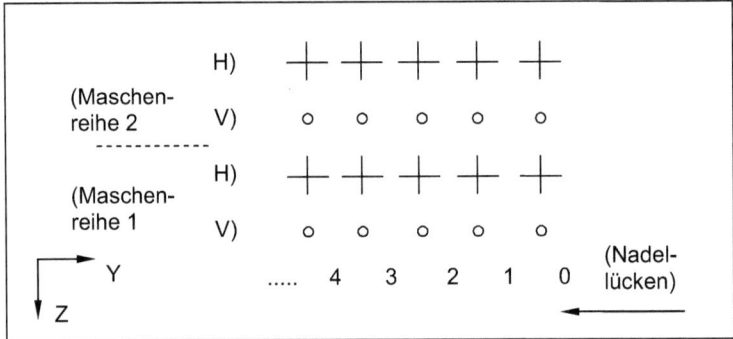

Abbildung 16: ebener Legungsplan für RR-Bindungen

Im Gegensatz zur tabellarischen Notation, bei der das Muster in Spalten von oben nach unten geschrieben wird, erstreckt sich der schematische Fadenlauf im Legungsplan entgegengesetzt von unten nach oben, womit sich die Zählfolge abgeschlagener Maschenreihen entgegengesetzt der Abzugsrichtung (Z-Richtung) vollzieht. Die Nadellücken werden mit Blick in positiver X-Richtung auf die vordere Nadelbarre vom dazu üblicherweise rechts angeordneten Mustergetriebe aus, vor der ersten Wirknadel mit 0 (Null) beginnend, entgegen der Y-Richtung aufwärts gezählt.

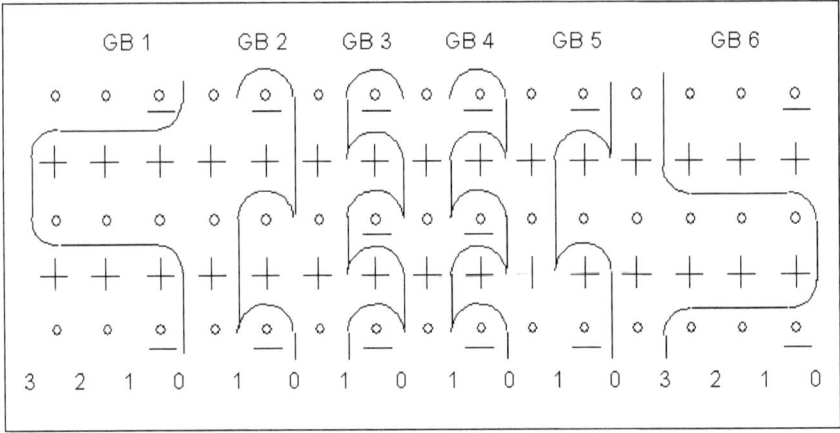

Abbildung 17: Legungsbilder für GB 1 bis GB 6 (Notationen nach Tabelle 4)

Die sich aus bindungstechnischen Vorgaben ergebenden Überdeckungen und Überschneidungen einzelner Legungen werden vermieden, wenn die „Nullmuster" verschiedener Legebarren nebeneinander im Legungsbild gezeichnet und durch eine entsprechende Beschriftung der jeweiligen Legebarre zugeordnet werden. Dies erfolgt aufsteigend mit der Bezeichnung der Nadellücken in der Reihenfolge der Barrennummerierung. Aus den Notationen gemäß Tabelle 4 ergeben sich für die Grund-Legebarren GB 1 bis GB 6 die Legungsbilder entsprechend Abbildung 17.

Neben den tabellarischen Notationen finden auch in Zeilen fortlaufende Schreibweisen Verwendung, insbesondere für Legungen mit großen Rapporten. Die Notationen innerhalb einer Wirkzeile werden wie üblich durch Bindestrich getrennt. Jüngste Vereinbarungen zwischen Herstellern von Wirkmaschinen orientieren darauf, daß die Notationen der aus zwei Wirkzeilen bestehenden Doppelreihe ausschließlich durch Bindestrich getrennt werden und lediglich der Abschluß der Doppelreihe durch einen Schrägstrich gekennzeichnet wird [36]. Das Rapportende ist dementsprechend mit einem doppelten Schrägstrich auszuführen:

Bsp. (Notation von GB 1 nach Tabelle 4): **0 - 0 - 0 - 0 / 3 - 3 - 3 - 3 //**

Ein wesentliches Merkmal einer Legung ist deren Bindungsbreite B_{bindg}. Sie ergibt sich aus dem Betrag der maximalen Differenz der durchlaufener Nadellücken mittelbar oder unmittelbar aufeinanderfolgender Legungen innerhalb eines Bindungsrapportes. Ob es sich bei den Legungen der jeweils betrachteten Grund-Legebarren vorn bzw. hinten um Schusslegungen bzw. um offene oder geschlossene Maschenlegungen handelt, bleibt dabei unberücksichtigt. Für eine beispielhafte Legung mit der Notation **0 - 1 - 3 - 2 //** folgt daraus eine Bindungsbreite B_{bindg} = 3.

3.4 Geometrische und strukturelle Elemente der Abstandsgewirke

3.4.1 Allgemeine, verfahrenstechnische Einflüsse

Den grundsätzlichen Ansatz zur Bestimmung geometrischer Parameter von Abstandsgewirken bilden die Betrachtungen zur Herausbildung der drei Hauptabmessungen Länge, Breite und Dicke eines RR-Gewirkes. Die Art und Weise, wodurch diese innerhalb des Rechts/Rechts–Wirkens gebildet werden, führt zur Beschreibung und Beurteilung der textilen Struktur.

Für die Bestimmung geometrischer Warendaten von RR-Abstandsgewirken sind mindestens die beiden zu ihrer Herstellung angewendeten Ver- bzw. Bearbeitungsprozesse „Wirken" und „Thermofixieren" zu berücksichtigen. In beiden Fällen kann von einer maßlichen Verringerung ε_q für alle drei Hauptabmessungen ausgegangen werden. Sämtliche Einsprünge sind von einer Vielzahl technischer und technologischer Parameter abhängig. Es kann nicht angenommen werden, daß die Quantitäten der erwarteten Kontraktionen ε_q je Hauptabmessung und Verfahrensschritt gleich groß sind. Deshalb wird eine Unterscheidung gemäß des Verarbeitungszustandes nach Kontraktion der Rohware $\varepsilon_{q\,roh}$ und der fixierten Ware $\varepsilon_{q\,fix}$ vorgenommen, die bei näherer Beschreibung in ihrer Indizierung mit der Bezeichnung für die jeweilige Hauptabmessung zu ergänzen sind. Es wird in Kapitel 3 nicht im Detail auf die Größe der jeweiligen Kontraktionen ε_q eingegangen, sondern allgemein auf deren Vorhandensein verwiesen.

Die Veredlung durch Thermofixieren wird in der vorliegenden Arbeit als Abschluß der textilen Fertigung betrachtet, welche zum Halbzeug bzw. zum Halbprodukt führt. Folglich bildet der nach dem Fixieren erreichte Produktzustand die Grundlage zur Betrachtung geometrischer Veränderungen.

3.4.2 Länge eines Abstandsgewirkes

Die Maschenlänge ML stellt den textiltechnologischen Basisparameter für die Gewirkelänge L dar, welcher beim Wirken durch eine Anzahl abgeschlagener Maschenreihen n_{MR} vervielfacht wird. An modernen Maschinen wird die Anzahl der gearbeiteten Maschenreihen durch einen elektronischen Reihenzähler fortlaufend zur Anzeige gebracht. Sofern an einer RR-Raschelmaschine die Anzahl der abgearbeiteten Wirkzeilen angezeigt wird, ist zu beachten, daß diese halbiert werden muß, da zur Berechnung der resultierenden theoretischen Gewirkelänge die Anzahl gearbeiteter Doppelreihen entscheidend ist. Einschließlich der erwarteten Kontraktionen folgt für die Länge eines fixierten Abstandsgewirkes:

$$L_{fix} = ML \cdot n_{MR} \cdot (1 - \varepsilon_{qLroh}) \cdot (1 - \varepsilon_{qLfix})$$

(Gl. 3.1)

3.4.3 Breite eines Abstandsgewirkes

Die Rohwarenbreite folgt hauptsächlich aus der über einer Nadelbarre (NB) gearbeiteten Wirkbreite, welche sich aus der Einzugsbreite der Grund-Legebarren, deren Legungen zur Bildung von Maschen führen, sowie der Bindungsbreite des entsprechenden Bindungsrapportes einschließlich der Nadelfeinheit E zusammensetzt. Allgemein ist gegenüber der von den Wirknadeln aufgenommenen Wirkbreite ein Rohwareneinsprung $\varepsilon_{qB\,roh}$ zu erwarten. Wengleich über beiden Nadelbarren unterschiedliche Wirkbreiten durchaus gearbeitet werden können, wird für die Entstehung der prismatischen Grundform eines Abstandsgewirkes davon ausgegangen, daß die auf den beiden Nadelbarren aus den Grund-Legebarren GB 1 und GB 2 vorn bzw. GB 5 und GB 6 hinten gearbeiteten Wirkbreiten zur Aufnahme von RR-Bindungen der Grund-Legebarren GB 3 und GB 4 in gleicher Breite deckungsgleich zueinander liegen.

Jede Kettfadenschar unterliegt in Abhängigkeit von der Legung ihrer Legebarre und der einer vollständigen, in Kooperation mit anderen Legebarren daraus entstehenden Bindung einer bestimmten Einzugsfolge e_{Kf}, die sich über eine vorgegebene Anzahl von Kettfäden n_{Kf} erstreckt. Die Einzugsfolgen werden nach vollem ($e_{Kf}=1$) oder nach teilweisen Einzug ($e_{Kf}=k/n$; mit $0<k<n$) unterschieden. Teilweise Einzüge finden vor allem bei Filetbindungen Verwendung. Allgemein leitet sich aus der Einzugsordnung und der Kettfadenzahl die Zahl der maximal mit Maschenstäbchen n_K belegten Wirknadeln ab.

$$n_K = n_{Kf} \cdot \frac{1}{e_{Kf}} + B_{bindg} - 1$$

(Gl. 3.2)

Für die Festlegung der Wirkbreite einer einzelnen Grund-Legebarre soll es als hinreichend gelten, wenn zur Bestimmung der Gewirkebreite B davon ausgegangen wird, daß der teilweise Einzug einer ersten Grund-Legebarre, welche zur Bindung der textilen Oberfläche beiträgt, durch den Einzug einer kooperierenden, zweiten Grund-Legebarre mindestens ergänzt wird [33]. Zur allgemeinen Bestimmung der Breite einer fixierten Gewirkekonstruktion folgt in Analogie zur Länge durch die Berücksichtigung der erwarteten Kontraktionen in beiden Verfahrensstufen:

$$B_{fix} = \left(n_{Kf} \cdot \frac{1}{e_{Kf}} + B_{bindg} - 1 \right) \cdot (1 - \varepsilon_{qBroh}) \cdot (1 - \varepsilon_{qBfix}) \cdot \frac{1}{E}$$

(Gl. 3.3)

3.4.4 Dicke eines Abstandsgewirkes

Der an einer RR-Raschelmaschine eingestellte Abschlagbarren- bzw. Fräsblechabstand FBA stellt den wirkereitechnischen Basisparameter zur Entstehung der Gewirkedicke D dar, da sich ein beide textile Oberflächen verbindendes Fadensystem höchstens zwischen diesen, mechanisch voreingestellten Grenzen frei erstrecken kann. Auch für die Gewirkedicke werden gegenüber der Ausgangsgröße FBA Dimensionsänderungen infolge Kontraktion durch wirkerei- und veredlungsspezifische Einflüsse in allgemeiner Form erwartet, woraus für die endgültige Dicke der textilen Konstruktion folgt:

$$D_{fix} = FBA \cdot (1 - \varepsilon_{qDroh}) \cdot (1 - \varepsilon_{qDfix}) \qquad (Gl.\ 3.4)$$

Der Abschlagbarrenabstand FBA ergibt sich aus der Distanz zwischen den Abschlagkanten der beiden einander gegenüberliegenden Fräsbleche. (Abbildung 8) Er stellt für die Einstellung der Bewegungsverhältnisse aller Wirkelemente an den RR-Raschelmaschinen eine grundlegende Voraussetzung dar [54].

3.4.5 Maschendichte und Dichte der Abstandsfäden – die maßgeblichen Strukturparameter

Für den Beanspruchungsfall der Druckbelastung ist die Anzahl der unter einer belasteten Fläche vorhandenen freien Abstandsfadenerstreckungen von besonderer Bedeutung, da es sich bei diesen um die hauptsächlich Drucklast aufnehmenden Elemente im RR-Abstandsgewirke handelt. In der textilen Konstruktion bildet die Maschendichte d_M einer textilen Oberfläche als Drucklast übertragende Fläche die Voraussetzung, auf deren Grundlage die Abstandsfadendichte d_P im Gewirke abgeleitet werden kann. Aus dem Produkt von gefertigten Maschenreihen n_{MR} und gefertigten Maschenstäbchen n_K über einer von L_{fix} und B_{fix} aufgespannten Fläche resultiert die Maschendichte d_M einer textilen Oberfläche des Abstandsgewirkes in Maschen pro Flächeneinheit:

$$d_M = \frac{n_K \cdot n_{MR}}{B_{fix} \cdot L_{fix}} \qquad (Gl.\ 3.5)$$

Nach entsprechender Umstellung von Gleichung 3.1 sowie Gleichung 3.3 folgt aus Gleichung 3.5 für die Maschendichte einer textilen Oberfläche des RR-Abstandsgewirkes:

$$d_M = \frac{E}{ML \cdot (1 - \varepsilon_{qLroh}) \cdot (1 - \varepsilon_{qLfix}) \cdot (1 - \varepsilon_{qBroh}) \cdot (1 - \varepsilon_{qBfix})} \qquad (Gl.\ 3.6)$$

Während durch Grund-Legebarren, welche die Kettfäden zur Herstellung der textilen Oberflächen führen - für die speziell betrachtete RR-Wirktechnik sind dies die Legebarren GB 2 und GB 5 - in jeder Maschenreihe pro Nadelbarre eine Masche gebildet werden muß, ist dies für die Abstandsfaden legenden Grund-Legebarren GB 3 oder GB 4 keine zwingende Notwendigkeit. Ferner ist zu beachten, daß Bindungen von Abstandsfäden durchaus nur in einer textilen Oberfläche weitergeführt werden können, wodurch keine Abstandsfadenerstreckungen im Abstandsgewirke entstehen. Da mehrere Abstandsfäden führende Grund-Legebarren eingesetzt werden können, resultiert hieraus die Möglichkeit zur Zusammenführung der Bindungen mehrerer Scharen von Abstandsfäden. Dementsprechend wird eine Unterscheidung nach den Abstandsfäden führenden Grund-Legebarren in den Indizierungen der diversen Variablen vorgenommen.

Unterschieden nach ihrer Orientierung bilden sich die Abstandsfadenfolgen unter einer textilen Oberfläche in zwei Richtungen aus. Über die Wirkbreite betrachtet ergibt sich unabhängig von der Einzugsfolge innerhalb der jeweiligen Abstandsfaden führenden Grund-Legebarren die Abstandsfadenanzahl n_{PY}:

$$n_{PY} = \sum_{a=3}^{4} n_{Kf.GBa}$$

(Gl. 3.7)

Um zu gewährleisten, daß jeder Abstandsfaden bei seiner Überlegung in eine Masche einer textilen Oberfläche eingebunden werden kann, muß für jede Abstandsfaden legende Grund-Legebarre unter Berücksichtigung ihrer Einzugsfolge gelten:

$$\left(n_{Kf.GBa} \cdot \frac{1}{e_{Kf.GBa}} + B_{bindg.GBa} - 1 \right) \leq n_K$$

(Gl. 3.8)

In Warenlängsrichtung wird die Abstandsfadenfolge n_{PZ} von der mustergemäßen Folge seiner Bindungen im Verhältnis zur Anzahl der gearbeiteten Maschenreihen n_{MR} bestimmt. Nur die Bindungswechsel j_P von GB 3 und GB 4 zwischen der vorderen und der hinteren Nadelbarre lassen tatsächlich Abstandsfadenverbindungen zwischen den beiden Oberflächen des Abstandsgewirkes entstehen. Auf Grund der gegebenen technischen Voraussetzungen bedingt jede Bindung eines Abstandsfadens in eine Oberfläche eine Überlegung. Für die Bestimmung der Abstandsfadenverbindungen j_P sind jene Maschebindungen eines Abstandsfadens in eine der beiden Oberflächen zu beachten, aus denen sich ein freier Abstandsfadenschenkel zur gegenüberliegenden Oberfläche des Abstandsgewirkes dadurch ergibt, daß dieser Abstandsfaden dort wiederum als Masche eingebunden wird. (Abbildung 18)

Die Anzahl dieser Bindungswechsel j_P innerhalb einer Rapportlänge n_{Rapp}, welche sich über eine bestimmte Anzahl von Maschenreihen erstreckt, ist im einfachsten Fall aus den paarweise zuordenbaren Überlegungen der Legungen für GB 3 und GB 4 abzuleiten. Da jeder Bindung zur Wiederholung derselben an ihren Ursprung zurückkehrt, folgt daraus, daß die Anzahl entstehender Abstandsfäden innerhalb ihres Bindungsrapportes stets geradzahlig ist. Für die Abstandsfadenfolge n_{PZ} in Warenlängsrichtung gilt:

$$n_{PZ} = n_{MR} \cdot \sum_{a=3}^{4} \frac{j_{P.GBa}}{n_{Rapp.GBa}}$$

(Gl. 3.9)

Auf Grundlage der Gewirkeabmessungen B_{fix} und L_{fix} läßt sich die Anzahl an Abstandsfäden pro Flächeneinheit als Abstandsfadendichte dP des Abstandsgewirkes in Analogie zur Maschendichte gemäß Gleichung 3.5 bestimmen aus:

$$dP = \frac{n_{PY} \cdot n_{PZ}}{B_{fix} \cdot L_{fix}}$$

(Gl. 3.10)

Durch Einsetzen von Gleichung 3.7 und Gleichung 3.9 folgt

$$dP = \frac{n_{MR} \cdot \sum_{a=3}^{4} \frac{j_{P.GBa}}{n_{Rapp.GBa}} \cdot n_{Kf.GBa}}{B_{fix} \cdot L_{fix}} \qquad (Gl.\ 3.11)$$

Durch Umstellung der Gleichung 3.5 läßt sich die Oberfläche des Abstandsgewirkes - Produkt aus B_{fix} und L_{fix} – aus dem Verhältnis der Anzahl seiner tatsächlichen Bindungselemente und seiner Maschendichte dM ableiten. In Verbindung mit Gleichung 3.11 kann darauf aufbauend die Abstandsfadendichte dP als eine Beziehung zwischen der Maschendichte der textilen Oberfläche dM und der darin verankerten Abstandsfäden dargestellt werden:

$$dP = dM \cdot \frac{\sum_{a=3}^{4} \frac{j_{P.GBa}}{n_{Rapp.GBa}} \cdot n_{Kf.GBa}}{n_K} \qquad (Gl.\ 3.12)$$

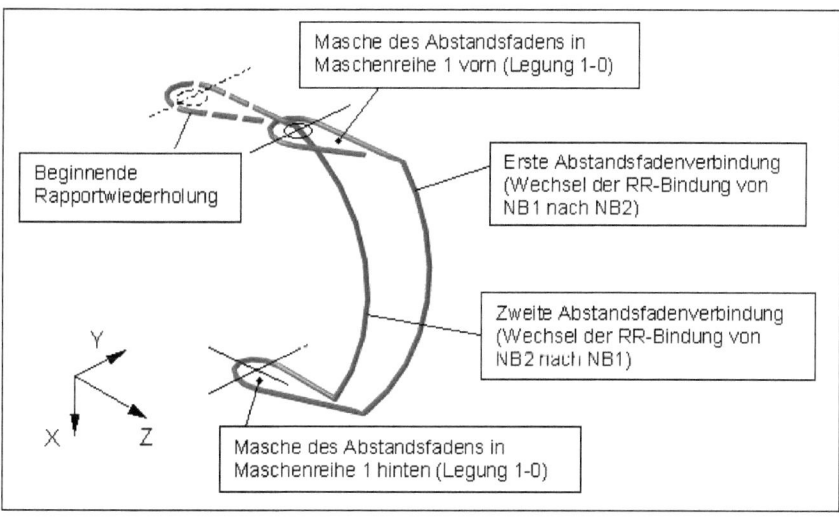

Abbildung 18: Schematische Darstellung der Entstehung von Abstandsfadenverbindungen bei einem als RR-Franse gebundenem Abstandsfaden

4 Analysen zu herkömmlichen RR-Abstandsgewirken

4.1 Abstandsgewirke, gefertigt auf RR-Raschelmaschinen vom Typ RD

4.1.1 Abstandsgewirke mit geschlossenen Oberflächen

Ausgehend von den Arbeiten nach Titze [32] lassen sich durch Variation des wirktechnischen Parameters Abschlagbarrenabstand sowie der technologischen Kenngrößen Maschendichte, Filamentstärke, Legungsmuster der Oberflächen bildenden Fadensysteme und die daraus resultierenden Oberflächengestaltungen sowie durch Legung der Abstandsfäden die druckelastischen Eigenschaften in ihrer Komplexität weitreichend verändern und beeinflussen, insbesondere, wenn es zu beachten gilt, daß: „... jede der drei Schichten eines Abstandsgewirkes einzeln auf seine Anforderungen zu optimieren ist, wobei jeweils die beiden anderen Schichten nicht vernachlässigt werden dürfen, hängen sie doch durch den gleichzeitigen Herstellungsprozeß unmittelbar voneinander ab."

Diese Aussage verdeutlicht den Anspruch, der an die Festlegung der Parameter zur Herstellung von Abstandsgewirkekonstruktionen gestellt ist, die bestimmten Anforderungen zur dauerelastischen Aufnahme von Druck genügen sollen.

Im speziellen wurden durch Titze [32] Abstandsgewirke untersucht, die durch Modifikationen der Parameter Abschlagbarrenabstand (FBA), sowie Feinheit (Filamentstärke) und Bindungen der Abstandsfäden gekennzeichnet sind. Veränderte Formen bestimmter Ergebniszusammenstellungen gestatten die Ableitung spezieller Annahmen, die Rückschlüsse auf das Verhalten dickerer Abstandsgewirke mit ähnlichen Oberflächenstrukturen gestatten.

4.1.2 Geometrische Bedingungen

Grundsätzlich ist zu berücksichtigen, daß alle in [32] zur Untersuchung gebrachten Abstandsgewirke aus einer fixierten Ware stammen. Da in jedem der betrachteten Fälle Bahnware gefertigt wurde, aus der zur Bestimmung der Produkteigenschaften entsprechende Probenzuschnitte entnommen wurden, reduziert sich der Umfang der Analyse formaler, äußerer Eigenschaften im wesentlichen auf die Gewirkedicke. Eine diesbezüglich erwartete Kontraktion der Dicke ε_{qD} kann daher nur in allgemeiner Form in Abhängigkeit vom Abschlagbarrenabstand betrachtet werden, da deren jeweilige Veränderung in den beiden Verfahrensstufen „Wirken" und „Thermofixieren" nicht mehr einzeln nachvollziehbar ist:

$$\varepsilon_{qD0} = 1 - \frac{D}{FBA}$$

(Gl. 4.1)

Nachfolgenden Betrachtungen ist vorauszuschicken, daß entgegen der Annahme aus Punkt 3.4.4 bei geringem Abschlagbarrenabstand von bis zu 3 mm zum Teil Gewirkedicken entstehen, die größer als der tatsächlich eingestellte wirkereitechnische Basisparameter FBA sind. Alle in [32] untersuchten Muster wurden mit Bindungen gearbeitet, bei denen im Abstandsgewirke zueinander verkreuzte Abstandsfadensysteme entstehen. Somit kann ausgeschlossen werden, daß durch permanent gleichgerichtete, parallel diagonale Legungen der Abstandsfäden beim Wechsel zwischen den beiden Nadelbarren freie Erstreckungslängen, die größer als der gewählte Abschlagbarrenabstand sind, zu dem Zweck eingearbeitet wurden, daß mittels entgegen gerichteter Verschiebung der textilen Oberflächen in Y-Richtung beispielsweise im Spannrahmen diese Abstandsfadensysteme zwischen den Oberflächen in eine vorwiegend senkrechte Lage gebracht und durch Thermofixierung in dieser Lage stabilisiert wurden, woraus Gewirkedicken resultieren können, die deutlich über der FBA-Einstellung der RR-Raschelmaschine liegen [13; 53; 62].

Dagegen werden bei den Abstandsgewirken nach [32] Unebenheiten in den Warenoberflächen festgestellt, die sich aus herausstehenden Maschenschenkeln der Abstandsfäden ergeben. Hieraus kann geschlußfolgert werden, daß die Steifigkeit der Abstandsfäden aus Monofil gegenüber der Festigkeit der Maschen in den textilen Oberflächen dominiert, was zur größeren meßbaren Gewirkedicke gegenüber dem eingestellten FBA führt.

Bei größeren Abständen ab 4 mm läßt sich bereits feststellen, daß die Gewirkedicke stets geringer als der FBA ausfällt. Beim Vergleich der Abstandsgewirke untereinander wurde die Unterscheidung nach ihrer Zusammensetzung, insbesondere nach der Feinheit des verwendeten Monofil im Abstandsfaden berücksichtigt. Alle Muster wurden mit gleichen Einzugsfolgen in den Abstandsfaden legenden Grundbarren gefertigt. Die Bindungen der textilen Oberflächen waren identisch [32].

Für die mit einem FBA≥4 mm hergestellten Abstandsgewirke resultieren daraus textiltechnisch und -technologisch zu begründende relative Dickenänderungen δ_{qD} , die gegenüber den gewählten Maschinengrundeinstellungen durchaus erheblich sein können. (Abbildung 19) Dieser Trend ist beim Vergleich mit ähnlichen Gewirken aus anderen Fertigungen gleichermaßen zu erkennen. (Anlage 2.3)

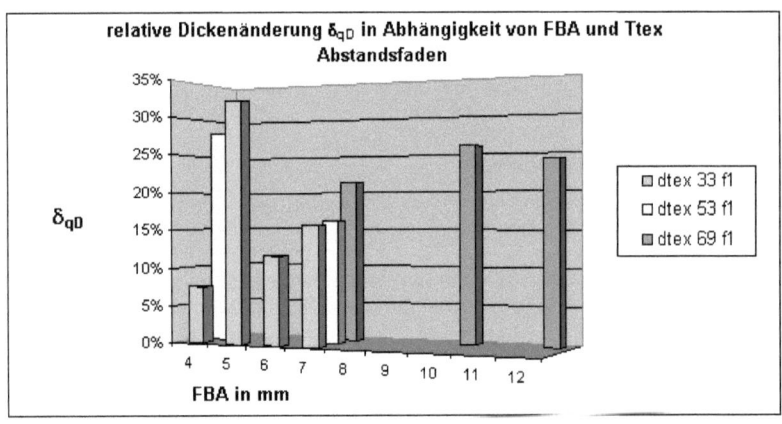

Abbildung 19: Dickenänderung beispielhafter Abstandsgewirke (Anlage 2.2.1)

Allerdings lassen sich auf Grundlage der wenigen hierfür zur Verfügung stehenden Meßwerte lediglich vage Vermutungen über das tendenzielle Verhalten ableiten. Es kann daher nur angenommen werden, ob sich der Dickenverlust mit zunehmendem FBA jeweils einem bestimmten Wert annähert und inwiefern dies vom eingesetzten Abstandsfadentiter abhängig ist.

4.1.3 Betrachtungen zum Druckverformungsverhalten

Die angewendete Messung der Stauchhärte nach DIN 53577 setzt voraus, daß eine Prüflingsdicke von 40 mm erfüllt sein muß. Zu diesem Zweck wurden einzelne Probenzuschnitte übereinander gestapelt. Somit erfolgte gewissermaßen eine Reihenschaltung von Federn mit gleichen Spannungs-Dehnungs-Eigenschaften, die im Block auf ihre Verformungseigenschaften getestet wurden [43].

Der Einsatz unterschiedlicher Feinheiten des Abstandsfadens stellt eine grundsätzliche Parametervariation zur Beeinflussung der druckelastischen Eigenschaften dar. Betrachtet über eine zunehmende Gewirkedicke kann ein deutliches Abfallen der Stauchhärte bei Verwendung des gleichen Monofils im Abstandsfadensystem festgestellt werden. (Abbildung 20) Da in den größeren Fräsblechabständen nur wenige Muster mit verschiedenen Abstandsfadenfeinheiten gefertigt und getestet wurden, läßt sich nicht eindeutig ableiten, ob in der Gewirkestruktur ähnliche, jedoch dickere Abstandsgewirke, die mit weniger Einzellagen einen ausreichend dicken Stapel in einer Höhe von 40 mm bilden, und somit einen geringeren Grundwarenanteil aufweisen, mit zunehmendem Monofildurchmesser auch eine größer werdende Stauchhärte haben. Tendenziell ist es allerdings zu erwarten. (Abbildung 21)

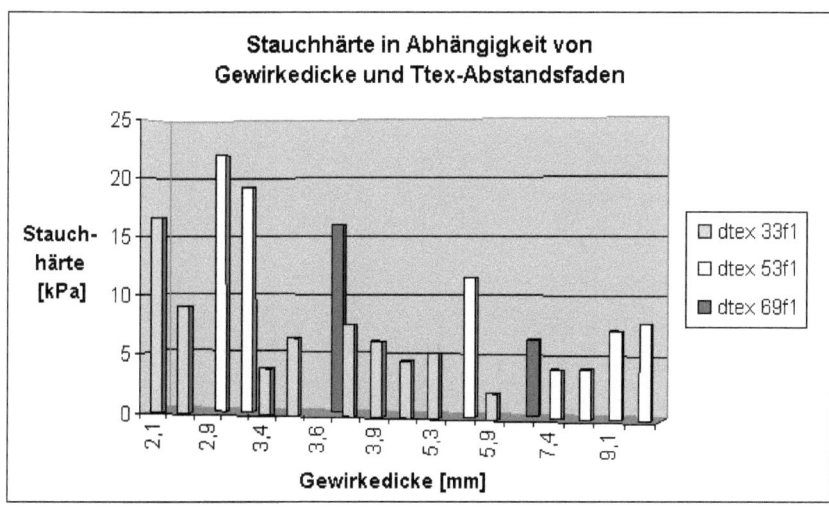

Abbildung 20: Stauchhärte dünner Abstandsgewirke (in Ableitung aus [32])

Es empfiehlt sich beim Vergleich dieser Muster zu beachten, daß mit gleichen Legungen der Abstandsfäden, also einer konstanten Bindungsbreite (B_{bindg}) bei verschiedenen FBA, zwischen den beiden Oberflächen auch eine veränderte diagonale Erstreckung des Abstandsfadens innerhalb der X-Y-Ebene entsteht. Inwiefern dies Einfluß auf die druckelastischen Eigenschaften hat, läßt sich auf Grundlage der Arbeiten nach [32] nicht gezielt ableiten. Allerdings wird darauf verwiesen, daß bei geringer Bindungsbreite des Abstandsfadens und zunehmendem Fräsblechabstand unter Druckbelastung ein instabiles Verhalten der Gewirke festzustellen ist, was sich in einem seitlichen Verkippen der Ware äußert.

Um eine deutliche diagonale Lage eines Abstandsfadens in der X-Y-Ebene durch das Wirkverfahren zu realisieren, müssen sich die mittelbar oder unmittelbar aufeinanderfolgenden wechselseitigen Bindungen der Abstandsfäden über eine Bindungsbreite $B_{bindg} \gg 1$ erstrecken. Für die theoretische Neigung A des Abstandsfadens ist der Fräsblechabstand (FBA), zum Zwecke der Bestimmung der resultierenden Neigung α im veredelten Gewirke jedoch dessen Dicke D_{fix} relevant. (Anlage 2.2.2)

Für den Fall, daß eine funktionale Abhängigkeit der druckelastischen Eigenschaften der Abstandsgewirke von der Erstreckung der Abstandsfäden gegeben ist, müssen zukünftige, vergleichende Betrachtungen auch darauf gerichtet werden, bei Gegenüberstellung druckelastischer Eigenschaften vor allem ähnliche textile Konstruktionen zueinander ins Verhältnis zu setzen, also Kombinationen aus bindungs- und maschinentechnischen Parametern, die zu annähernd gleichen Erstreckungen der Abstandsfäden in der X-Y-Ebene führen. Grundsätzlich führen die Arbeiten nach [32] zu dem Schluß, daß die Feinheit und die Anzahl der im RR-Abstandsgewirke enthaltenen Abstandsfäden aus Monofil in einer bestimmten Beziehung zur Dicke des Abstandsgewirkes maßgeblich dessen druckelastisches Verhalten bestimmen. Gewisse Erwartungen zur Leistungsfähigkeit wesentlich dickerer Abstandsgewirke werden geäußert, allerdings wird gleichzeitig auf die fehlenden technischen Voraussetzungen hierfür verwiesen.

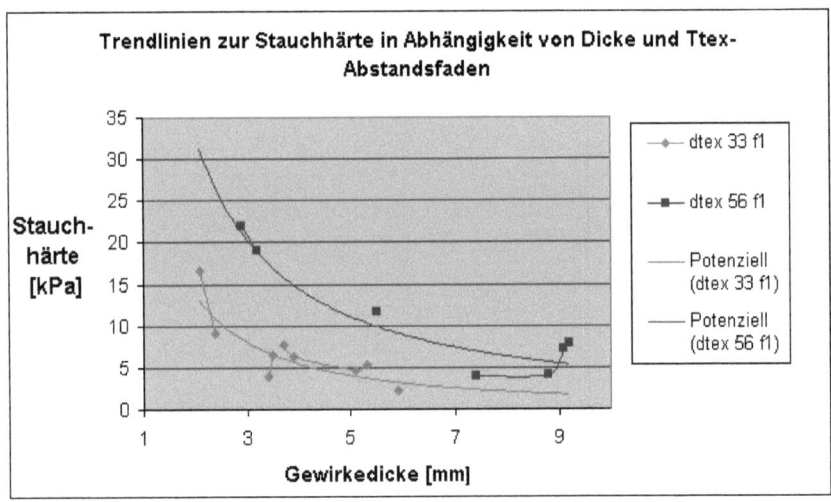

Abbildung 21: Tendenzielles Verhalten der Stauchhärte (in Ableitung aus [32])

4.2 Abstandsgewirke, gefertigt mit RR-Raschelmaschine vom Typ HDR

4.2.1 RR-Abstandsgewirke mit offenen, netzartigen Grundflächen

In Fortführung der geometrischen Grundlagen nach Punkt 3.4 und davon ausgehend, daß die diagonale Lage von Abstandsfäden für das druckelastische Verhalten der Abstandsgewirke einen bestimmenden Parameter darstellt, ist zur Realisierung spezieller druckelastischer Eigenschaften das Erreichen bestimmter Abstandsfadenorientierungen ein primäres Ziel bei der Herstellung der für Unterpolsterungen geeigneten Abstandsgewirke.

Die bereits erwähnte Einschränkung hinsichtlich des maximalen einzeiligen Versatzweges innerhalb eines Unterlegungszyklus von wenigen Nadelteilungen für die Grund-Legebarren, die zur Herstellung der Abstandsfadensysteme dienen - in der Regel GB 3 und GB 4 - besteht an den für dickere, netzartige Abstandsgewirke genutzten RR-Raschelmaschinen vom Typ HDR-DPLM durch Einsatz von Musterketten für den Legebarrenversatz weiterhin.

Bekannte, damit hergestellte Abstandsgewirke (Abbildung 12), werden bindungstechnisch durch eine filetähnliche Schuß-Franse-Bindung in den Konstruktionen der textilen Oberflächen gebildet. Es handelt sich dabei meist um eine Bindung, das aus der Wirkerei als Tüllgrund bekannt ist, bzw. um eine Variation dieser Bindung im Bereich der Schußlegungen [22]. Bei diesen Mustern sind die Franse legenden GB 2 (vorn) und GB 5 (hinten) voll eingezogen, die Schuß legenden GB 1 (vorn) und GB 6 (hinten) dagegen nur halb voll mit der Einzugsfolge 1 voll-1 leer. Dabei ist für die meisten textilen Realisierungen festzustellen, daß die in ihren Legungen identischen Muster von GB 1 und GB 2 bzw. von GB 5 und GB 6 um eine halbe Rapportlänge versetzt sind. (Anlage 3.1). Gearbeitet wird auf Nadelfeinheiten zwischen 10 E und 14 E.

Der Tüllgrund gestattet große Querdehnungen. Entgegen der üblichen Verfahrensweise wird jedoch mit einer hohen Fadenspannung in den Fadenscharen der Grund-Legebarren GB 1 und GB 6 gearbeitet. Damit ist zwar zunächst ein erheblicher Rohwareneinsprung ε_{qB} zu erwarten, da die Fransen aus GB 2 und GB 5 durch die Schußlegungen eng aneinander geführt werden. Dieser wird aber zum Teil durch Einsatz von Garnen mit Feinheiten 70 tex und größer für die Bindungen der Oberflächen und von Monofil mit Durchmessern bis 0,25 mm (entspr. 67 tex) für die Abstandsfäden begrenzt. Vorwiegend kommt die offene Franse als Legung für GB 2 und GB 5 zur Anwendung. Durch Dehnung der textilen Rohware über die Warenbreite lassen sich die Bindungen der Oberflächen öffnen und bilden netzartige Strukturen, die durch den Fixierprozeß stabilisiert werden. In Anwendung auf die Abstandsgewirke kann das gegenüber der Rohware bis zur dreifachen Warenbreite führen, was einer Breitendehnung $\varepsilon_B \approx 200\%$ entspricht.

Auch für die Analysen der netzartigen Abstandsgewirke gilt, daß alle den Gewirken entnommenen Daten aus deren Zustand als fixierte Halbzeuge stammen, weshalb die allgemeinen verfahrensabhängigen Geometrieveränderungen (Punkt 3.4) integraler Bestandteil der Erzeugnisstrukturen sind. Allerdings sind Effekte, die sich aus der mechanischen Einflußnahme im Fixierverfahren ergeben, besonders zu beachten.

4.2.2 Offene, netzartige Abstandsgewirke mit ca. 10 mm Dicke

4.2.2.1 Geometrische Eigenschaften

Der Einsatz von RR-Fransen-Legungen für die Abstandsfaden legenden Grundbarren führt in der Rohware zwangsläufig zu annähernd parallel zueinander verlaufenden Abstandsfäden. Der Vorteil einer RR-Fransen-Legung für die Abstandsfaden führenden Grund-Legebarren liegt unter anderem darin, daß in alle RL-Maschen, die aus den Bindungen der Grund-Legebarren GB 2 und GB 5 entstehen, mit nur einer zu GB 2 und GB 5 einzugsgleichen Grund-Legebarre GB 3 oder GB 4 Abstandsfäden in jede RL-Masche der beiden Oberflächen eingebunden werden können. Somit lassen sich für diese Abstandsgewirke die mindestens erforderlichen technischen Mittel auf insgesamt fünf Grund-Legebarren, die technologischen Mittel auf nur fünf erforderliche Kettfadenscharen reduzieren.

Die mit RR-Franse-Legung gebundenen Abstandsfäden werden durch die Querdehnung ε_B in Y-Richtung aus ihrer annähernd parallel zur X-Richtung verlaufenden Lage gebracht. Unter der oben genannten Bedingung zueinander versetzter Rapporte der Schussbindungen von GB 1 und GB 6 führt das in Z-Richtung betrachtet bei den Abstandsfäden zu einer abwechselnden diagonalen Auslenkung innerhalb der X-Y-Ebene. Die so ausgestreckte Ware wird durch einen thermischen Prozeß stabilisiert. Es entsteht die dreidimensionale, in ihren beiden Oberflächen sehr offene Gewirkestruktur, welche ausschließlich gegeneinander gerichtete, aber keine zueinander gekreuzten Abstandsfadengruppen enthält. (Abbildung 24) Die Schlußfolgerung liegt nahe, daß durch die spezielle Art der Querdehnung im thermischen Fixierprozeß eine bestimmte Orientierung α der Abstandsfäden erzielt werden soll, die zu besonderen druckelastischen Eigenschaften führt. Neben diesen Kenngrößen steht für einen zu realisierenden Polsteraufbau weiterhin die Dicke des fixierten Abstandsgewirkes D_{fix} als geometrischer Produktparameter im Vordergrund.

Wenn gilt, daß die Bindungsbreite eines Abstandsfadens in den dreidimensionalen Gewirkekonstruktionen als geometrisches Basiselement und somit als Äquivalent für die Ausprägung der Breite des unfixierten Gewirkes betrachtet werden kann, so folgt daraus:

$$B_{roh} = \frac{B_{bindg}}{E} \qquad \text{(Gl. 4.2)}$$

Davon ausgehend, daß gilt:

$$\varepsilon_B = \frac{\Delta B}{B_{roh}} = \frac{B_{fix} - B_{roh}}{B_{roh}} \qquad \text{(Gl. 4.3)}$$

ergibt sich unter den besonderen Bedingungen, eine veränderte Neigung α des Abstandsfadens gegenüber seiner Lage im Rohgewirke zu erzielen, eine für offene, netzartige Abstandsgewirke einzustellende und zu stabilisierende Breitendehnung ε_B wie folgt:

$$\varepsilon_B = \frac{D_{fix}}{\frac{B_{bindg}}{E} \cdot \tan(\alpha)} - 1 \qquad \text{(Gl. 4.4)}$$

Grundlage für Gleichung 4.4 bildet die in Anlage 3.2.1 dargestellte Geometrie (Abbildung A 3).

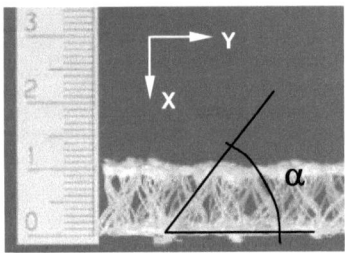

Abbildung 22: Querschnitt eines Abstandsgewirkes mit $\delta_B \approx 170\%$, $\alpha \approx 60°$, $D_{fix} \approx 11$ mm, $B_{bindg}=1$

Abbildung 23: Spannungsbogen zwischen zwei miteinander verbundenen Warenbahnen am Auslauf einer Spanntrocken-Fixiermaschine

Die Bindungsbreite B_{bindg} der Franse als Legung für den Abstandsfaden erstreckt sich über nur eine Nadel. (Anlage 3.1) Ein Abstandsgewirke mit einer Dicke D_{fix} von etwa 10 mm und mit einer Neigung des Abstandsfadens von $\alpha \approx 60°$ müßte demnach mit einer Dehnung $\delta_B=170\%$ durch Fixierung stabilisiert werden. (Abbildung 22)

Beim Dehnen des Abstandsgewirkes in Y-Richtung und der damit verbundenen Auslenkung der Abstandsfäden verringert sich zwangsläufig die Gewirkedicke.

Diese durch Querdehnung verursachte Kontraktion der Dicke ε_{QD} ergibt sich aus:

$$\varepsilon_{QD} = \frac{\Delta D}{D_{roh}} = 1 - \frac{D_{fix}}{D_{roh}}$$ (Gl. 4.5)

Unter Berücksichtigung der in Anlage 3.2.1 / Abbildung A 3 dargestellten Lageänderung paralleler eingebundener Abstandsfäden läßt sich die erforderliche Ausgangsdicke D_{roh} des Abstandsgewirkes ermitteln:

$$D_{roh} = \sqrt{D_{fix}^2 + \left[(\varepsilon_B + 1) \cdot B_{roh}\right]^2}$$ (Gl. 4.6)

Daraus folgt für ε_{QD}, der Kontraktion der Gewirkekonstruktion in X-Richtung:

$$\varepsilon_{QD} = \frac{D_{fix}}{\sqrt{\left[(\varepsilon_B + 1) \cdot B_{roh}\right]^2 + D_{fix}^2}} - 1$$ (Gl. 4.7)

Für das in Abbildung 22 gezeigte Abstandsgewirke resultiert aus der Querdehnung um δ_B=170% eine Stauchung der Dicke um annähernd δ_D≈11%. Unter Beachtung dieses Dickenverlustes muß die Einstellung des Abschlagbarrenabstandes an der Rechts/Rechts-Raschelmaschine vorgenommen werden, wenn eine definierte Gewirkedicke erreicht werden soll. Zusätzlich müssen die Differenz zwischen der tatsächlich herstellbaren Warendicke D_{roh} und einem jeweils dazu eingestellten Fräsblechabstand sowie die durch Fixierung entstehenden und allgemein erwarteten Dickenänderungen berücksichtigt werden. In Kenntnis der Dickenkontraktionen ε_{qDroh} und ε_{qDfix} läßt sich der erforderliche Fräsblechabstand FBA unter Anwendung von Gleichung 3.4 bestimmen, indem die durch mechanische Arbeit im Fixierverfahren verursachte Dickenkontraktion ε_{QD} analog ergänzt wird.

Mit der Breitendehnung ε_B geht auch eine Längenkontraktion ε_{QL} der Ware einher. Mit Übertragung der für die Dickenkontraktion geltenden Gleichung 4.7 auf die Gewirkelänge L kann ε_{QL} formal als bekannt betrachtet werden.

Die für typische Artikel dieser Art gewählten Schuß-Franse-Bindungen für die beiden Oberflächen führen innerhalb eines Bindungsrapportes pro Warenseite zu zwei Ketten von Maschenstäbchen, welche jeweils eine bestimmte Anzahl aufeinanderfolgender Maschen n_{frei} enthalten. Daran schließt sich eine Anzahl von Maschen der RL-Fransenlegung an, die mustergemäß bedingt durch die Schußlegung quer zueinander mit Maschen der benachbarten RL-Fransen verbunden sind. (Anlage 3.2.2) Die Anzahl unmittelbar aufeinanderfolgender freier und verbundener Maschen n_{fra} innerhalb der Rapportlänge der Schußlegung führt in Abhängigkeit von der Maschenlänge ML zu einer bestimmten geometrischen Länge, die ein Äquivalent für L_{roh} bildet. Unter Vernachlässigung, daß die Maschenlänge innerhalb der Fertigungsstufen den beiden grundlegenden Kontraktionen unterliegt, soll zur Bestimmung der grundsätzlichen, durch ε_B bewirkten geometrischen Änderungen an der textilen Konstruktion zunächst vereinfacht gelten:

$$L_{roh} = n_{fra} \cdot ML$$ (Gl. 4.8)

Der nach Querdehnung ε_B in Z-Richtung verlaufende vektorielle Anteil der aufeinanderfolgender Maschen n_{frei} bildet zusammen mit den anschließenden, durch Schußlegung jedoch quer miteinander verbundenen Maschen der RL-Franse das geometrische Äquivalent für die Länge L_{fix} des Gewirkes:

$$L_{fix} = (n_{fra} - n_{frei}) \cdot ML + \sqrt{(n_{frei} \cdot ML)^2 - \Delta B^2}$$ (Gl. 4.9)

Aus erwähnter Analogie zu Gleichung 4.5 gilt in Verbindung mit Gleichung 4.3 und Gleichung 4.4 für die aus gezielter Breitendehnung ε_B folgende Längenkontraktion ε_{QL}:

$$\varepsilon_{QL} = 1 - \frac{(n_{fra} - n_{frei}) \cdot ML + \sqrt{(n_{frei} \cdot ML)^2 - \left(\varepsilon_B \cdot \frac{B_{bindg}}{E}\right)^2}}{n_F \cdot ML}$$ (Gl. 4.10)

Für RL-Bindungen der Oberflächen des Abstandsgewirkes nach Anlage 3.1 entstehen bei einer Rapportlänge von 10 Maschenreihen pro Gewirkseite zwei Passagen aus freien und verbundenen Maschenstäbchen mit jeweils n_{fra}=5 Maschen. Resultierend aus den hohen Fadenspannungen in den Fadenscharen der Schußlegungen (4.2) enthält die verbindungsfreie Stäbchenreihe n_{frei}=3 Maschen. (Anlage 3.2.2)
Mit einer Maschenlänge ML=1,8 mm, auf die durch Auszählen der Maschen über der Erstreckungslänge des zehnreihigen Rapportes geschlossen werden kann, resultiert unter Fortsetzung der Betrachtungen zur Querdehung δ_B=170% eine entsprechende Längenkontraktion δ_L=15% der Gewirkekonstruktion. Deformationen, die sich aus dem Ausspreizen der in Spannketten eines Spannrahmens aufgenadelten Ware ergeben, unter anderem damit einhergehende Dehnungen, die zu Spannungsbögen führen, sind in diesen Betrachtungen zu den geometrischen Veränderungen nicht berücksichtigt. (Abbildung 23)
Zusammenfassend aus diesen Betrachtungen lassen sich die Hauptabmessungen solcher Gewirkekonstruktionen unter Brücksichtung der grundsätzlichen, technologiebedingten Veränderungen bestimmen.
Beim Ausspreizen der Ware in Y-Richtung wird der zuvor entstandene Rohwareneinsprung ε_{qBroh} wieder eliminiert, weshalb sich die Bestimmung der Querdehnung in den Analysen zu offenen, netzartigen Abstandsgewirken auf die Nadelfeinheit E als technisches Basiselement stützen muß. Da das Abstandsgewirke nur durch wechselseitige Bindungen von Abstandsfäden entstehen kann und diese im betrachteten Fall nur durch eine Grund-Legebarre zugeführt werden, sind Fadenzahl und Bindungsbreite von GB 3 für die Bestimmung der Gewirkebreite relevant. Für Grund-Legebarre GB 3 kann bei diesen Mustern gelten, daß B_{bindg}=1 und e_{Kf}=1 ist. In Anwendung von Gleichung 3.2 folgt daraus:

$$B_{fix} = \frac{1}{E} \cdot n_{Kf} \cdot (1 - \varepsilon_{qBfix}) \cdot (1 + \varepsilon_B)$$ (Gl. 4.11)

Bei Übertragung der Ergebnisse zur Längenänderung infolge von Querdehnung ergibt sich durch Ergänzung der Gleichung 3.1:

$$L_{fix} = ML \cdot n_{MR} \cdot (1 - \varepsilon_{qLroh}) \cdot (1 - \varepsilon_{qLfix}) \cdot (1 - \varepsilon_{QL})$$ (Gl. 4.12)

Die Bestimmung der Längenkontraktion ε_{QL} baut auf einer ganzzahligen Folge freier Maschenstächen auf. Da das Verformungsverhalten von Textilien in den wenigsten Fällen auf solchen idealen Voraussetzungen basiert, folgt für den Wert von ε_{QL} ein maßgeblich durch das geometrische Modell bedingter Charakter. Trotzdem stellt er eine gute Näherung dar und ist besonders im Verhältnis zur Breitendehnung ε_B bei der Betrachtung von Maschen- und Abstandsfadendichte von Bedeutung.

Im Hinblick auf die Gewirkegeometrie ist die Kontraktion ε_{QD} ähnlich wie ε_{QL} zu betrachten, da auch hier im Modell ideales Verhalten unterstellt wird. Qualitativ gilt für die Gewirkedicke in Erweiterung von Gleichung 3.4 dennoch:

$$D_{fix} = FBA \cdot \left(1 - \varepsilon_{qDroh}\right) \cdot \left(1 - \varepsilon_{qDfix}\right) \cdot \left(1 - \varepsilon_{QD}\right)$$ (Gl. 4.13)

4.2.2.2 Druckelastisches Verhalten

Allgemein ist zu beachten, daß umgekehrt proportional zur Längen- und Breitendehnung der Ware die Zahl der lastaufnahmefähigen Abstandsfäden pro Fläche reduziert wird. Aus den vorhergehenden Betrachtungen kann abgeleitet werden, daß die Längenkontraktion nicht ausreichend groß ist, um die durch Breitendehnung entstehende Reduzierung der Lastaufnahmepunkte pro Belastungsfläche zu kompensieren. (Abbildung 24)

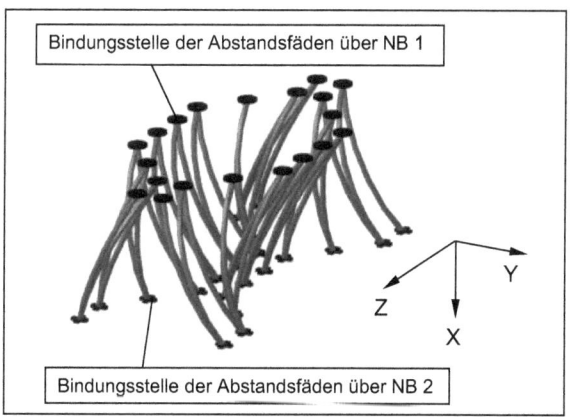

Abbildung 24: prinzipielle Abstandsfadenverläufe in netzartigen Abstandsgewirken

Durch die Anwendung der RR-Fransenlegung für die Abstahndsfäden mit $n_{Rapp.GB3}=1$ entsteht eine Anzahl von Bindungswechseln des Abstandsfadens mit $j_P=2$. (Abbildung 18) Wenn jede aus GB 2 bzw. GB 5 gebildete RL-Masche jeweils nur eine Abstandsfadenmasche enthält, so schließen sich auch an jede Masche in einer textilen Oberfläche nur zwei Abstandsfadenerstreckungen an, die als Drucklast aufnahmefähige Elemente eine Verbindung zur gegenüberliegenden Oberfläche herstellen. Gleichzeitig wird damit die Bedingung erfüllt, daß nach Gleichung 3.3 geltendes $n_K = n_{Kf.GB3}$ ist.

Da für die Analyse der Textilien nur die fixierte Maschenlänge ML_{fix} bestimmt werden kann und ε_{qBfix} ebenfalls anteilig im ermittelbaren ε_B enthalten ist, folgt aus Gleichung 3.12 in Verbindung mit Gleichung 4.11 und Gleichung 4.12 für die Abstandsfadendichte solcher etwa 10 mm dicken Abstandsgewirke vereinfacht:

$$dP = \frac{E \cdot 2}{ML_{fix} \cdot (1 + \varepsilon_B) \cdot (1 - \varepsilon_{QL})}$$

(Gl. 4.14)

Den speziellen Ergebnissen hinsichtlich der Geometrie des Abstandsgewirkes aus Punkt 4.2.2.1 folgend, resultiert bei einer Maschenlänge im fixierten Zustand ML_{fix}=2 mm eine Abstandsfadendichte von $dP \approx 23/cm^2$. Die Materialeigenschaften, die Fasergeometrie und die Orientierung der Abstandsfäden in der dreidimensionalen textilen Struktur können als die maßgeblichen Parameter für die Ausprägung eines Druckspannungs-Verformungsverhaltens betrachtet werden. Im speziellen Fall des betrachteten 10 mm dicken netzförmigen Abstandsgewirkes fand ein Polyester-Monofil mit einem Durchmesser von 0,25 mm als Abstandsfaden Verwendung.

Die Bestimmung der Druckspannungs-Verformungseigenschaften nach DIN EN ISO 3386-1 [5] fordert eine Materialdicke von mindestens 10 mm, die im vorliegenden Fall durch das Abstandsgewirke erfüllt wird. Der kreisrunde Prüfstempel hat eine Prüffläche $A=1dm^2$. Als hauptsächliche Vergleichsgröße CV_{40} gilt der Druck, der zur 40-prozentigen Verformung des Prüflings führt. Weitere Vergleichswerte CC_{XX} sind über der Druckspannungs-Verformungskurve bestimmbar. Die Hysterese, welche sich als Graph des Druckspannungs-Verformungsverhaltens ergibt, beschreibt im oberen Zweig die Kraft während des Eindrückens. Der untere Zweig stellt den Kraftverlauf während der Entlastung dar. (Abbildung 25)

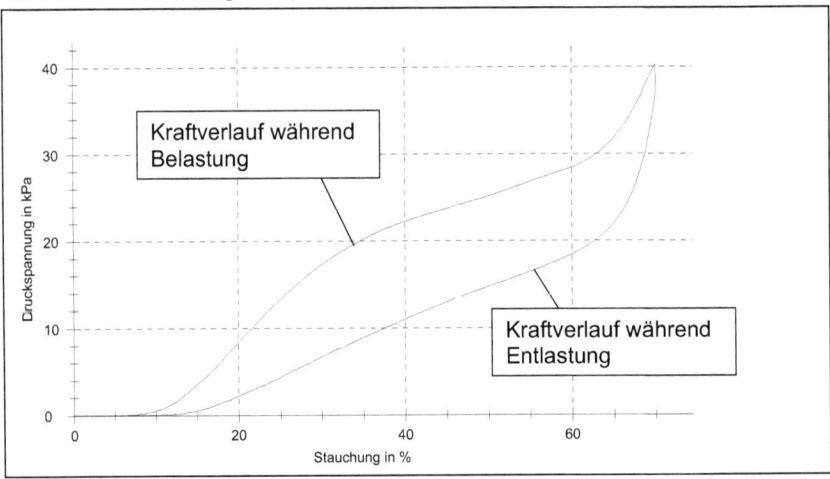

Abbildung 25: Druckspannungs-Verformungskennlinie des netzförmigen Abstandsgewirkes (Dicke ≈ 11mm)

Nach einem im Verlauf der Vorstauchung entstehenden, irreversiblen Dickenverlust von ca. 7% schließt sich bis annähernd 35% Verformung ein steiler Kennlinienverlauf mit einem durchschnittlichen Anstieg von $\Delta F/\Delta s$=66 N/mm an. Danach verringert sich bis ca. 63% Verformung der Differenzenkoeffizient auf durchschnittlich $\Delta F/\Delta s$=33 N/mm, um anschließend bis zur maximalen Verformung von 70% wieder deutlich anzusteigen. Der in Abbildung 22 dargestellte Querschnitt dieses Gewirkes verdeutlicht unter Verwendung des Maßstabes, daß sich die Gewirkedicke aus etwa jeweils 1 mm Dicke der Oberfläche und gemäß dem Meßergebnis nach Anlage 3.3.1 aus verbleibenden 8,9 mm Dicke, welche durch freie Abstandsfadenerstreckungen zwischen den textilen Oberflächen gebildet werden, zusammensetzt.

Die durch Druckbelastung geleistete Arbeit kann als elastische Verformung im wesentlichen nur von diesen Abstandsfäden aufgenommen werden, woraus folgt, daß der tatsächlich verfügbare Verformungsweg nur annähernd 9 mm beträgt. Zur Verformung des Gewirkes auf 30 % der Ausgangsdicke wird ein Weg von 7,6 mm zurückgelegt. Folglich bleibt eine frei verformbare Restdicke von etwa 1 – 1,5 mm bestehen.

Abbildung 26: Querschnitt des Abstandsgewirkes bei 70% Druckverformung

Abbildung 26 verdeutlicht den Verformungsgrad der Abstandsfäden unter dieser Beanspruchung. Die soweit komprimierte Gewirkekonstruktion beginnt, die Grenzen ihrer maximalen Druckverformbarkeit zu erreichen, woraus auf den erneuten Anstieg des Druckspannungs-Verformungsverlaufes ab ca. 63% Verformung geschlossen werden kann. In Analogie zu einer mechanischen Druckfeder kann dieses Verhalten mit dem Erreichen des Blockmaßes verglichen werden.

4.2.3 Offene, netzartige Abstandsgewirke mit ca. 20 mm Dicke

Um den Forderungen der Volumenkonstruktionen von Materialien zur Unterpolsterung durch Abstandsgewirke besser genügen zu können, entstanden in jüngster Vergangenheit textile Konstruktionen mit Dicken bis 20 mm. Bei ihrer Herstellung kommt annähernd die gleiche Vorgehensweise wie bei den Artikeln bis ca. 10 mm Dicke zur Anwendung. In ihrem äußeren Erscheinungsbild sind kaum Unterschiede zu den dünneren netzförmigen Abstandsgewirken festzustellen. Ein weniger ausgeprägter Öffnungsgrad der Gewirkeoberflächen bei ähnlich großen Maschen weist auf eine etwas geringere, thermisch stabilisierte Querdehnung der Ware hin. Die Abstandsfäden befinden sich wie bei den 10 mm dünneren Strukturen dennoch in einer ähnlichen Neigung α. Jedoch ist die ca. 20 mm dicke Ware in der Abstandsfadenstruktur wesentlich dichter, was auf eine leicht erkennbare direkte Verkreuzung der Abstandsfäden zurückzuführen ist. (Abbildung 27)

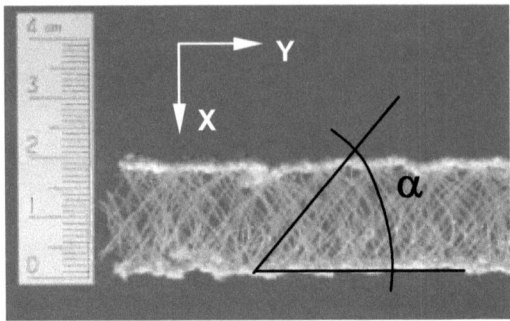

Abbildung 27: Querschnitt eines Abstandsgewirkes mit
$\delta_B \approx 110\,\%$, $\alpha \approx 60°$, $D_{fix} \approx 20$ mm, $B_{bindg}=3$

Da man bei der Herstellung offensichtlich bestrebt ist, wieder ähnliche Abstandsfadenerstreckungen im Abstandsgewirke zu erreichen, kann konstatiert werden, daß die Abstandsfadenneigung α durchaus ein relevanter Parameter für das druckelastische Verhalten der Abstandsgewirke ist. Unter Verwendung von Gleichung 4.4 läßt sich die Bindungsbreite B_{bindg} eines Abstandsfadens errechnen, wenn durch eine vorgegebene Querdehnung ε_B eine bestimmte Neigung α des Abstandsfadens und eine geforderte Gewirkedicke D_{fix} eingestellt werden soll:

$$B_{bindg} = D_{fix} \cdot \frac{E}{\tan(\alpha) \cdot (\varepsilon_B + 1)}$$

(Gl. 4.15)

Wird eine geneigte Lage von $\alpha \cong 60°$ als Zielstellung vorausgesetzt, so resultiert daraus bei einer Dicke $D_{fix}=20$ mm und einer fixierten Querdehnung der Ware $\varepsilon_B \approx 1$ eine Bindungsbreite von $B_{bindg}=3$. Die geometrischen Daten entsprechen denen einer vergleichbaren Abstandswirkware nach Abbildung 27. Bindungsbreiten bis zu fünf Nadelteilungen als einzeiliger Legebarrenversatz sind mit den gegebenen technischen Voraussetzungen, der Verwendung von Musterketten zur Versatzsteuerung der Abstandsfaden führenden Grund-Legebarren, und mit Nadelfeinheiten zwischen 10 E und 14 E realisierbar. Bei Anwendung von Legungen mit $B_{bindg}>1$ ist die Abhängigkeit der Rohgewirkedicke D_{roh} aufbauend auf Gleichung 4.6 und gemäß den geometrischen Bedingungen nach Anlage 3.2.1 / Abbildung A 4 zu präzisieren, woraus folgt:

$$D_{roh} = \sqrt{D_{fix}^2 + \left[(\varepsilon_B + 1) \cdot B_{roh}\right]^2 - B_{roh}^2}$$

(Gl. 4.16)

Die Verkreuzung von Abstandsfäden kann wirktechnisch im einfachsten Fall durch die Verwendung von zwei gegenlegig arbeitenden Grund-Legebarren GB 3 und GB 4 erreicht werden. Durch deren abwechselnde Bindung vorn und hinten führt dies für beide Grund-Legebarren zu gleichen Musternotationen, die lediglich um eine Wirkzeile zueinander versetzt sind:

GB 3: 0 – 1 – 2 – 3 //, GB 4: 2 – 3 – 0 – 1 //

Da bei diesen Mustern in jeder RL-Masche der beiden Oberflächen (Franse aus GB 2 bzw. GB 5) nur eine Masche des Abstandsfadens zu erkennen ist, kann daraus geschlossen werden, daß die beiden Grund-Legebarren GB 3 und GB 4 mit halbem, um eine Teilung zueinander versetzten Einzug arbeiten.

Für vergleichende Betrachtungen standen drei Muster zur Verfügung, die sich in ihrer Geometrie bzw. in der Garnfeinheit des verwendeten Monofil als Abstandsfaden unterscheiden. (Anlage 3.3.2) Da es sich bei diesen Abstandsfäden um sogenanntes „technisches Monofil" handelt, welches hinsichtlich der geometrischen Fasergenauigkeit unter erhöhten Anforderungen hergestellt wird, kommt im weiteren Verlauf der Monofildurchmesser als typisches technisches Datum zur Bestimmung des Abstandsfadengarnes zur Anwendung.

Maschenlänge und Bindungen der drei Probemuster stimmen weitestgehend überein. Die nachfolgenden Betrachtungen basieren auf den Messungen an einem Probemuster pro Variante. Unter Berücksichtigung von Erholzeiten wurden die Messungen wiederholt und führten zu jeweils ähnlichem Verhalten. Wesentlicher geometrischer Unterschied von Muster Nr. A2 zu den Mustern Nr. A1 und A3 besteht darin, daß sich die Bindungsbreite der Abstandsfäden von Muster Nr. A2 nur über eine Nadel erstreckt. Analog zum 10 mm-Muster (Nr. A0) wird keine Verkreuzung von Abstandsfäden gebildet.

Zwischen den geometrisch nahezu gleichen, jedoch in den Abstandsfadenfeinheiten verschiedenen Mustern Nr. A1 und Nr. A3 kann ein qualitativ ähnlicher Spannungs-Kontraktions-Verlauf festgestellt werden. (Anlage 3.3.2) Dabei stiegt über dem Grad der Verformung die Druckspannung zunehmend an. Der überproportionale Anstieg der Meßkurve von Probe Nr. A1 ab ca. 65% Verformung kann auf das allmähliche Annähern an die maximale Verformbarkeit zurückgeführt werden. Infolge der größeren Dicke und des geringeren Monofildurchmessers von 0,22 mm, statt 0,25 mm für Probe Nr. A1, kann dies an Probe Nr. A3 nicht festgestellt werden. Da jedoch beide Muster auf Grund ihrer ähnlichen geometrischen Ausführung über eine annähernd gleiche Abstandsfadendichte von dP≈30/cm² verfügen, kann aus der Differenz der Druckspannungen zwischen den beiden Meßkurven auf die maßgebliche Bedeutung des Abstandsfadendurchmessers für das Druckspannungs-Verformungsverhalten dicker Abstandsgewirke geschlossen werden.

Der direkte Vergleich zwischen Probe Nr. A2 und Probe Nr. A3 liefert die Bestätigung für diese Schlußfolgerung. Trotz einer geringeren Abstandsfadendichte des Musters Nr. A2 von dP≈23/cm², das mit Monofildurchmesser=0,25 mm im Pol ausgeführt ist, überdeckt der Inhalt der Verformungskennlinie nahezu vollständig die Fläche, welche durch die Hysterese der Probe Nr. A3 eingeschlossen wird. Auffallend ist auch der große Anstieg zu Beginn der Druckbelastung an Probe Nr. A2, was speziell in diesem Bereich sogar eine höhere Lastaufnahmefähigkeit bedeutet als für Probe Nr. A3. In Verbindung mit dem anschließend verringerten Anstieg im Bereich ab ca. 25% Verformung sind deutliche qualitative Parallelen zur Hysterese des 10 mm dicken Abstandsgewirkes (Abschnitt 4.2.2.2; Anlage 3.3.1, Muster Nr. A0) festzustellen. Dies führt an Probe Nr. A3 im Belastungsfall trotz der geringeren Abstandsfadendichte (aber größerem Abstandsfadendurchmesser) im Verformungsbereich bis annähernd 60% zu höheren Druckspannungs-Verformungswerten als bei Probe Nr. A2.

Ein qualitativer Vergleich der Druckspannungs-Verformungskennlinien der Proben nach Anlage 3.3.2 und des 10 mm-Musters gemäß Anlage 3.3.1 läßt auf Grundlage der entsprechenden Breitendehnungen ε_B≈1,1 bzw. ε_B≈1,8 , die paarweise jeweils gleiche Oberflächenstrukturen von Probe A1 und A3, bzw. von Probe A0 und A2 zur Folge haben, die Vermutung zu, dass die Oberflächenstrukturen ebenfalls Einfluß auf das Druckspannungs-Verformungsverhalten nehmen.

4.2.4 Hypothesen über Möglichkeiten und Grenzen zur Ausführung ähnlicher Gewirke in größeren Dicken

Durch die Begrenzung des maximal möglichen, einzeiligen Versatzweges von Abstandsfaden führenden Grund-Legebarren, deren Versatzsteuerung durch Musterketten erfolgt, nähern sich die Abstandsfäden bei größer werdendem Fräsblechabstand zunehmend parallel zueinander verlaufenden Erstreckungen an. Wenn sich die Lastaufnahmefähigkeit, wie angenommen, proportional zur Abstandsfadendichte verhält, andererseits jedoch eine diagonale Erstreckung der Abstandsfäden in der fixierten textilen Konstruktion zu bevorzugen ist, dann stehen diese beiden Parameterforderungen mit größer werdender Gewirkedicke im wachsenden Widerspruch zueinander. Eine Möglichkeit zur Harmonisierung besteht theoretisch darin, den Abstandsfadendurchmesser zu vergrößern. Allerdings findet diese Maßnahme ihre Begrenzung im Aufnahmevermögen des Nadelkopfes der Zungennadeln. Darüber hinaus steigen die mechanischen Belastungen an den Nadeln sowohl durch die bei Ausformung der Nadelmasche als auch beim Abschlag zu leistende Verformungsarbeit.

Auch eine Verwendung gröberer Nadelteilungen wäre nicht zielführend, da einerseits aus bekannten mechanischen Gründen der Versatzweg absolut und folglich teilungsunabhängig beschränkt ist, andererseits sind Maschen- und Poldichte direkt von der Nadelteilung abhängig, was zu deren Reduzierung bei Verwendung gröberer Nadelteilungen führt.

Die Tendenz der Lastaufnahmefähigkeit läßt sich in Weiterführung der geometrischen Veränderungen vom 10-mm-Muster Nr. A0 über Muster Nr. A3 zu Muster Nr. A1 (Anlage 3.3.2) ableiten. Mit gleichem Abstandsfadendurchmesser und gleicher Abstandsfadendichte halbiert sich die Lastaufnahmefähigkeit von Probe Nr. A3 gegenüber der Probe Nr. A0 bei nahezu doppelter Gewirkedicke. Nur durch eine höhere Poldichte, die vor allem aus der deutlich reduzierten Querdehnung ε_B resultiert, kann eine Leistungssteigerung von Probe Nr. A3 zu Probe Nr. A1 erreicht werden.

In Fortsetzung dessen müßten dickere Abstandsgewirke, die unter Einsatz herkömmlicher Maschinentechnik gefertigt werden, von einem größeren Abstandsfadendurchmesser, dessen Verarbeitung technische Grenzen hat, und durch eine weiter reduzierte Querdehnung ε_B gekennzeichnet sein. Die Bindungsbreite der Abstandsfäden und die daraus resultierende Abstandsfadenneigung α verliert dabei zunehmend an Bedeutung. Festzustellen, inwiefern andere Bindungen in denbeiden Oberflächen den erwarteten Effekten des Druckspannungs-Verformungsverhaltens entgegenwirken können, ist an dieser Stelle spekulativ.

4.3 Zusammenfassung der Analyseergebnisse

Bezüglich der Terminologie wird eine allgemeine Festlegung getroffen, welche die Bezeichnung der Konstruktionselemente von Abstandsgewirken im weiteren Verlauf der Arbeit betrifft. Zur Vereinfachung werden die in Verbindung mit den textilen Oberflächen, welche als weitestgehend flache Gebilde und mit einer im Verhältnis zum gesamten Abstandsgewirke geringen eigenen Dicke betrachtet werden können, verwendeten Mittel bzw. daraus entstehenden textilen Bestandteile als zweidimensionale (2D-) Elemente der textilen Konstruktion bezeichnet. Die zu den Abstandsfadenstrukturen, welche für die Ausprägung der räumlichen Gewirkstruktur den maßgeblichen Anteil liefern, in Beziehung stehenden Begriffe werden dagegen als dreidimensionale (3D-) Elemente betrachtet. Daraus gebildete textile Konstruktionen werden als 3D-Gewirke bezeichnet. (Abbildung 28)

Aus Punkt 3.4 folgt, daß ein 3D-System eines Abstandsgewirkes nur innerhalb der Erstreckung der flächig begrenzenden 2D-Systeme gebildet werden kann und daß die RR-Maschen der Abstandsfäden durch ihre Einbindung in die RL-Maschen der textilen Oberflächen zum Bestandteil der 2D-Elemente werden. Trotzdem wird zum besseren Verständnis im folgenden begrifflich eine Trennung der Grund-Legebarren nach ihrem maßgeblichen Anteil bei der Entstehung des 3D-Gewirkes insofern vorgenommen, daß alle Grund-Legebarren, die ausschließlich nur in eine Wirknadelreihe (auf Nadelbarre 1 oder Nadelbarre 2) einbinden können, als 2D-Grund-Legebarren, dagegen diejenigen Legebarren, die in der Lage sind, in beide Wirknadelreihen einzubinden, als 3D-Grund-Legebarren bezeichnet werden.

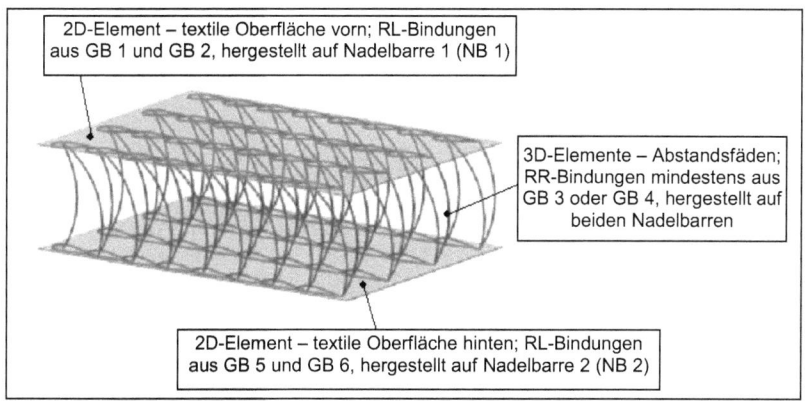

Abbildung 28: 2D- und 3D-Elemente der 3D-Gewirke

Für die zusammenfassende Betrachtung der bisherigen Analysen wird darauf hingewiesen, daß zur Messung der Druckspannungs-Verformungseigenschaften sämtliche Muster netzförmiger Abstandsgewirke entgegen der Norm größer als die Druckplatte gewesen sind. Einerseits sind daher die in Anlage 3.3 enthaltenen Kurvenverläufe und Kennwerte lediglich zum Vergleich der Muster untereinander zu verwenden. Sie können nicht direkt in Beziehung zu Druckspannungswerten gebracht werden, wie sie nach DIN EN ISO 3386 als Materialkenngröße für Schaumwerkstoffe dienen. Andererseits lassen die unter Druckbelastung gemachten Beobachtungen zur Form- und Lageänderung von Gewirkebereichen, die über den Rand des Druckstempels ragen, die These zu, daß auch die Bindungen 2D-Elemente Einfluß auf das Verformungsverhalten des 3D-Gewirkes haben.

Mit der Orientierung auf eine reguläre Polsterfertigung gewinnen die Länge und die Breite als geometrische Parameter einer geeigneten Abstandsgewirkekonstruktion gegenüber der klassischen Vorgehensweise, Halbzeuge als Basismaterial bereitzustellen, an Bedeutung. Die Entstehung dieser regulären Abstandsgewirke erstreckt sich unter Vernachlässigung der Erstellung des Vorproduktes hauptsächlich auf die beiden Verfahren Wirken und Thermofixieren. (vgl. Abbildung 14)

Das Wirken als Syntheseverfahren, das allgemein aus einer vorbestimmten Menge zugeführter Garne für die Entstehung der Geometrie eines Textils verantwortlich ist, wird im Besonderen dazu verwendet, innerhalb der geometrischen Eckdaten eine Makrostruktur herzustellen, welche den speziellen Anforderungen des Textiles unter Druckbelastungen gerecht wird. Wie in Abschnitt 3.1 dargelegt, bilden die Geometrie eines Produktes und die in ihm enthaltene Struktur eine Einheit.

Grundsätzlich lassen sich aus den vorhergehenden Betrachtungen die textiltechnisch und -technologisch maßgeblichen Parameter, welche über die Leistungsfähigkeit dickerer Abstandsgewirke für Unterpolsterungen entscheiden, ableiten.

Das druckelastische Verhalten basiert maßgeblich auf den durch Verformungsarbeit entstehenden Spannungen in den 3D-Fäden, welche als strukturelle Bestandteile der textilen Bauteilkonstruktion hinsichtlich der Anwendungsanforderungen bezeichnet werden können. Aus der Beziehungslage zwischen den strukturellen und den geometrischen Eigenschaften sind die nachfolgenden Gestaltungsmerkmale der Abstandsgewirke als primär relevante Parameter für deren Druckspannungs-Verformungseigenschaften festzuhalten:

- Abstandsfadendichte dP
- Gewirkedicke D_{fix}
- Abstandsfadenorientierung α und
- Bindungen der Oberflächen

Unter Beachtung dieser Tatsachen erfolgt die systematische Zuordnung der textiltechnologischen Parameter entsprechend ihres Einflusses auf die geometrischen bzw. strukturellen 2D- und 3D-Elemente der Abstandsgewirkekonstruktion. Die Parameter sind getrennt nach den zur Herstellung des textilen Werkstückes angewendeten Verfahren zu betrachten, woraus sich die spezifischen technischen Einflußgrößen ableiten lassen.

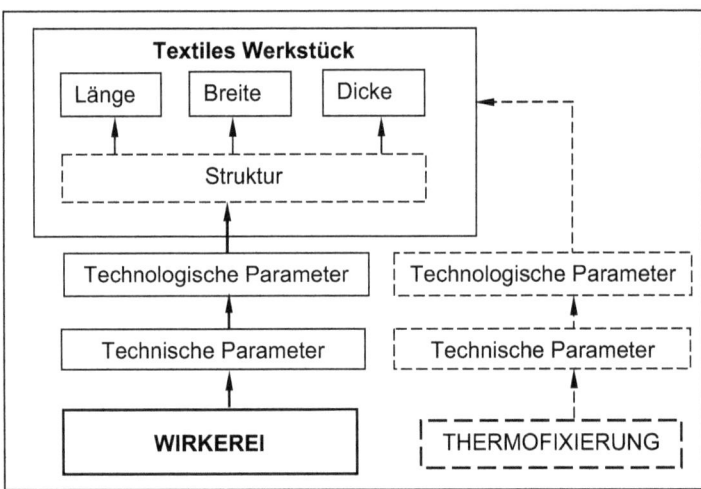

Abbildung 29: Schematische Darstellung der Einflußnahme von Wirk- und Veredlungsverfahren auf das textile Werkstück

Aus den Betrachtungen unter Punkt 4.2 wird deutlich, welchen Einfluß die Thermofixierung auf Geometrie und druckelastisches Verhalten haben kann. Gemäß der Zielstellung, in Kombination mit der regulären Fertigung von Polsterstrukturen auch größere Gewirkedicken zu realisieren und unter Beachtung, daß nach der oben beschriebenen Technologie technische und technologische Grenzen gegeben sind, müssen Mittel zur Anwendung gebracht werden, welche die Herstellung der lastaufnahmefähigen 3D-Struktur bereits durch das Wirkverfahren realisieren. (Abbildung

29) Die Thermofixierung muß dann lediglich für den Abbau von eingetragenen Spannungen eingesetzt werden. Hierzu soll das Werkstück, welches das Wirkverfahren als Rohteil verläßt, im Fixierverfahren in keinem Fall solchen mechanischen Beanspruchungen ausgesetzt werden, die von vorn herein eine Veränderung der Textilgeometrie bewirken. Der thermische Veredlungsprozeß soll also nur sekundären Einfluß auf die das Werkstück bestimmenden Parameter nehmen.

Da im anzuwendenden textilen Syntheseverfahren die Geometrie einer regulären Gewirkekonstruktion aus der Entstehung seiner Struktur heraus gebildet wird, ist die Wirktechnologie maßgeblich bestimmend für die Form und die Funktion der Textilien, was in einem werkstücknahen Charakter des gewirkten Erzeugnisses zum Ausdruck kommt.

4.4 Parameter zur Produktsynthese

4.4.1 Faserstofftechnische Einflüsse

Aus den primär relevanten Gestaltungsmerkmalen ist die besondere Bedeutung der Abstandsfadensysteme für die Leistungsfähigkeit der textilen Polstermaterialien aus Abstandsgewirke ableitbar. Mithin ist den faserspezifischen Kenngrößen der im 3D-Bereich eingearbeiteten Garne ein entsprechender Stellenwert beizumessen. Allerdings kann dieses Parameterfeld auch für die in den 2D-Elementen verwendeten Materialien und deren Einfluß aus die gesamte dreidimensionale Gewirkekonstruktion nicht unberücksichtigt bleiben. Für beide Elemente handelt es sich hierbei um die grundlegenden, textiltechnologischen Parameter, auf welche die jeweils zu deren Ver- bzw. Bearbeitung angewendeten Verfahren abgestimmt werden müssen. Somit sind den speziellen Parametern, welche sich auf die 2D- und 3D-Elemente beziehen, mindestens die folgenden allgemeinen, garnspezifischen Kenngrößen überzuordnen:

- Garnmaterial
- Garnart
- Garnfeinheit

4.4.2 Wirkereitechnische Parameter

Für die Länge des 3D-Gewirkes ist gemäß Punkt 3.4.2 die am Warenabzug eingestellte Maschenlänge ML verantwortlich, welche durch eine bestimmte Anzahl von Maschenreihen n_{MR} wiederholt gefertigt wird.

In Anwendung der verfügbaren Mittel ergeben sich als hauptsächliche Einflußgrößen für den Produktparameter Werkstückbreite nach Punkt 3.4.3 die Nadelteilung E der Wirkwerkzeuge mit den aus der jeweiligen Legung je Grund-Legebarre resultierenden Bindungsbreiten B_{bindg} sowie die darin verwendete Anzahl Kettfäden n_{Kf}. Im wesentlichen leitet sich diese erzeugnisspezifische geometrische Größe der dreidimensionalen Gewirkekonstruktion gemäß der Gleichungen Gl. 3.1 aus den technologischen Parametern der 3D-Grund-Legebarren ab. Zwei ausreichend große Gewirkeoberflächen, welche parallel zur Y-Z-Ebene liegen, bilden die Basis für die RR-Maschebindungen entsprechender 3D-Strukturen. Darauf aufbauend können ebenfalls auf Grundlage von Gleichung 3.2 unter den Bedingungen bestimmter ausgewählter Legungen die mindestens erforderlichen Fadenzahlen für die 2D-Grund-Legebarren ermittelt werden. Die sich unter solchen Voraussetzungen ergebende Anzahl nebeneinander gefertigter Maschenstäbchen n_K, die bindungstechnisch miteinander zu einer Fläche verbunden sind, bestimmt folglich die maximale Wirkwarenbreite, innerhalb derer die Einbindung von 3D-Elementen erfolgen kann. Die Gewirkeoberflächen werden aus der Verarbeitung von Fadenketten hergestellt, welche den beiden Wirknadelreihen durch eine bestimmte Anzahl von 2D-Grund-Legebarren zugeführt werden. Die Anzahl der zur Bindung in nur eine Wirknadelreihe (auf Nadelbarre 1 oder auf Nadelbarre 2) fähigen Grund-Legebarren ist als technischer Parameter zu betrachten. Einfluß auf die damit vorhandenen technologischen Möglichkeiten nimmt die Wirknadelkinematik, da jene bestimmt, ob die zur Bindung fähigen Legebarren Maschen- oder nur Schußbindungen arbeiten können. (siehe Punkt 2.4.2.5) Allgemein ist davon auszugehen, daß die in einer Wirknadelreihe zur Herstellung der Oberflächen eines Abstandsgewirkes gemeinsam verarbeiteten Fadenketten in Bindung, Fadenanzahl und daraus resultierendem Einzug aufeinander abgestimmt sein müssen, weshalb eine gegenseitige Beziehungslage zwischen diesen technologischen Parametern grundsätzlich gegeben ist. Die Bindungen der Grund-Legebarren und die gewählte Maschenlänge bestimmen den Fadenbedarf. An modernen Maschinen wird der Fadenbedarf jeder einzelnen Legebarre mittels gesteuerter Kettbaumantriebe durch Einstellung entsprechender FZ-Werte vorgegeben werden. Dabei sollten sich die technologischen Parameter über den beiden Maschen bildenden Wirknadelreihen nicht wesentlich voneinander unterscheiden, da die 3D-Struktur möglichst gleichmäßig in die beiden parallel zueinander hergestellten 2D-Strukturen eingearbeitet werden soll. Die jeweils gebildeten 2D-Strukturen, die als glatte Wirkwaren ausgeführt sein sollen, werden nur in ihrer Gesamtheit als Einflußgrößen für das druckelastische Verhalten des 3D-Gewirkes betrachtet. Sie werden auch trotz ihres doppelten Vorhandenseins im 3D-Gewirke in ihrer Zusammenfassung nur einmal berücksichtigt. Die Wertigkeit der 2D-Elemente, die aus den entsprechenden Parametern resultiert, wird bezüglich dieser Erzeugniseigenschaft als ordnender Gesichtspunkt insgesamt niedriger gewichtet. Wesentlicher Grund dafür ist die Tatsache, daß druckelastisches Verhalten der textilen Konstruktion auf dessen Volumen beruht und der geometrische Beitrag der 2D-Elemente hierzu verhältnismäßig gering ist.

Das 3D-Konstruktionselement wird formal nur durch ein Merkmal beschrieben – durch die Bauteildicke. Während, wie bereits in 3.4.4 erläutert, der Abschlagbarrenabstand hierzu die entscheidende geometrische Grundlage bildet, kommen zur inhaltlichen Ausführung die bindungstechnischen Einflußgrößen zum Tragen. Die höhere Wichtung der 3D-Elemente gegenüber den 2D-Elementen kann als begründet gelten. Aus der Wahl solcher Prämissen resultiert eine Rangfolge der Parameter, die den maßgeblichen Anspruch des Abschlagbarrenabstandes als bestimmenden Parameter für die druckelastischen Eigenschaften eines 3D-Gewirkes verdeutlicht. Die Bewertungen von Maschenlänge sowie Fadenzahl der 3D-Grundbarren spiegeln den Einfluß der Abstandsfadendichte und somit indirekt die Anforderungen an die zu deren Einstellung notwendigerweise zu fertigenden Konstruktionen der textilen Oberflächen wider. Die mittels der 3D-Grund-Legebarren ausgeführten Bindungen sind die logische Ergänzung dieser Aspekte und beinhalten gleichzeitig die als wesentliches Gestaltungsmerkmal abgeleitete Abstandsfadenneigung.

Die Bewertungen aller Parameter, die zur Ausprägung der 2D-und 3D-Elemente einer 3D-Gewirkekonstruktion innerhalb des Wirkverfahrens führen, sind in Anlage 4 enthalten.

5 Entwicklung der Modelle zur textilen Konstruktion

5.1 Ausgangssituation, Forderungen und Bedingungen

Mit der Feststellung, daß es sich bei den 3D-Elementen um die maßgeblich Drucklast aufnehmende Struktur im 3D-Gewirke handelt, sind nähere Betrachtungen zum Lastaufnahmeverhalten speziell orientierter 3D-Fäden erforderlich.

Hierzu wird eine allgemein für Druckbelastungen typische Flächenlast in ihre differentiellen Bestandteile zerlegt. Im Schnittmodell wird die Flächenlast zur Streckenlast, die sich über einer in der Schnittebene liegenden Tragkonstruktion befindet. Durch eine im Abstand gleiche Aneinanderreihung von identischen, lastaufnahmefähigen Elementen innerhalb dieser Tragkonstruktion resultiert daraus eine gleiche Druckkraft F pro Element.

Aus mechanischen Grundüberlegungen heraus ist ableitbar, daß beim Zusammendrücken des 3D-Gewirkes die darin eingearbeiteten 3D-Fadensysteme im einfachen Fall durch Knickung auf Biegung beansprucht werden. Zur Bestimmung des Verhaltens von Garnen bei Biegebelastung liegen theoretische Erkenntnisse vor. Für den Fall einer solchen Verformungsbeanspruchung innerhalb textiler Konstruktionen wird jedoch darauf verwiesen, daß vergleichbare Betrachtungen aus dem Bereich der Festkörpermechanik, insbesondere Statik und Festigkeitslehre, insofern problematisch sind, da hier von der Identität des Zug- und Biegemoduls ausgegangen wird. Eine solche Bedingung ist bei den Faserstoffen nicht grundsätzlich gegeben [47].

Durch bestimmte Einschränkungen kann eine theoretische Annäherung an die Bedingungen allgemeiner, mechanischer Modelle gefunden werden. Eine wesentliche Eingrenzung erfolgt mit der Festlegung der Garnart für die 3D-Struktur. Aufbauend auf den klassischen textilen Konstruktionen sollen in diesem Bereich für die 3D-Gewirke ausschließlich Monofile zum Einsatz kommen. Moderne, in die Fertigungstechnik integrierte Meßtechnik, schafft heute Voraussetzungen zur Herstellung konstanter Faserquerschnitte, die online im Produktionsprozeß überwacht werden. Durch Verwendung gleicher Garnmaterialien können für einen theoretischen Ansatz Formänderungseigenschaften des textilen Erzeugnisses erwartet werden, die auf homogenen Materialeigenschaften der belasteten Garne basieren. Auch mit der Mascheneinbindung des 3D-Fadens werden ähnliche Bedingungen für alle in die 2D-Struktur eingebetteten 3D-Elemente geschaffen.

Die für nachfolgende Belastungsmodelle relevante Garnlänge ist die freie Erstreckungslänge des Monofil zwischen den beiden 2D-Elementen. Sie leitet sich aus den Parametern Abschlagbarrenabstand und Legung der 3D-Grund-Legebarren ab und ist somit geometrisch weitestgehend definiert.

5.2 Belastungs- und Verformungsmodelle

5.2.1 Grundfall - Elastisches Knicken

Um einen Körper auf elastisches Knicken zu beanspruchen, müssen spezielle mechanische Konstellationen erfüllt sein. Der Querschnitt des Körpers muß in einem bestimmten Verhältnis zu seiner Knicklänge stehen. Dieses Verhältnis wird durch den Schlankheitsgrad λ dargestellt. Die gegenüber der Gewirkedicke, welche für die nachfolgenden Betrachtungen theoretisch gleich dem Abschlagbarrenabstand FBA sein kann, sehr dünnen monofilen 3D-Elemente können als schlanke Stäbe betrachtet werden, welche im mechanischen Sinne eine Bedingung für Knicken bilden. Darüber hinaus muß bei einer reinen Knickbeanspruchung die belastende Kraft F_x kongruent zur Verbindungslinie der Lagerungspunkte des Knickstabes liegen, wobei deren Vektor in Richtung der Lagerstellen weist.

Mit Anwendung des mechanischen Modells der Knickung schlanker Stäbe sind Festlegungen zur Lagerung eines 3D-Fadens in den 2D-Elementen zu treffen. Der 3D-Faden wird nur punktuell in seinen Umlenkstellen aus der 3D-Ersteckung heraus im 2D-System gehalten. Es besteht kein Umschließen des Mantels eines Abstandsfadens innerhalb seiner X-Erstreckung durch 2D-Bestandteile, so daß keine feste Einspannung gewählt werden kann.

In Anlehnung an die übliche Vorgehensweise beim Ermitteln der Druckspannungs-Verformungseigenschaften elastischer Materialien, wobei sich der Probekörper auf einer festen Unterlage befindet, wird die lastabtragende, untere Lagerstelle als Festlager definiert. Die obere Lagerstelle, an welcher der Lasteintrag erfolgt, vollzieht infolge der Druckbelastung eine Verschiebung in X-Richtung – den Verformungsweg s – und ist daher als Loslager auszuführen. Die daraus folgende mechanische Konstruktion entspricht dem als Grundfall der Knickung bezeichneten zweiten Knickfall nach Euler [46; 49].

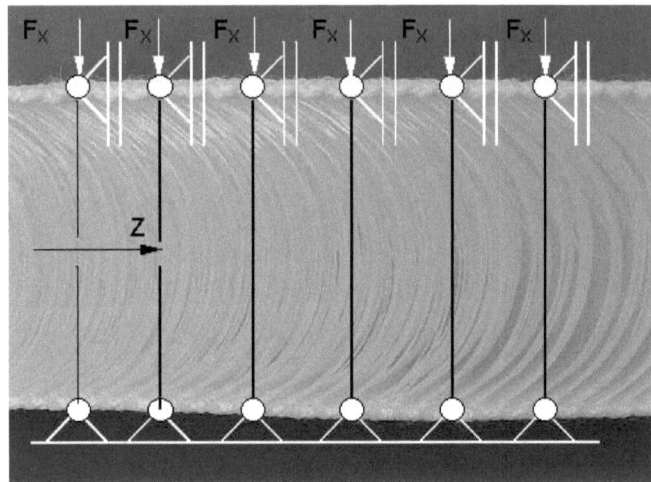

Abbildung 30: Modellansatz „Knickstäbe" (Seitenansicht eines 3D-Gewirkes)

Durch die Übertragung des allgemeinen technisch-mechanischen Modells einer elastischen Knickung, die zunächst für den Fall einer Druckbelastung der Gewirkekonstruktion für die 3D-Elemente angenommen werden soll, läßt sich die Bedeutung der garnspezifischen Eigenschaften ableiten, woraus unter anderem resultiert, weshalb der Einsatz von Monofil für die 3D-Elemente zu bevorzugen ist. Allgemein gilt für die Knickspannung σ_K bei elastischem Knicken nach Euler

$$\sigma_K = \frac{\pi^2 \cdot M_E \cdot J}{l_k^2 \cdot A}$$

(Gl. 5.1)

Vorausgesetzt, daß die Garnfeinheit $Ttex_1$ eines Monofils gleich der Feinheit $Ttex_2$ eines Multifilamentes mit n (n≥2) Einzelfilamenten ist, dann folgt aus der Betrachtung des jeweiligen Gesamtfaserquerschnittes A unter der Annahme von ausschließlich kreisrunden Filamentquerschnitten für die Filamentdurchmesser der beiden Garne:

$$d_1^2 = n \cdot d_2^2 \tag{Gl. 5.2}$$

Bestehen nun beide Garne aus demselben Material, womit von einem gleichen E-Modul ausgegangen werden kann, und sind beide Garne bezüglich Abschlagbarrenabstand und 3D-Legung unter gleichen Bedingungen eingearbeitet worden, dann drückt sich das Verhältnis der Knickspannungen σ_K der beiden Garne unter gleichen Belastungsbedingungen in der Beziehung ihrer Flächenträgheitsmomente J aus, woraus folgt:

$$\sigma_{K1} = n^2 \cdot \sigma_{K2} \tag{Gl. 5.3}$$

Die Knickspannung eines Multifilamentes σ_{K2} ist im einfachen Fall dieser Betrachtung um das Quadrat der Anzahl seiner Einzelfilamente kleiner als die Knickspannung σ_{K1} eines im Gesamttiter gleichen Monofilamentes.

5.2.2 Formänderung durch Biegeknicken

Beim elastischen „Knicken" wird jener Grenzfall der Druckbeanspruchung eines Stabes betrachtet, der zu einem Wechsel aus seiner gestreckten Lage in eine gebogene Form führt. Hierbei handelt es sich um ein Stabilitätsproblem.

Aus Gründen der Verformungsarbeit an den 3D-Fäden, die beim Aufnehmen der Abstandsfadensysteme durch die Zungennadeln, bei der Ausformung der Halbmaschen und deren Abschlagen zu Maschen geleistet wird, und der daraus folgenden Verankerung in den Oberflächen, nehmen die 3D-Elemente im 3D-Gewirke bereits einen vorgeformten, gekrümmten Zustand ein. Die Krümmung der 3D-Elemente kommt durch einen in Richtung der Z-Achse konvexen Bogen mit Radius r zum Ausdruck. Infolge dieser Formgebung muß für die Beanspruchung der 3D-Elemente berücksichtigt werden, daß eine bestimmte Tendenz des Formänderungsverhaltens unter Druckbelastung bereits eingeprägt ist. (Abbildung 30) Da die Last aufnehmenden 3D-Elemente somit grundsätzlich bogenförmig gekrümmt sind, wird an diesen bei Druckbelastung des 3D-Gewirkes hauptsächlich Biegearbeit verrichtet. Eine gemäß Euler kritische Kraft F_{K0} zum Erreichen der Knickspannung σ_K am Stab, also des Wechsels aus der instabilen Gleichgewichtslage in die stabile Verformungslage, muß bei anfänglicher Druckbelastung eines 3D-Gewirkes gar nicht aufgebracht werden, da der Beanspruchung von Beginn an ein gebogener Knickstab gegenübersteht. Damit liegt der Beanspruchungsfall des Biegeknickens vor, welcher für die Festkörpermechanik ein Festigkeitsproblem darstellt.

5.3 Beanspruchung von 3D-Elementen mit speziellen Einbaulagen

5.3.1 3D-Elemente in senkrechter Einbaulage

Die weitestgehend senkrechte Einbaulage der 3D-Elemente ist für die betrachteten textilen Konstruktionen dann erfüllt, wenn die 3D-Garne durch Fransenlegungen in die 2D-Strukturen eingebunden sind. (siehe auch Abbildung 18)

Die Übertragung dieses konstruktionstechnischen Modells auf eine einzelne Einbindestelle eines entsprechend lastaufnahmefähigen Elementes des 3-Gewirkes führt dazu, daß sich auf der Seite des Lasteintrages aus einer 3D-Masche heraus, die im 2D-System eingebunden ist, jeweils zwei 3D-Verbindungen zur gegenüberliegenden Auflageseite erstrecken.

5.3.1.1 Statik der senkrecht orientierten 3D-Elemente

Bei Betrachtung der parallel zur Y-Z-Ebene liegenden „Maschen" als differentiell kleine Elemente beinhalten diese auf der Lasteintragsseite (oben liegendes 2D-System) an der zur Y-Z-Ebene orthogonalen Umlenkstelle der 3D-Fadenerstreckung quasi ein Gelenk, an dem eine Kraft F_X angreift.

Die eingeprägte Vorkrümmung der 3D-Elemente wird zunächst in den Modellen zur Bestimmung der statischen Bedingungen nicht berücksichtigt. Der differentiell kleine Abstand der Festlager der beiden 3D-Elemente auf der Lastabtragsseite (unten liegendes 2D-System) wird ebenso vernachlässigt, woraus im mechanischen Modell zwei unmittelbar, parallel nebeneinander liegende, sich in X-Richtung erstreckende Knickstäbe (i=2) resultieren. (Abbildung 31) Eine Belastung der Bindungsstelle dieser beiden 3D-Elemente im oberen 2D-System mit einer Kraft F_X führt bei statischer Analyse dieses Modells für jedes 3D-Element zu einer Belastung mit $F_X/2$, die sich in den Reaktionskräften der Lagerstellen widerspiegelt. In den Knickstäben folgen daraus ausschließlich in Stablängsrichtung verlaufende Schnittkräfte $F_{Si} = F_S = |F_X/2|$.

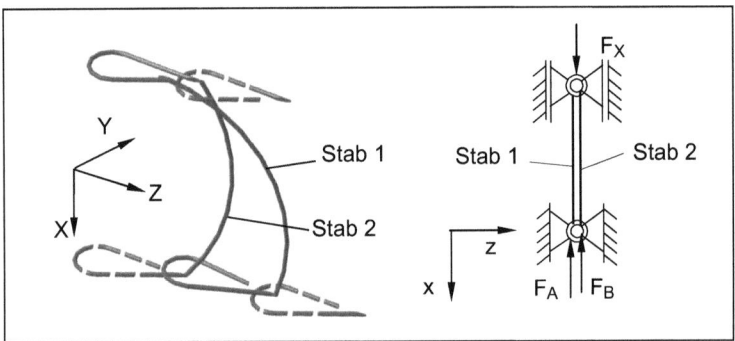

Abbildung 31: mittels Fransenlegung gebundenes 3D-Element mit Aktions- und Reaktionskräften im ebenen, mechanischen Modell

5.3.1.2 Geometrisches Verhalten der 3D-Elemente während der Druckverformung

Nach dem Grundfall der Eulerschen Knickung bringt der Knickstab als senkrecht, in X-Richtung verlaufender 3D-Faden den Vorteil mit sich, daß ein Ausweichen des Stabes in den gekrümmten Zustand, der im Sinne der Knickung als stabile Gleichgewichtslage bezeichnet wird, in jede beliebige quer zum Krafteintrag verlaufende Richtung erfolgen kann [46]. Durch die bereits im unbelasteten 3D-Gewirke vorhandene Krümmung der 3D-Elemente ist dieser Freiheitsgrad des Formänderungsverhaltens nicht gegeben.

Mit Ausprägung dieser Bogigkeit geht auch ein Teil des theoretisch verfügbaren, Drucklast aufnahmefähigen Verformungsweges für das entsprechende 3D-Gewirke verloren. Dieser Verlust an verfügbarem Druckspannungs-Verformungsweg ergibt sich allgemein gemäß Gleichung 3.4 unter dem Einfluß zu erwartender Kontraktionen ε_{qD} innerhalb der textilen Fertigungsstufen aus der Differenz zwischen dem eingestellten Abschlagbarrenabstand FBA, über dem die 3D-Fadensysteme verlegt und anschließend in die 2D-Elemente eingebunden werden, sowie der Gewirkedicke D_{fix}. Für ein unbelastetes parallel in X-Richtung eingebundenes 3D-Element kann allerdings zunächst davon ausgegangen werden, daß dessen Knicklänge l_K seiner freien Erstreckungslänge L im 3D-Gewirke entspricht, die wiederum annähernd gleich dem FBA ist, innerhalb dessen die Fertigung des 3D-Gewirkes erfolgt.

Von den genannten verschiedenen normgerechten Meßmethoden zur Bestimmung der Druckspannungs-Verformungseigenschaften ausgehend, erfolgt die Druckbeanspruchung des 3D-Gewirkes in dessen X-Richtung zwischen zwei ebenen soliden Platten. Wird die Formänderung des wie oben erwähnt geometrisch sowie strukturell homogenen und gemäß Abbildung 30 gelagerten Stabes als Kreissegment beschrieben, dann steht die freie Erstreckungslänge L = FBA unter solchen Bedingungen nur bis zu einem bestimmten Verformungsgrad des Gewirkes vollständig als Knicklänge l_K zur Verfügung. Sie ist genau dann erschöpft, wenn der Krümmungsmittelpunkt des gebogenen Stabes die gerade Verbindung seiner Lagerstellen durchschreitet. (Abbildung 32) Die Formänderung bis zu diesem Verformungsgrad kann als „freies Biegeknicken" bezeichnet werden. An der Grenze des freien Biegeknickens ergibt sich eine Gewirkedicke $D_{Last\,k}$, aus der r_k als Krümmungsradius des Stabes folgt. Die freie Erstreckungslänge L des 3D-Elementes gilt nur als Knicklänge l_K bis zum Erreichen der Dickenkontraktion $\varepsilon_{qD\,Last\,k}$ unter Druckbelastung. Aus $\varepsilon_{qD\,Last\,k}$ kann der maximale Verformungsweg s_k abgleitet werden, bis zu dessen Erreichen l_K = FBA anzunehmen ist. (Tafel 1; Fall 1)

Wird dieser Verformungsweg s_k um Δs überschritten, so reduziert sich die Knicklänge des 3D-Elementes dadurch, daß sich ein Teil der bis dahin frei erstreckten 3D-Fadenlänge L beiderseits der 2D-Elemente tangential anlegt. Durch die beiden begrenzenden Druckplatten wird der Radius r der Bogenkrümmung auf die Hälfte der sich jeweils ergebenden Dicke D_{Last} reduziert – es kommt zu einem „gezwungenen Biegeknicken". (Tafel 1; Fall 2) Die Bogenaustrittspunkte des 3D-Elementes verlagern sich von ihren Einbindestellen auf ihre, sich unter fortschreitender Verformung entlang der Grundwaren tangential verschiebenden Bogenaustrittspunkte. Die Verschiebung des Krümmungsmittelpunktes ΔM_z des Bogenradius´ r ist dabei halb so groß wie die Summe der an den textilen Oberflächen anliegenden 3D-Fadenlänge des jeweiligen 3D-Elementes. Hieraus folgt, daß mit s>s_k die Knicklänge l_K eine Funktion des Verformungsweges s wird, wobei gilt, daß $l_K \sim D_{Last}$ bzw. $l_K \sim 1/\Delta s$ ist.

Bei idealer Verformung ergeben sich für den Fall 2 stets geometrisch ähnliche, lastaufnehmende Elemente, deren tatsächliche verformbare Länge mit zunehmendem Verformungsweg stetig abnimmt. Mit größer werdender Entfernung ΔM_z der Lasteinleite- und Lastabtragspunkte des 3D-Elementes von den Punkten seiner Einbindung wird jedoch auch dessen Lastaufnahmeverhalten in zunehmendem Maße indifferent, da für diesen Fall der Betrachtung im technisch-mechanischen Sinne keine weitestgehend definierten Lagerstellen mehr angenommen werden können.

FALL 1: Freies Biegeknicken	FALL 2: Gezwungenes Biegeknicken
$s \leq s_k$; $L = FBA = l_k$	$s > s_k$ mit $s = s_k + \Delta s$; $l_k < L$

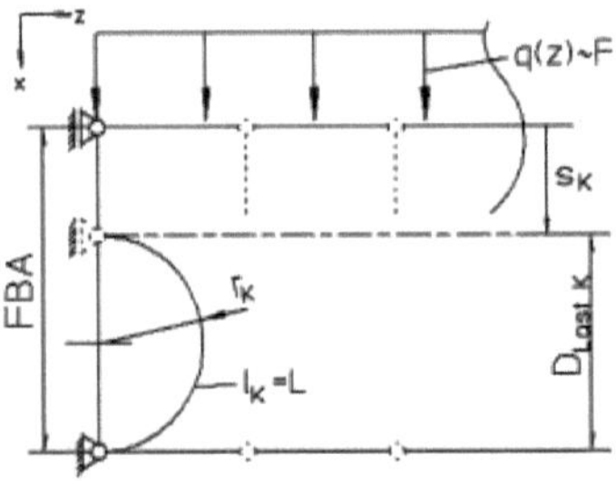

Abbildung 32: Formgebung des senkrechten 3D-Elementes mit $s = s_k$

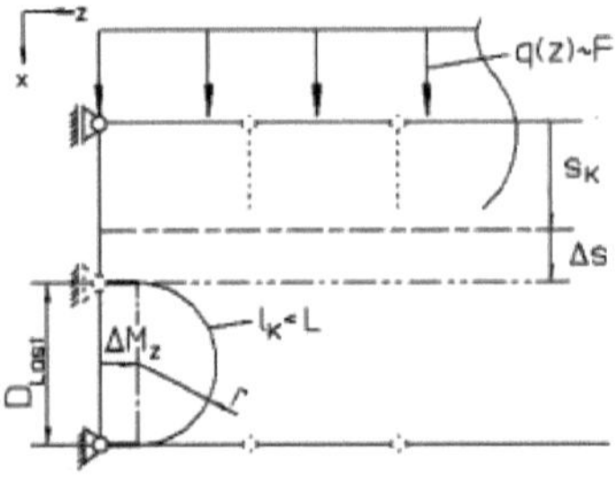

Abbildung 33: Formänderung am senkrechten 3D-Element mit $s > s_k$

$$\varepsilon\, qDLast = \frac{(FBA - D_{Last})}{FBA}$$

$$r = r_k - \frac{\Delta s}{2}$$

$$D_{Last} = 2 \cdot r_k - \Delta s$$

$$D_{Lastk} = 2 \cdot r_k = 2\,\frac{FBA}{\pi}$$

$$l_k = \frac{\pi}{2} \cdot D_{Last}$$

$$\varepsilon\, qDLastk = 1 - \frac{2}{\pi}$$

$$\varepsilon\, qDLastk = 0.363$$

$$l_k = \pi \cdot \left(r_k + \frac{s_k - s}{2} \right)$$

$$s = FBA - D_{Last}$$

$$L = 2\,\Delta M_z + l_k$$

$$s_k = FBA - 2\,\frac{FBA}{\pi}$$

$$\Delta M_z = \frac{\pi}{4}\,(s - s_k)$$

$$s_k = FBA \cdot \varepsilon\, qDLastk$$

Tafel 1: Änderung der Biegeknickgeometrie am 3D-Element

5.3.2 3D-Elemente in symmetrischer, diagonaler Erstreckung

Für die anwendungstypische Beanspruchung von Polstern können nicht ausschließlich senkrechte, in X-Richtung verlaufende Belastungen F zur Bedingung gemacht werden. Vielmehr sind von dieser Wirkungsrichtung beliebig abweichende Kräfte zu erwarten, aus deren Zerlegung in ihre orthogonalen Anteile gegenüber der Hauptbelastung F_X geringe Querkräfte F_Q an der Stelle des Lasteintrages am 3D-Element resultieren, die in Ebenen parallel zur Y-Z-Ebene verlaufen.

Eine im Formänderungsverhalten infolge der Vorkrümmung tendenziell in Z-Richtung orientierte 3D-Struktur, welche ausschließlich weitestgehend senkrecht erstreckte 3D-Elemente beinhaltet, ist gegen die in Y-Richtung verlaufenden Kräfte F_{Qy} labil. Eine geringe Verschiebung der in X-Richtung senkrecht übereinander liegenden Einbindestellen führt zu einem Drehmoment um die Lagerstelle der Lastabtragsseite (Festlager). Da ein Festlager frei gegenüber dieser Beanspruchung ist, ergibt sich für die maßgebliche Druckbelastung der Konstruktion unter F_X ein Hebelarm, über den auch nach Rücksetzen der Querkraft F_{Qy} das Drehmoment durch F_X aufgenommen und fortgesetzt werden kann. Die Konstruktion kippt unter solchen Beanspruchungen in Richtung des – wenn auch nur vorübergehend auftretenden – Querkrafteintrages F_{Qy} seitlich ab.

Aus einem einfachen statischen Modell kann abgeleitet werden, daß durch die Verwendung entgegengesetzt gerichteter, in der X-Y-Ebene diagonal erstreckter 3D-Elemente solchem Ausweichverhalten entgegengewirkt werden kann. Ein Gelenk G ersetzt auf der Lasteintragsseite das doppelte Loslager des vorhergehenden Modells (Abbildung 31) und verbindet durch diese Änderung der Konstruktion die beiden (j=2) mit Neigung α zur y-Achse diagonal gegeneinander gerichteten Stäbe. (Abbildung 34) Aus der geometrischen Anordnung der Lager A und B resultieren bereits bei Belastung mit einer Kraft F_X horizontale Lagerkräfte F_{Ay} und F_{By}, die auf den Querkraftabtrag der Konstruktion verweisen. (Anlage 5.1)

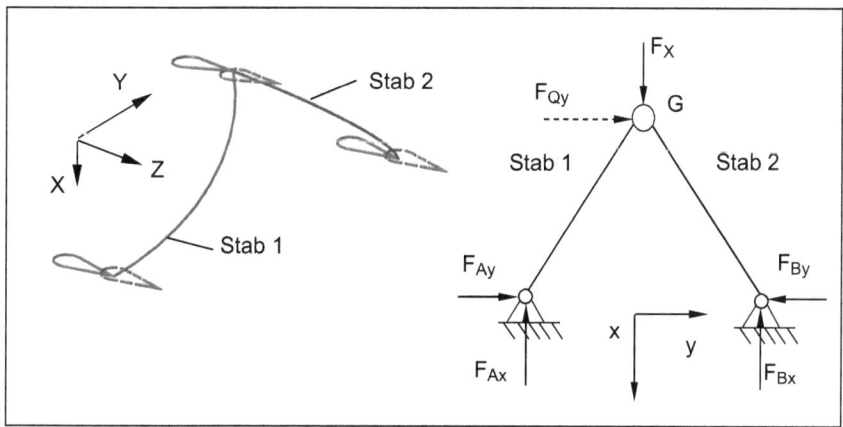

Abbildung 34: entgegengesetzt, diagonal erstrecktes 3D-Element mit Aktions- und Reaktionskräften im ebenen, mechanischen Modell

Für den statischen Grundfall $F_{Qy}=0$ resultieren in beiden Stäben zunächst ausschließlich in Stablängsrichtung verlaufende Schnittgrößen F_{Sj}, für die gilt:

$$\left|F_{Sj}(\alpha)\right| = \frac{F_X}{j \cdot \sin(\alpha)} \tag{Gl. 5.4}$$

$$\sum_j \left|F_{Sj}(\alpha)\right| = \frac{F_X}{\sin(\alpha)} \tag{Gl. 5.5}$$

Hieraus folgt zunächst, daß bei einer gleichbleibenden Dicke D sowie konstanter Druckkraft F_X mit abnehmendem Neigungswinkel α die Einzelstabkraft stetig mit $|F_{Sj}| \to \infty$ wächst, und damit auch die Summe aller Stabkräfte. (Abbildung 36) Einschließlich der geometrischen Verhältnisse resultiert weiterhin, daß ein 3D-Element, dessen Neigung α sich verringert, mit zunehmender Länge l_K einer ebenfalls zunehmenden Belastung ausgesetzt ist, so daß gilt $F_{Sj} \sim l_K \sim 1/\alpha$. Aus der Eulerschen Knickformel ist leicht ableitbar, daß sich die Knickspannung und damit die Lastaufnahmefähigkeit eines Stabes unter solchen sich verändernden geometrischen Bedingungen stetig verringert.

Bei entgegengesetzt gerichteter, diagonaler Lage der beiden Stäbe mit gleichem Neigungswinkel α ergeben sich andererseits im Betrag gleiche horizontale Lagerkräfte F_{Ay} und F_{By} in den Auflagern. Während die vertikalen gegen F_X gerichteten Lagerkräfte F_{Ax} und F_{Bx} konstant bleiben, verändern sich unter Variation von α, mit $\alpha \to 0$ die horizontalen Lagerkräfte F_{Ay} und F_{By} im Betrag proportional zu F_{Sj}.

Mit Einwirkung einer zusätzlichen Querkraft F_{Qy} auf G verringert sich die Stabkraft F_{S1} des unter F_{Qy} liegenden Stabes, in dem Maße, in dem sich F_{S2} im entgegen gerichteten Stab erhöht. Aus der Proportionalität der horizontalen Lagerkräfte F_{Ay} und F_{By} zu den jeweiligen Stabkräften kann geschlußfolgert werden, daß mit einer solchen Konstruktionsweise in einem mit F_X und F_{Qy} belasteten 3D-System äußere Querkräfte, für die gilt $F_{Qy} \ll F_X$, aufgenommen und abgetragen werden können.

Es kann somit auch angenommen werden, daß sich eine nach +/- Y gerichtete Kippneigung des 3D-Gewirkes mit kleiner werdendem α zunehmend reduziert. Dies geschieht allerdings bei steigender Beanspruchung der Stabkonstruktion unter konstanter Belastung F_X, woraus auf einen Verlust des Druckverformungs-Widerstandes des 3D-Gewirkes gegenüber der Druckbelastung geschlossen werden kann. Die Ergebnisse der Betrachtungen nach [32] bestätigen den ersten Teil dieser Schlußfolgerung. Bei den bekannten dünnen Abstandsgewirken, welche infolge der gegebenen technischen Beschränkungen bei vergrößertem FBA bis 12 mm durch eine steile Einbaulage der 3D-Elemente von $\alpha \to 90°$ gekennzeichnet sind, war seitliches Verkippen der Wirkware unter Druckbelastung festzustellen. Und dies weitestgehend unabhängig davon, welcher Monofildurchmesser im Abstandsfadensystem eingesetzt wurde. Gewirkekonstruktionen, die bei gleicher 3D-Bindungsbreite in einem kleineren Fräsblechabstand und folglich mit geringerem α gefertigt wurden, neigten auch mit feineren Abstandsfäden dagegen nicht zu solchem Verhalten.

Eine Ursache für das seitliche Verkippen bestimmter Abstandsgewirke nach [32] unter ausschließlich vertikaler Druckbelastung, kann darin liegen, daß entgegen dem Modellansatz die textiltechnologisch geforderte, bestimmt gerichtete, räumliche Anordnung der 3D-Elemente nicht unbedingt gegeben ist. Infolgedessen vollzieht sich der Verlauf der Verformung nicht so präzise wie im Modell angenommen.

5.3.3 Kombination senkrechter und diagonaler 3D-Elemente

Wenn sich durch eine diagonale Einbaulage von 3D-Elementen das Verformungsverhalten des druckbelasteten 3D-Gewirkes in X-Richtung stabilisieren läßt, weitestgehend senkrecht in den gegenüberliegenden 2D-Systemen eingebundene 3D-Elemente bei gleichen Druckbeanspruchungen jedoch belastbarer sind, dann kann eine Kombination aus beiden geometrischen Anordnungen in einer textilen Konstruktion ein Optimum aus Belastbarkeit und gerichtetem Verformungsverhalten darstellen. Diese Form der Anordnung von druckbelasteten Stäben würde als 3D-Strukturelement die Grundlage darstellen, auf der eine 3D-Gewirkekonstruktion mindestens aufzubauen ist, um den Anwendungsanforderungen von Polsterungen zu genügen.

Im Modell der textilen Konstruktion führt das im Falle einer möglichst kompakten Anordnung auf der Belastungsseite zu einer Einbindestelle, die mindestens eine Abstandsfadenmasche mit i=2 senkrechten und mindestens eine weitere Abstandsfadenmasche mit j=2 entgegen gerichteten, diagonal in Y-Richtung auslaufenden 3D-Elementen enthält. (Abbildung 35)

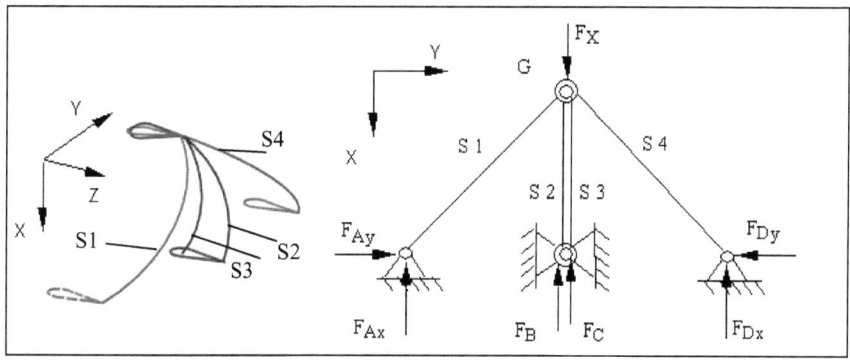

Abbildung 35: kombinierte 3D-Elemente mit statischem Modell

Ein äquivalentes mechanisches Modell ist demnach dadurch gekennzeichnet, daß alle Maschenfüße auf der Belastungsseite wiederum gelenkig gelagert sind, wobei sich die Verbindungen zwischen diesen Gelenken in ein und demselben Punkt G der X-Y-Ebene treffen. Auf der Lastabtragsseite werden die Stäbe in Festlagern aufgenommen. Allerdings ist dieses Modell statisch überbestimmt, da bereits das Modell nach Abschnitt 5.3.2 eine statisch tragfähige Konstruktion ergibt. Zur Bestimmung der Stabkräfte kommt daher ein Ersatzmodell zur Anwendung (Anlage 5.2) Der gemeinsame Gelenkpunkt G wird in fünf einzelne Gelenke aufgelöst, die durch differentiell kleine Stege der Länge a miteinander verbunden sind. Die Kraft F_X wird ebenfalls in zwei gleiche Teile $F_X/2$ aufgeteilt, welche das Tragwerk symmetrisch zur Vertikalachse über die Verbindungsstege belasten. Die Gesamtbelastung F_X verteilt sich somit auf die Gelenke G_i in der Form, daß die Kräfte F_{Sij} in den Stäben analog den vorherigen Betrachtungen resultieren (Absatz 5.3.1.1 und Absatz 5.3.2), speziell für die Stäbe S1 uns S4 in Abhängigkeit von deren geneigter Lage α.

Für die Summe der Stabkräfte innerhalb des aus i senkrechten und j diagonalen Stäben zusammengesetzten 3D-Strukturelementes folgt daraus:

$$\sum_{ij} |F_{Sij}(\alpha)| = i \cdot \frac{F_X}{(i+j)} + j \cdot \frac{F_X}{(i+j) \cdot \sin(\alpha)} = \frac{F_X}{i+j} \cdot \left(\frac{\sin(\alpha) \cdot i + j}{\sin(\alpha)} \right)$$

(Gl. 5.6)

Für das kombinierte Modell läßt sich hieraus eine durchschnittliche Stabkraft ableiten, indem die Summe aller Stabkräfte Σ I F_{Sij} I durch die Anzahl aller darin enthaltenen Stäbe (i+j) geteilt wird, so daß gilt:

$$|F_{Sij}(\alpha)| = \frac{F_X}{(i+j)^2} \cdot \left(\frac{\sin(\alpha) \cdot i + j}{\sin(\alpha)} \right)$$

(Gl. 5.7)

Mit Σ I F_S I= f(α) bzw. I F_S I= f(α) wird das Druckspannungs-Verformungsverhalten von 3D-Strukturelementen in Beziehung zu α gebracht.

Gemäß allgemeiner Formänderungsmodelle ist die innere Beanspruchung ein Maß für den Verformungsgrad des belasteten Systems bzw. Elementes. Für die auf Biegeknicken beanspruchten Stäbe sind mindestens die durchschnittlichen Stabkräfte $F_S(\alpha)$, für das Strukturelement deren Summe Σ I $F_S(\alpha)$ I ein Äquivalent für die Verformung, welche sich unter einer bestimmten Belastung F_X an der druckelastischen Konstruktion ergeben. (Abbildung 36)

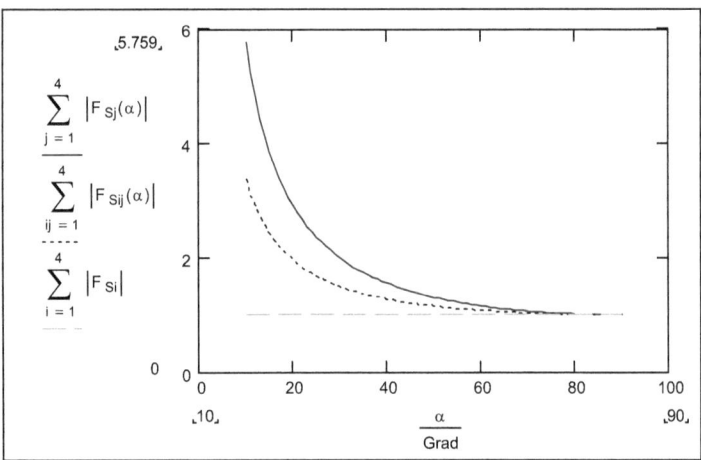

Abbildung 36: Summen der Stabkraftverläufe unter identischer Belastung F_X

Der Kraftverlauf für Σ I F_{Sj} (α) I macht deutlich, wie erheblich die Beanspruchung der ausschließlich diagonalen Stäbe gegenüber der Stabbeanspruchung in einem kombinierten Modell Σ I F_{Sij} (α) I ansteigt, bei dem die Gesamtstabzahl zu gleichen Teilen in senkrechte und diagonale Stäbe aufgeteilt ist.

5.3.4 Ableitung eines Belastungskoeffizienten

Aus der Gegenüberstellung der durchschnittlichen Einzelstabkräfte gemäß der drei statischen Modellen wird ein von der Einbaulage der 3D-Elemente abhängiger Belastungskoeffizient abgeleitet. Dieser Koeffizient bestimmt das Maß der Anpassung von F_X, wenn gewährleistet sein soll, daß die durchschnittliche Stabkraft im kombinierten Strukturelement unverändert bleibt, sofern darin enthaltene Stäbe durch eine Neigung α gekennzeichnet sind.

Ausgangspunkt ist ein Tragwerkmodell, bei dem alle darin enthaltenen Stäbe k ausschließlich eine senkrechte Einbaulage einnehmen und für welches gilt, daß $\Sigma F_{Sk} = F_X$ mit $F_{Sk} = F_X/k$ ist. Bei dieser Konstellation ist die innere Beanspruchung des Tragwerkes und folglich auch dessen zu erwartende Formänderung am geringsten. Für das kleinste, vollständig kombinierte Modell mit k=4 folgt daraus die minimale, äquivalente Einzelstabkraft $F_{Sk\,min} = F_{Sk}(90°) = F_X/4$. Um diese durchschnittliche Stabkraft $F_{Sk}(90°)$ an einer davon abweichenden Konstruktion, welche eine gewisse Anzahl j ≤ k entgegen gerichteter, diagonaler Stäbe mit Winkel α enthält, nicht zu überschreiten, müßte eine daraus resultierende durchschnittliche allgemeine Stabkraft $F_S(\alpha)$ um einen Belastungskoeffizienten $c(\alpha)<1$ korrigiert werden, so daß gilt:

$$F_S(\alpha) \cdot c(\alpha) = F_{Sk}(90°) = \frac{F_X}{k}$$

(Gl. 5.8)

Aus dem Verhältnis von $F_{Sk}(90°)$ zu $F_{Sj}(\alpha)$ eines Tragwerkes mit nur diagonalen Stäben der Neigung α resultiert daraus:

$$c_j(\alpha) = \frac{F_{Sk}(90°)}{F_{Sj}(\alpha)} = j \cdot \frac{\sin(\alpha)}{k}$$

(Gl. 5.9)

womit für den Belastungskoeffizienten $c_i(\alpha)$ einer Konstruktion aus nur senkrechten Stäben ($\alpha=90°$), für deren Anzahl i ≠ k gilt, ein von α unabhängiger Belastungskoeffizient c_i folgt:

$$c_i(\alpha) = c_i = \frac{i}{k}$$

(Gl. 5.10)

Mit der Grenzwertbetrachtung von F_S in Stäben mit ausschließlich diagonaler Erstreckung ist dargelegt, daß mit $\alpha \to 0$ deren Beanspruchung zu $F_{Sj}(\alpha) \to \infty$ wächst. Deren Belastbarkeit auf Biegeknickverformung geht infolge dessen mit fallendem α gegen Null. Der Verlauf von $c_j(\alpha)$ verdeutlicht diesen Sachverhalt. (Abbildung 37) Unabhängig davon, welche Anzahl von diagonalen Stäben j gewählt wird, fällt der Belastungskoeffizient $c_j(\alpha) \to 0$. Der Extremfall $\alpha=0$ für alle Stäbe j ist in einem 3D-Gewirke mit einer Dicke D>0 praktisch nicht realisierbar, zumal daraus eine horizontale Erstreckung entsteht, welche der Forderung nach diagonaler Einbaulage widerspricht. Die horizontale Erstreckung verursacht zudem in den beiden Stäben eine Umkehr der inneren Beanspruchung, die in einer solchen Einbaulage und unter der Bedingung einer Formänderung in X-Richtung unter Belastung mit F_X einen Wechsel der Stabkräfte von Druck- in Zugbelastung bedeutet. In diesem Fall würde also keine druck- sondern eine zugbelastete Konstruktion entstehen, was nicht der Aufgabenstellung entspricht, das druckelastische Verhalten aus einer Dickenkontraktion der textilen Konstruktion heraus zu realisieren.

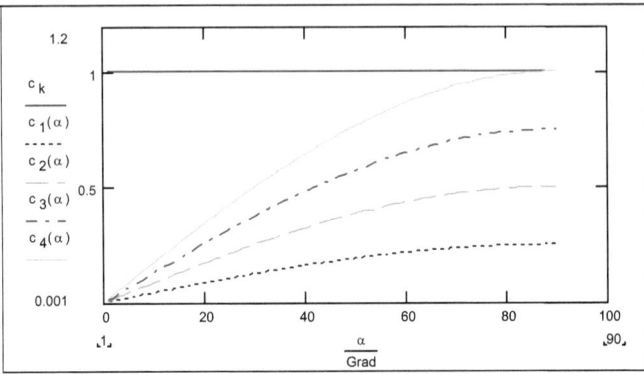

Abbildung 37: Verläufe der Belastungskoeffizienten $c_j(\alpha)$ für j=1...4 im Verhältnis zum Ausgangsmodell mit k=4

Für ein auf Biegeknicken betrachtetes kombiniertes Modell, welches aus i senkrechten und j diagonalen Stäben besteht, folgt aus dem Grenzwertfall $\alpha=0$, daß sich die Beanspruchung aller senkrechten Stäbe i um den bisher von j diagonalen Stäben getragenen Anteil erhöht. Dies führt zur Bestimmung einer äquivalenten Belastung gegenüber einer Konstruktion mit k senkrechten Stäben auf c_i zurück. Die höhere Beanspruchung entsteht, da infolge $\alpha=0$ die bis dahin diagonalen Stäbe j faktisch keinen Anteil mehr zur Aufnahme und zum Abtrag der durch F_X wirkenden Belastung im Sinne einer Druckkraft leisten können. Im anderen Grenzwertfall $\alpha=90°$ werden die i senkrechten Stäbe durch j senkrechte Stäbe ergänzt, so daß den k senkrechten Stäben des Ausgangsmodells eine Anzahl von i + j senkrechten Stäben ohne winkelabhängige Erhöhung der Stabbeanspruchung gegenüber stehen. Insgesamt resultiert aus den Grenzwertbetrachtungen, daß sich der allgemeine Belastungskoeffizient $c_{ij}(\alpha)=c(\alpha)$ für ein beliebiges 3D-Strukturelement aus den speziellen Koeffizienten $c_i(\alpha)$ und $c_j(\alpha)$ zusammensetzt, woraus folgt:

$$c(\alpha) = c_i + c_j(\alpha) = \frac{i + j \cdot \sin(\alpha)}{k}$$

(Gl. 5.11)

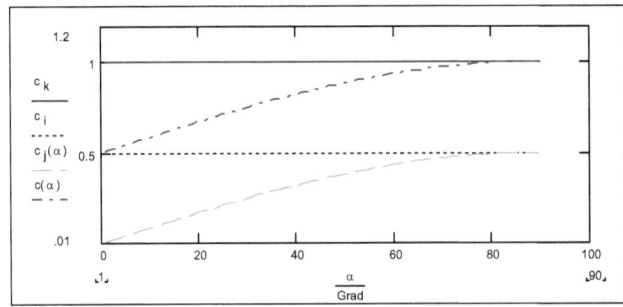

Abbildung 38: Vergleich der Belastungskoeffizienten einfacher und kombinierter 3D-Strukturelemente (i = j = 1; i + j = k)

5.4 Spannungsverhalten der 3D-Elemente

Durch die in X-Richtung wirkende Druckbelastung bauen sich Spannungen in den 3D-Elementen auf, die sich in der Summe aller so beanspruchten 3D-Elemente innerhalb des Gewirkes als Widerstand gegen dessen Verformung richten. Um die druckelastischen Eigenschaften der Polsterkonstruktion dauernd zu erhalten, muß gewährleistet sein, daß die infolge Druckverformung auftretenden Spannungen in den 3D-Elementen deren Streckgrenze σ_s nicht überschreiten. Bei rechtwinkligem Biegeknicken unter planmäßig mittigem Druck gilt nach der Gesamtspannungshypothese:

$$\sigma = \sigma_d + \sigma_b = \frac{F}{A} + \frac{M_b}{W_b}$$

(Gl. 5.12; [49])

Während die Druckspannung σ_d als erster Anteil der Gesamtspannung bei einem konstanten Stabquerschnitt A ausschließlich von der Veränderung der Kraft F abhängig ist, steht der zweite Bestandteil, die Biegespannung σ_b, unter einem komplexen Einfluß, der sich aus den sich geometrisch verändernden Größen ableitet, die in den Beispielen zur Formänderung nach Tafel 1 beschrieben sind.

Den folgenden Betrachtungen liegt zugrunde, daß es sich für die Herleitung des Druckspannungs-Verformungsverhaltens um ein Festigkeitsproblem handelt, welches durch die Elastizitätstheorie II. Ordnung zu lösen ist. Jede anwendungsbedingte Formänderung am 3D-Gewirke bedingt eine Veränderung des darauf wirkenden Druckes bzw. der darauf wirkenden Druckkraft. Für das 3D-Strukturelement führt dies auf die Bedingung zurück, daß sich die Kraft F_X während der Verformung verändert, weshalb $F_X = f(s)$ ist. Es wird zunächst von einem 3D-Strukturelement ausgegangen, das sich ausschließlich aus weitestgehend senkrecht orientierten 3D-Elementen zusammensetzt.

5.4.1 Druckspannung der 3D-Elemente

Durch die Verwendung klassischer Monofilgeometrien für die 3D-Elemente wird von einem runden Stabquerschnitt ausgegangen. Für das einzelne 3D-Element folgt aus der Belastung $F_X(s)$ eine äquivalente Stabkraft $F_S(s)$ Die Variation des frei wählbaren Parameters d = Monofildurchmesser bestimmt in Beziehung zur Stabkraft $F_S(s)$ die Druckspannung $\sigma_d(d)$ des beanspruchten Stabes:

$$\sigma_d(d) = \frac{4 \cdot F_S(s)}{\pi \cdot d^2}$$

(Gl. 5.13)

5.4.2 Herleitung der Biegespannungen am 3D-Element

Durch die bogenförmigen Deformationen des Stabes steigen die Biegespannungen σ_b im Stab stetig mit zunehmendem Verformungsweg s und einer dazu proportionalen Belastung F(s) an. Durch den Einfluß solcher Drucklasten kann sich die Biegespannung um mehrere Faktoren erhöhen [48]. Die Beanspruchungsgrenze läuft der Verformung des Stabes im allgemeinen, freien Biegeknickfall überproportional entgegen, da der Hebelarm $z(r(\beta))$ über dem Krümmungswinkel β des verformten Stabes wächst. In jedem Stadium der lastabhängigen Formgebung ist das Biegemoment auf der halben Stablänge am größten.

Für den Fall der Druckbelastung der 3D-Gewirke gelten die geometrischen Bedingungen des freien Biegeknickens nur bis zum Erreichen des Verformungsweges s_k. In diesem Zustand hat der Krümmungswinkel des verformten 3D-Elementes den Wert $\beta=180°$ erreicht. (Tafel 2; Fall 1) In diesem Verformungszustand kann eine Unstetigkeit für den Verlauf von $M_b(\phi)$ erwartet werden. Die Kraft F wird unter der Bedingung des freien Beigeknickens über der vollständigen Stablänge L=FBA mit den am 3D-Element maximal möglichen Biegeradius $z(r(\beta))=r(\beta)=D_{Last\,k}/2$ wirksam. Mit fortschreitender Verformung verringert sich der Biegeradius wieder. Wird s_K mit Δs überschritten (Tafel 1; Fall 2), dann reduziert sich der Biegeradius auf $r=D_{Last}/2$. Der Krümmungswinkel bleibt durch den geometrischen Zwang der verformten 3D-Elemente zwischen den parallelen Druckplatten konstant mit $\beta=180°$.

Wenn die Kraft F aus einer differentiellen Zerlegung der Streckenlast q(z) folgt, so kann sich mit Veränderung der differentiellen Länge $dz=\Delta M_z$ eine dementsprechende Verlagerung der einleitenden Kraft über dem gezwungen verformten 3D-Element zu einer weiteren, in Z-Richtung aus q(z) folgenden differentiellen Kraft $F'=F$ ergeben. Bei solcher Betrachtungsweise wächst unter der Formänderung des 3D-Elementes die Kraft F` stetig, während der Hebelarm r zur Ausbildung des Biegemomentes am Knickstab abnimmt. (Tafel 2, Fall 2.1) Für diesen Fall ist das zunehmend indifferente Verhalten der Lasteinleit- und Lastabtragsstelle im Krümmungsanfang und -ende des gebogenen Stabes zu beachten. (5.3.1.2)

Die alternative Betrachtungsweise dazu ist, daß die Einbindestellen des 3D-Elementes auch weiterhin als Lasteinleit- und Lastabtragsstelle gelten. Daraus ergibt sich ein mit der Verformung zunehmender Hebelarm für F infolge des einfachen in Z-Richtung erstreckten Längenanteiles ΔM_z des Stabes. (Tafel 2, Fall 2.2) Gegenüber der ersten Betrachtung des gezwungenen Biegeknickens resultiert hieraus ein größeres Biegemoment M_b. Für die Fortsetzung des Biegemomentes aus dem freien Biegeknicken zum gezwungenen Biegeknicken wird unter diesen Bedingungen daher auch keine Unstetigkeit bei Biegeradius $r=r_k$ festzustellen sein.

In sämtlichen Fällen dieser elastischen Formänderungen unter Druckbeanspruchung ist die Belastungsgrenze dann erreicht, wenn sich unter der steig wachsenden Druckkraft F ein gebogenes 3D-Element mit einem Biegeradius r einstellt, dessen Gesamtspannung $\sigma = \sigma_S$ erreicht hat. Wird dieser Verformungsgrad überschritten, dann kommt es zu elastisch-plastischem Biegeknicken.

BIEGESPANNUNG (allg. Form)

$$\sigma_b(\phi) = \frac{M_b(\phi)}{W_b(\phi)}$$

$W_b(\phi) = W_b = \text{konstant}$

FALL 1: Freies Biegeknicken

$0 < s \leq s_k$

$$M_b(\phi) = F \cdot r \left(\cos\left(\frac{\beta}{2} - \phi\right) - \cos\left(\frac{\beta}{2}\right) \right)$$

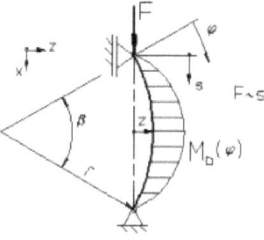

Abbildung 39: Biegemoment im allgemeinen freien Biegeknickfall mit $0 < s < s_k$

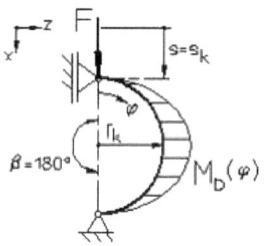

Abbildung 40: Biegemoment-Verlauf im Grenzfall ($s = s_k$) des freien Biegeknickens ($\beta = 180°$)

$$M_b(\phi) = F \cdot \frac{FBA}{\pi} \cdot \sin(\phi)$$

FALL 2: Gezwungenes Biegeknicken

$s > s_k$

$$r = r_k - \frac{s - s_k}{2}$$

Fall 2.1 Biegemoment bei Verlagerung der Lasteinleitung; $l_k = r \cdot \pi < L$

$$M_b(\phi) = F' \cdot r \cdot \sin(\phi)$$

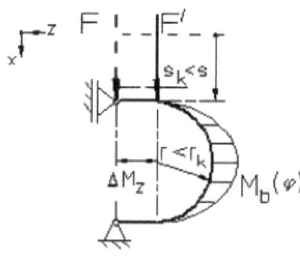

Abbildung 41: Biegemoment-Verlauf nach Fall 2.1

Fall 2.2 Biegemoment ohne Verlagerung der Lasteinleitung

$l_k = L = FBA,$

$$M_b(\phi) = F \left(\Delta M_z + r \cdot \sin(\phi) \right)$$

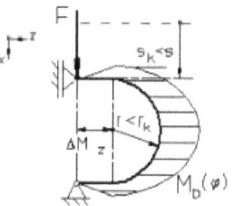

Abbildung 42: Biegemoment-Verlauf nach Fall 2.2

Tafel 2: Biegespannungen und Biegemomentenverläufe am 3D-Element infolge Biegeknicken

5.4.3 Grenzfall „Elastisch-plastisches Knicken"

Ein weiterer Grenzfall der elastischen Verformung resultiert aus dem Biegeknicken unter geometrischem Zwang. Nach Tafel 2, Fall 2.1 verringert sich mit zunehmendem Verformungsweg s der Schlankheitsgrad λ infolge der eingeschränkten Verformbarkeit des Stabes zwischen den beiden Druckplatten. Das Formänderungsverhalten an dem betrachteten mechanischen Modell „Knickstab" kehrt sich um, wenn der Schlankheitsgrad λ gleich bzw. kleiner wird als die Grenzschlankheit λ_0. In diesem Fall wird die für elastisches Knicken minimale Knicklänge l_0 unterschritten. Es kommt zu einem Wechsel in den Zustand der elastisch-plastischen Knickung und damit mindestens zu einer teilweisen Stauchung, die irreversible Formänderungen am Knickstab zur Folge hat. Im Grenzfall, der nicht überschritten werden soll, da bleibende Verformung zu vermeiden ist, und für den gilt $\lambda=\lambda_0$, ist die Knickspannung σ_K ohne Berücksichtigung von Sicherheiten gleich der Streckgrenze σ_S. Für Knickstäbe mit kreisrunden Querschnitten gilt $\lambda_0=4 \cdot l_0/d$, woraus sich bei bekanntem E-Modul M_E und unter Vorgabe eines Stabdurchmessers d mittels

$$\sigma_S = \sigma_K = \frac{\pi^2 \cdot M_E}{\lambda_0^2}$$

(Gl. 5.14)

die für elastisches Verhalten mindestens erforderliche Knicklänge l_0 bestimmen läßt. Für die allgemeinen Materialkenngrößen von PET resultiert ein $\lambda_0 \approx 11...12$. Damit wird die Grenzschlankheit nicht unterschritten, wenn die Knickstablänge l_0 mindestens das Dreifache des Knickstabdurchmessers d beträgt [46].

5.4.4 Kraft-Dickenkontraktions-Verlauf beim Biegeknicken

Die Elastizitätstheorie II. Ordnung bedingt zur Bestimmung der Gesamtspannung des Stabes $\sigma(s)$ die Ermittlung des Kraftverlaufes $F_S(s)$, aus dem die Verformung des Stabes resultiert. Für den spannungsfrei gekrümmten Stab existiert eine Vorkrümmung. Für deren in Z-Richtung weisende Stichlänge z_0 gilt nach [50] und gemäß Präzisierung nach Anlage 6:

$$z_0 = \sqrt{\frac{2.7259}{16} \cdot s_0 \cdot (2 \cdot FBA - s_0)}$$

(Gl. 5.15)

Dieser Stich der Vorkrümmung z_0, dessen Anfangsverformungsweg s_0 sich aus der Dickenkontraktion ε_{qD0} (Gl. 4.1) der unbelasteten Konstruktion ergibt, ist ein entscheidendes Kriterium für den Verlauf der Stabkraft, in deren Folge sich die Krümmung weiter verändern wird. Je geringer nämlich z_0 ist, um so steiler verläuft die Kraftänderung $F_S(s)$, das heißt, mit zunehmender Vorkrümmung z_0 wird die Verformungskraft proportional niedriger sein [49]. Demzufolge ist ein 3D-Gewirke mit einem hohen ε_{qD0} leichter verformbar, als ein aus gleichen 3D-Elementen bestehendes 3D-Gewirke mit einem geringeren ε_{qD0}. Für ein im normierten FBA=1 gefertigtes Gewirke folgt für den Stich der Krümmung $z(\varepsilon_{qD})$ des Knickstabes in allgemeiner Form:

$$z(\varepsilon_{qD}) = \sqrt{\frac{2.7259}{16} \cdot \varepsilon_{qD} \cdot (2 - \varepsilon_{qD})}$$

(Gl. 5.16)

Für die freie Biegeknickung, also bis zur Dickenkontraktion $\varepsilon_{qDLastk}$, bleibt die Knicklänge l_k=FBA unverändert. Jedwede Krümmung z kann unabhängig von der Stabkraft F_S ausschließlich aus den geometrischen Verhältnissen durch Veränderungen von ε_{qD} abgeleitet werden. Der Kraftverlauf bis zum Erreichen des Verformungsgrades $\varepsilon_{qDLastk}$ wird auf Grundlage der Gleichung nach [49; S. 107] einschließlich ihrer Umstellung nach $F_S(s)$ und unter Berücksichtigung der bisher vorgenommenen Bezeichnungen von Variablen als $F_S(\varepsilon_{qD})$ bestimmt:

$$F_S(\varepsilon_{qD}) = \frac{M_E \cdot J \cdot \pi^2}{l_k^2} \cdot \left(1 - \frac{z_0}{z(\varepsilon_{qD})}\right)$$

(Gl. 5.17; [49])

Mit Beginn des gezwungenen Biegeknickens findet eine Änderung im Verlauf von $z(\varepsilon_{qD})$ statt. (Tafel1, Fall 2) Der real gekrümmte Teil der Stablänge L reduziert sich und infolge dessen verringert sich auch der Krümmungsradius r. Gemäß den entsprechenden Gleichungen nach Tafel 1 entsteht bei gezwungenem Biegeknicken eine gekrümmte Knicklänge l_k von:

$$l_k = \frac{\pi}{2} \cdot FBA \cdot (1 - \varepsilon_{qD})$$

(Gl. 5.18)

Nach der Fallunterscheidung zum Biegemoment M_b (Tafel 2, Fall 2.1 und Fall 2.2) müssen zur Bestimmung der Stabkraft $F_S(\varepsilon_{qD})$ ebenfalls diese beiden verschiedenen Betrachtungsweisen berücksichtigt werden. Wird Fall 2.1 weiter verfolgt, dann kann Gleichung 5.17 keine weitere Verwendung finden. Die Krümmung $z_1(\varepsilon_{qD})$=r<r_k ,die aus Division von l_k mit π folgt, verringert sich fortschreitend, was bei praktisch möglichen $z_1(\varepsilon_{qD})$=z_0 theoretisch zu $F_{S1}(\varepsilon_{qD})$=0, mit Erreichen von $z_1(\varepsilon_{qD})$<z_0 sogar zu $F_{S1}(\varepsilon_{qD})$<0 führen würde. Vielmehr ist daher für diesen Ansatz zur Bestimmung der Biegespannung verursachenden Stabkraft die Eulersche Knickformel anzuwenden, die besagt, daß sich die Knickkraft F umgekehrt proportional zum Quadrat der Knicklänge verhält. Auf die an der freien Knicklänge l_k geometrisch ähnlichen Knickgeometrien wirken ab ε_{qD}=$\varepsilon_{qDLastk}$ Knickkräfte, die sich aus dem Verhältnis zur Knickkraft $F_S(\varepsilon_{qDLastk})$=$F_{Sk}$ mit entsprechender Knicklänge l_k=FBA ableiten lassen. Unter Anwendung von Gleichung 5.18 folgt daraus für die Biegeknickkraft $F_{S1}(\varepsilon_{qD})$:

$$F_{S1}(\varepsilon_{qD}) = F_k \cdot \frac{4}{\pi^2 \cdot (1 - \varepsilon_{qD})^2}$$

(Gl. 5.19)

Für Fall 2.2 nach Tafel 2 ist davon auszugehen, daß sich die vollständige Krümmungstiefe $z_2(\varepsilon_{qD})$ aus dem Krümmungsstich des real gekrümmten Stabteiles, der dem Krümmungsradius r entspricht, und dem tangential fortschreitenden Anteil ΔM_z zusammensetzt. Unter Normierung von FBA=1 folgt daraus:

$$z_2(\varepsilon_{qD}) = \frac{1}{4} \cdot (4 - \pi + \pi \cdot \varepsilon_{qD} - 2 \cdot \varepsilon_{qD})$$

(Gl. 5.20)

Bei dieser Betrachtungsweise vergrößert sich $z_2(\varepsilon_{qD})$ weiter über die Krümmung $z(\varepsilon_{qDLastk})$ hinaus, weshalb auch Gleichung 5.17 weiterhin zur Anwendung kommen kann. Die Biegeknickkraft $F_{S2}(\varepsilon_{qD})$ ergibt sich damit aus:

$$F_{S2}(\varepsilon_{qD}) = \frac{M_E \cdot J \cdot \pi^2}{FBA^2} \cdot \left(1 - \frac{4 \cdot z_0}{4 - \pi + \pi \cdot \varepsilon_{qD} - 2 \cdot \varepsilon_{qD}}\right)$$

(Gl. 5.21)

Eine Gegenüberstellung der beiden normierten Kraftverläufe über eine Erstreckung bis $\varepsilon_{qD} \approx 0{,}8$ und frei gewählter Anfangskrümmung mit $z_0 < z(\varepsilon_{qDLastk})$ verdeutlicht, daß der Kraftverlauf zur Verformung nach Fall 2.1, der die Reduzierung der tatsächlich belasteten Knicklänge impliziert, nach Überschreiten von $\varepsilon_{qDLastk}$ wieder ansteigt, während im Fall 2.2 zur weiteren Verformung über $\varepsilon_{qDLastk}$ hinaus keine wesentliche Kraftsteigerung mehr notwendig wird. Die für Fall 2.1 in Abschnitt 5.4.2 erwartete Unstetigkeit stellt tatsächlich eine Stetigkeitsänderung, einen Wendepunkt im Kraft-Kontraktions-Verlauf dar. Die Biegeknickkraft $F_{S1}(\varepsilon_{qD2})$ nach Fall 2.1 führt mit $\varepsilon_{qD} \rightarrow 1$ zu $F_S \rightarrow \infty$ mit Asymptote $\varepsilon_{qD} = 1$, während sich $F_{S2}(\varepsilon_{qD2})$ nach Fall 2.2 einem im Verhältnis dazu niedrigen Wert F_S=konstant annähert. (Abbildung 43)

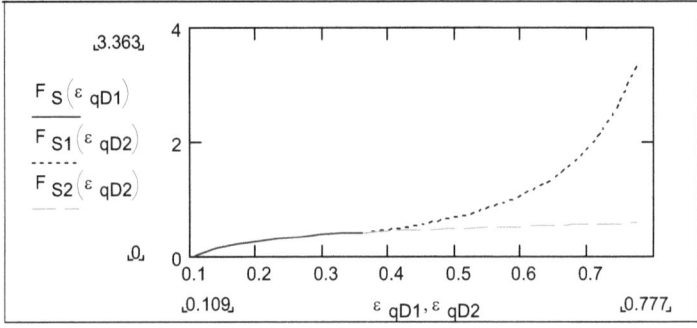

Abbildung 43: F_S-ε_{qD}-Verläufe aus dem freien Biegeknicken in die Fallunterscheidungen für gezwungenes Biegeknicken

5.4.5 Spannungsverläufe während des Biegeknickens

In Fortsetzung der Fallunterscheidung resultieren ab der Dickenkontraktion $\varepsilon_{qDLastk}$ auch zwei theoretisch mögliche Spannungs-Kontraktions-Verläufe, insbesondere dadurch, da neben den Kraft-Kontraktions-Verläufen für den Anteil der Biegespannung σ_b auch die unterschiedlichen Hebelarme $z(\varepsilon_{qD})$ gelten. Für einen Biegeknickstab mit normiertem Durchmesser d=1 und normiertem $z(\varepsilon_{qD})$ (durch FBA=1) ergibt sich für die Stabspannung $\sigma(\varepsilon_{qD})$ ausgehend von Gleichung 5.12 und Gleichung 5.13 in allgemeiner Form:

$$\sigma(\varepsilon_{qD}) = \frac{4 \cdot F_s(\varepsilon_{qD})}{\pi} \cdot \left(1 + 8 \cdot z(\varepsilon_{qD})\right)$$

(Gl. 5.22)

Für $\sigma_1(F_{S1}(\varepsilon_{qD})) = \sigma_1(\varepsilon_{qD})$, dem Fall 2.1 des gezwungen Biegeknickes, ist mit einem differentiell sich verringernden Biegespannungsanteil σ_{b1} gegenüber dem wachsenden Druckspannungsanteil σ_{d1} zu rechnen. Dem gegenüber steigt der Biegespannungsanteil σ_{b2} im Fall 2.2 der Gesamtspannung $\sigma_2(F_{S2}(\varepsilon_{qD}))= \sigma_2(\varepsilon_{qD})$ unter dem sich vergrößernden Hebelarm $z_2(\varepsilon_{qD})$ stärker an als der Druckspannungsanteil σ_{d2}. Das unterschiedliche Verhalten der Spannungsanteile nach diesen beiden Ansätzen zur Bestimmung der Stabbeanspruchung ist in Abbildung 44 dargestellt.

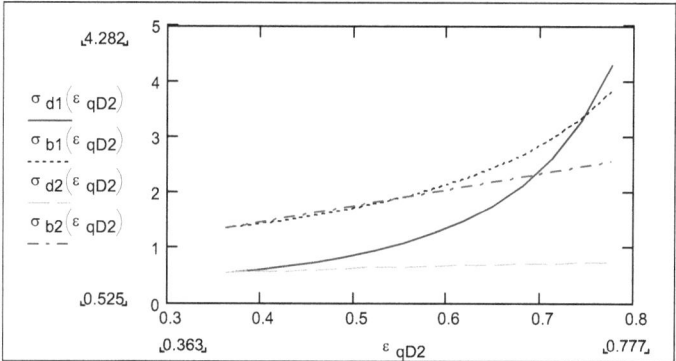

Abbildung 44: Druck- und Biegespannungsanteile gemäß der Fallunterscheidung für gezwungenes Biegeknicken

Insgesamt führt dieses gegensätzliche Verhalten der jeweiligen Spannungsanteile aber nur zu einer Annäherung der beiden Gesamtspannungsverläufe. Der enorme Belastungsanstieg $F_{S1}(\varepsilon_{qD})$ infolge des quadratischen Einflusses der sich verkürzenden Biegeknicklänge kann durch den dagegen nur linear fallenden Hebelarm $z_1(\varepsilon_{qD})$, der zum Biegemoment M_{b1} und somit zur Biegespannung σ_{b1} führt, nur teilweise in der Gesamtspannung $\sigma_1(\varepsilon_{qD})$ kompensiert werden. Die Spannung $\sigma_2(\varepsilon_{qD})$ fällt nach Fall 2.2 über den Verlauf der Verformung deutlich niedriger aus, was auf die ausschließlich lineare Veränderung beeinflussender geometrischer Größen zurückgeführt werden kann. (Abbildung 45)

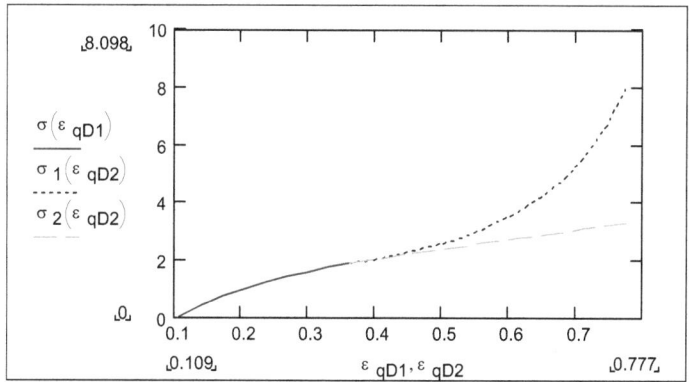

Abbildung 45: σ-ε_{qD}-Verlauf aus dem freien Biegeknicken in die Fallunterscheidungen für gezwungenes Biegeknicken

5.5 Ergebnisse der Modellbetrachtungen

Bis zu einem Verformungsgrad von $\delta_D \approx 36\%$ (Voraussetzung $\varepsilon_{qD} \leq \varepsilon_{qDLastk}$) kann davon ausgegangen werden, daß für die betrachteten Konstruktionen unter einer Druckverformung, welcher eine planmäßig mittige, orthogonale Belastung zugrunde liegt, ein eindeutiger Kraft-Verformungs-Verlauf für $F_S(\varepsilon_{qD})$ zugeordnet werden kann. (Abbildung 43) Die weitere Verformung über $\varepsilon_{qDLastk}$ hinaus führt mit dem Ansatz zum gezwungenen Biegeknicken zu zwei möglichen Betrachtungsweisen, die sich zur Bestimmung des Kraftverlaufes in der Anwendung spezieller geometrischer Bedingungen innerhalb der verformten Struktur unterscheiden. Alle diese Kraftverläufe unterliegen einer Anfangsbedingung, nämlich der Vorkrümmungstiefe z_0 des Stabes im unbelasteten Zustand der Konstruktion und leiten sich aus der fertigungsbedingten Dickenkontraktion des Gewirkes ε_{qD0} ab (Gl. 4.1). Sie nimmt Einfluß auf den Kraft-Verformungs-Verlauf, der um so steiler verläuft, je niedriger ε_{qD0} ist. Der Verlauf der Gesamtspannung $\sigma(\varepsilon_{qD})$ des unter F_X durch Formänderung beanspruchten 3D-Elementes verhält sich äquivalent zum jeweiligen Stabkraft-Kontraktions-Verlauf. Die höchste Beanspruchung der Drucklast aufnehmenden 3D-Elemente ergibt sich für den Fall 2.1 des gezwungenen Biegeknickens mit der Bedingung, daß sich mit einer Verformung über $\varepsilon_{qDLastk}$ hinaus die tatsächlich beanspruchte Knicklänge l_k stetig verringert. ($\sigma_1(\varepsilon_{qD2})$; Abbildung 45)

Mit Ausnahme der Vorkrümmung $z_0(\varepsilon_{qD0})$ handelt es sich bei allen weiteren für die Kraft- bzw. Spannungs-Kontraktions-Verläufe bestimmenden Größen um jene Parameter, die sich in Hinblick auf die textile Konstruktion durch textiltechnische Vorgaben präzisieren lassen und die unter Punkt 4.4.2, einschließlich Anlage 4, als wesentliche Parameter zur Gestaltung einer funktionalen 3D-Struktur bereits herausgestellt wurden:

- Monofildurchmesser d
- Abschlagbarrenabstand FBA
- Räumliche Orientierung α des 3D-Fadens

Durch eine im Winkel α geneigte Lage der 3D-Elemente nimmt deren Beanspruchung $F_S(\alpha)$ unter identischer Belastung F_X zu. In Beziehung zum Verformungsgrad ε_{qD} folgt daraus eine Reduzierung der Belastung F_X um den Faktor $c(\alpha)$.

Die Betrachtungen zu $F_S(\varepsilon_{qD})$ gehen von einer weitestgehend senkrecht orientierten Einbaulage des 3D-Elementes aus. Somit ist die Lösung für $F_S(\varepsilon_{qD})$ zunächst vereinfacht auf ein Ausgangsmodell mit k Stäben übertragbar, wodurch gilt, daß $F_S(\varepsilon_{qD}) = F_{Sk}(90°; \varepsilon_{qD}) = F_X(\varepsilon_{qD})/k$ ist. Für die Verformung dieses Ausgangsmodells mit k senkrechten Stäben folgt daraus $F_X(\varepsilon_{qD}) = F_S(\varepsilon_{qD}) \cdot k$. Bei differentieller Betrachtung stellt die Stabanzahl k eine unmittelbare Beziehung zur Aufteilung der Belastung F_X auf die beanspruchten 3D-Elemente her. Für die integrale Erweiterung der auf den einzelnen Stab bezogenen Belastung $F_X(\varepsilon_{qD})/k$ zu einer bestimmten belasteten Fläche $A_0 = L \cdot B$ eines 3D-Gewirkes führt dies für k zur Abstandsfadendichte dP (Gl. 3.12), die den bisher noch offenen technologischen Parameter

- Maschenlänge ML

zum Inhalt hat.

Aus der Stabkraft $F_S(\varepsilon_{qD})$ für 3D-Elemente mit senkrechter Einbaulage läßt sich unter Einbeziehung der Dichte der 3D-Elemente dP der Druck $p(\varepsilon_{qD})$ bestimmen, welcher auf ein 3D-Gewirke auszuüben ist, um eine entsprechende Dickenkontraktion ε_{qD} zu erreichen. Für ein 3D-Gewirke, das sich aus einem kombinierten 3D-Strukturelement zusammensetzt, ist die Stabkraft durch den Belastungskoeffizienten $c(\alpha)$ zu ergänzen. Die Eulersche Knickkraft $F_{K0} = F_{Sk}(90°)$ stellt unter diesen Vorgaben für die Stabkraft F_S die statische Anfangsbedingung der Druckverformung dar.

$$p(\varepsilon_{qD}) = F_S(\varepsilon_{qD}) \cdot c(\alpha) \cdot dP \qquad \text{(Gl. 5.23)}$$

Eine Zusammenfassung der vom Verformungsfall abhängigen geometrischen Bedingungen sowie der Gleichungen zur Bestimmung der Kraft- bzw. Spannungs-Kontraktions-Verläufe ist in Anlage 7 enthalten.

6 Textiltechnische Realisierung

6.1 Allgemeine Bedingungen der Produktsynthese

Um ein hochintegriertes textiles Erzeugnis in der Art eines regulären bzw. teilregulären, druckelastischen Polsters auf Basis der Rechts-Rechts-Rascheltechnik entstehen zu lassen, ist ein breites Spektrum an Verfahrensgrößen zu berücksichtigen. Bei den Festlegungen zu den speziellen textiltechnischen und -technologischen Kennwerten für die Wirkerei müssen zudem die nachfolgenden Einflüsse durch den Prozeß der thermischen Fixierung beachtet werden. Primäres Kriterium sind hier vor allem die geometrischen Veränderungen, die ein textiles Erzeugnis dabei erwartungsgemäß erfährt. (Abschnitt 3.4)

Die vielfältigen Ausführungsvarianten erzeugnisrelevanter Baugruppen und Systeme im maschinentechnischen Komplex zur textiltechnologischen Abstimmung der Wirkmaschine auf die Belange der 3D-Gewirkefertigung und alle damit verbundenen erforderlichen Einstellmöglichkeiten schaffen ein umfangreiches Parameterfeld, welches in Anlage 8 dargestellt ist. Auf die speziellen Modifikationen von Warenabzug und Warenentnahme wird in Abschnitt 6.2 eingegangen.

Der allgemeingültige Einfluß der Faserstofftechnik sowie die grundsätzlichen Bedingungen der Verfahren zur thermischen Veredlung finden im Parameterdiagramm von Anlage 8 ebenfalls Berücksichtigung. Bei der Auswahl der Garne für die Fertigung der 3D-Gewirke wird die Bedeutung der Faserstofftechnik unterstrichen, um so mehr, wenn zum Beispiel zur Unterstützung erwarteter Recyclingprozesse und -verfahren ein möglichst sortenreines, textiles Erzeugnis gefertigt werden soll.

Das für die Produktsynthese unter solchen Vorgaben abgeleitete technische und technologische Parameterfeld erweitert sich praktisch durch die Kettfadenvorbereitung, die maßgeblichen Einfluß auf die Wirktechnologie hat. Damit verbundene Vorgaben finden innerhalb dieser Betrachtungen jedoch keine besondere Berücksichtigung, sondern werden nach dem allgemein gültigen Stand der Technik zur Voraussetzung gemacht.

6.2 Wirkereitechnische Basis

Zur Herstellung von textilen Mustern wird eine Rechts/Rechts-Raschelmaschine verwendet, die dem konträren Arbeitsprinzip folgt und deren Abschlagbarrenabstand FBA zwischen 25 mm und 60 mm einstellbar ist. Die Maschine ist mit einer Feinheit der Wirknadeln von 12 E ausgerüstet. Die Wirknadelkinematik ermöglicht die Verwendung von zwei 3D-Legebarren. Für die Musterfertigung kommt allerdings nur eine 3D-Legebarre zum Einsatz. Die 3D-Grundbarre ist mit einem EL-Antrieb versehen (Abbildung 11), durch dessen freie Programmierung in einer einzigen Versatzbewegung Unterlegungen bis zu 28 Teilungen innerhalb der gewählten Nadelfeinheit möglich sind. Dieser technische Parameter ist unbedingte Voraussetzung, um 3D-Legungen in Anlehnung an die Modelle für die vorgesehenen Gewirkedicken ausführen zu können. Die Versatzsteuerung aller weiteren Grund-Legebarren erfolgt durch Musterketten (Abbildung 10). Die äußeren 2D-Legebarren GB 1 und GB 6 können lediglich Schußlegungen ausführen, so daß sich die beiden 2D-Elemente jeweils aus Schuß-Masche-Bindungen zusammensetzen.

Sämtliche Kettbäume sind mit einem aktiven, „sequentiellen" Kettbaumantrieb ausgerüstet. Die hierfür verwendeten elektromotorischen Einzelantriebe können aufbauend auf der Schärkurve der Kettbäume in ihrer Antriebsbewegung durch Vorgabe von FZ-

Werten auf die mustergemäßen Fadenverbräuche der entsprechenden Grundbarren abgestimmt werden.

Da von einer geringeren Verformbarkeit der 3D-Gewirke gegenüber den klassischen Abstandsgewirken ausgegangen wurde, sind gegenüber dem für Wirkmaschinen typischen, kraftschlüssigen Warenabzug (siehe Abschnitt 2.4.2.5) technische Veränderungen vorhanden. Der Warenabzug ist mit zwei einander gegenüberliegenden, gegensinnig drehenden Walzenpaaren ausgestattet. Die Abzugswalzen sind mit einem Nadelbelag versehen. Die Ware wird vertikal (in Z-Richtung) aus der Arbeitsstelle der Maschine abgezogen, indem sie zwischen die beiden Walzenpaaren geklemmt und dabei nur leicht deformiert wird. Die Deformation folgt aus einem mäanderförmigen Warenfluß, der sich aus einem vertikalen Achsenversatz der beiden gegenüberliegenden Walzenpaare und einem sich senkrecht dazwischen befindlichen Spalt ergibt, der kleiner als die erwartete Rohwarendicke sein soll. Eine Deformation durch Kompression der Ware soll vermieden werden. Vielmehr sollen sich durch den langwelligen Warenfluß zwischen den Walzenpaaren die wechselseitigen Kontaktflächen des 3D-Gewirkes zu den Abzugswalzen vergrößern, wodurch sich die Anzahl der Abzugskraft übertragenden Nadeln auf jeder Abzugswalze erhöht, ohne dabei eine erhebliche Beanspruchung der druckelastischen Eigenschaften an der textilen Konstruktion zu erzwingen. Insgesamt läßt sich der Warenabzug mit seinem vertikalen Abzugsspalt mittig unter der Wirkstelle positionieren sowie durch die verstellbare Lagerung eines Walzenpaares in erwartungsgemäßer Abweichung vom Fräsblechabstand auf die Rohwarendicke und zur Realisierung des langwelligen Warenflusses einstellen. (Abbildung 46)

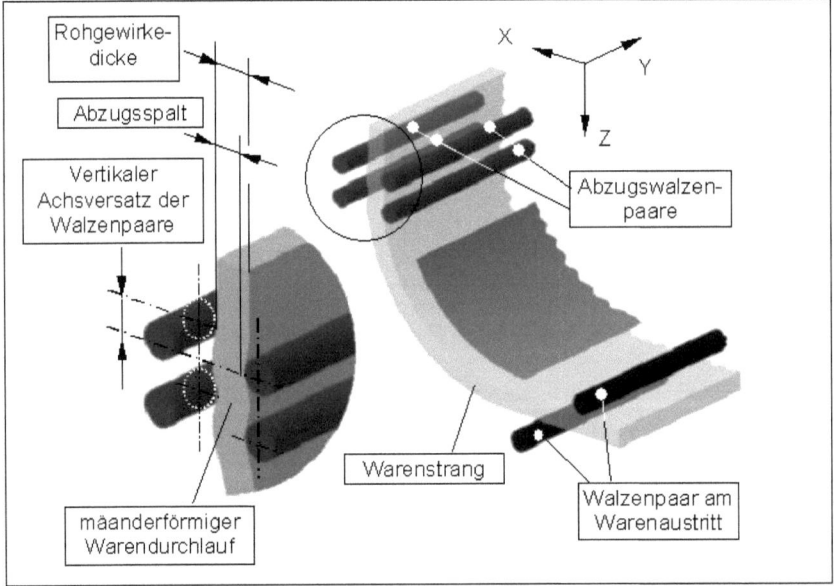

Abbildung 46: Warenfluß des 3D-Gewirkes im Warenabzug der RR-Raschelmaschine

Der Warenabzug ist ähnlich wie die Kettfadenlieferwerke mit einem sequentiell programmierbaren Einzelantrieb ausgerüstet. Damit ist einerseits ohne Austauschen von Wechselrädern eine vereinfachte Änderung der Maschenlänge bei Produktumstellungen möglich. Anderseits sind mit einem sequentiellen Warenabzug Voraussetzungen geschaffen, die Veränderungen der Maschenlängen im Verlauf der Fertigung des textilen Erzeugnisses ermöglichen.

Der Warenfluß des 3D-Gewirkes wird in seinem weiteren Verlauf entlang einer Führungswange mit großem Radius, die sich im Maschinengrundgestell befindet, in eine horizontale Richtung gebracht. Ein ebenfalls mit Nadeln besetztes Walzenpaar sorgt für die Entnahme der Ware aus der Maschine, woran sich die von äußeren Krafteinflüssen freie Warenablage anschließt [51].

6.3 Festlegungen zur Garnauswahl

Aus den vorhergehenden Betrachtungen lassen sich für die Herstellung der 3D-Gewirke einige Eingrenzungen der umfangreichen Auswahlmöglichkeiten von Garnen treffen. Um speziellen Bedingungen des Recycling – ein Kriterium in der Beurteilung nachhaltiger Produkte und Prozesse – zu genügen, soll die textile Konstruktion ausschließlich auf einer Materialbasis gefertigt werden. Aufbauend auf den klassischen Abstandsgewirken sollen dazu Polyestergarne, im besonderen PET-Garne verwendet werden.

Um dem Schrumpfen der 3D-Gewirke durch thermische Prozesse entgegen zu wirken und grundlegende Veränderungen der polymeren Strukturen im Monofil weitestgehend auszuschließen, werden speziell im 3D-System ausschließlich unter Hochtemperatur verstreckte, schrumpfarme Garnmaterialien eingesetzt [52]. Für die Schußlegung der Grund-Legebarren GB 1 und GB 6 wird dieselbe Garnart verwendet. In den Grund-Legebarren GB 2 und GB 5 wird dagegen ein PET-Multifilament verarbeitet.

Während in den 3D-Systemen Variationen der Garnfeinheit, also des Monofildurchmessers innerhalb der Versuchsserien vorgenommen werden, bleiben die Garne der 2D-Systeme unverändert. (Tabelle 5) In Anlage 9 befinden sich die von den Garnherstellern bereitgestellten Materialkenndaten.

Tabelle 5: verwendete Faserstoffe für 3D-Gewirkemuster

	Garnart	Polymer	Type	Nennfeinheit [dtex]	Nenndurchmesser [mm]
GB 1	Monofilament	PET	900 S	-	0,22
GB 2	Filamentgarn 128 x 1	PET	546 M	700	-
GB 3	Monofilament	PET	900 S	-	Variabel
GB 4	leer				
GB 5	Filamentgarn 128 x 1	PET	546 M	700	
GB 6	Monofilament	PET	900 S	-	0,22

6.4 Geometrie der regulären 3D-Gewirke

Der äußere, reguläre Charakter eines 3D-Gewirkes wird insbesondere durch eine begrenzte Zahl aufeinanderfolgender Bindungen von 3D-Strukturelementen zwischen den 2D-Systemen sowie durch die aus Einzug und Legung aller 3D-Strukturelemente im textilen Werkstück resultierende Arbeitsbreite bestimmt. (vgl. Gl. 3.1 und Gl. 3.2) Um die textiltechnologisch bedingten, geometrischen Änderungen anhand der Gewirkemuster möglichst einfach bestimmen zu können, werden die Legungen der einzelnen Grund-Legebarren so gewählt, daß theoretisch quaderförmige Werkstücke entstehen. Unter derart gewählten Vorgaben lassen sich darüber hinaus auch diejenigen wirktechnologischen Einflüsse feststellen, die zu geometrischen Abweichungen gegenüber der gewünschten Grundform führen.

Die geometrischen Größen Länge und Breite des 3D-Gewirke unterliegen keiner Doktrin, sondern werden in der Musterfertigung als eine logische Folge der speziellen textiltechnischen- und technologischen Vorgaben und Maßnahmen betrachtet.

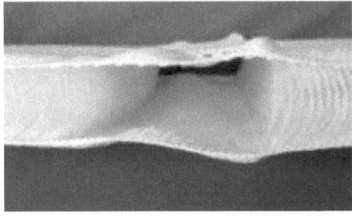 

Abbildung 47: 2D-Sequenz mit einseitig eingebundenem 3D-Element

Abbildung 48: 2D-Sequenz mit flottierendem 3D-Element

Mit Begrenzung der 3D-Einbindungsfolge wird mit jedem Beginn und mit jedem Abschluß eines 3D-Gewirkestückes (3D-Sequenz) mindestens für die 3D-System herstellende Grund-Legebarre GB 3 ein Musterwechsel erforderlich. Die Legung der Grundbarre GB 3 wird für die Rapportlänge des 2D-Abschnittes so gewählt, daß deren Kettfäden ausschließlich in eines der beiden 2D-Elemente als RL-Bindung eingearbeitet werden. (Abbildung 47) Somit entsteht in den zwischen den 3D-Gewirken liegenden Abschnitten (2D-Sequenzen) kein flottierendes, bindungsfreies 3D-System. (Abbildung 48) Mindestens für die Grund-Legebarre GB 3 ergeben sich also zwei verschiedene, auf den Produktcharakter bezogene Arbeitszustände, welche textiltechnologisch in RL-Bindungen und RR-Bindungen und in Übertragung auf die daraus entstehende textile Konstruktion in 2D- und 3D-Sequenzen unterschieden werden.

6.5 Präzisierung der RL- und RR-Bindungen

6.5.1 Bindungen der 3D-Elemente

Mit Verwendung von nur einer 3D-Grundbarre (GB 3) lassen sich kombinierte 3D-Strukturelemente in Analogie zu Abbildung 35 nicht realisieren. Mit nur einer Grundbarre können in einer ersten Wirkzeile nicht zwei Kettfäden in ein und dieselbe Wirknadel eingelegt werden, um in einer darauffolgenden Wirkzeile diese beiden Kettfäden in zwei unterschiedlichen Wirknadeln zur Überlegung zu bringen. Um trotzdem mit nur einer 3D-Grundbarre eine Kombination aus senkrechten und diagonal erstreckten 3D-Fäden zu erhalten, wird mit einem zweireihigen Rapport gearbeitet, bei dem durch die Unterlegungen zwischen den Wirkzeilenwechseln in jeder Maschenreihe jeweils eine senkrechte und eine diagonale 3D-Erstreckung entsteht. Die senkrechte 3D-Erstreckung folgt aus einer Fransenlegung (Abbildung 18) während die diagonale Erstreckung aus einer Phantasielegung gebildet wird, deren Unterlegungslänge UL=B_{bindg}-1 bei bekanntem Abschlagbarrenabstand FBA sowie der Nadelteilung E unter Vorgabe eines theoretisch zu erzielenden Neigungswinkels A folgt. (vgl. Gl. A1, Anlage 2.2.2)

Die Festlegung der aufsteigenden oder fallenden Versatzrichtungen für Über- und Unterlegung resultiert insbesondere aus der Empfehlung zur Einzugsrichtung der Kettfäden in den Lochnadeln der 3D-Grund-Legebarren. Nach Angaben des Maschinenherstellers soll sich der Fadenlauf der Kettfäden durch die Lochnadeln in den 3D-Grund-Legebarren GB 3 und GB 4 ebenso wie jener der Kettfäden in den Grund-Legebarren GB 1 und GB 2 in positiver X-Richtung vollziehen, währenddessen für die Grund-Legebarren GB 5 und GB 6 eine entgegengesetzte Einzugsrichtung gewählt werden soll [54].

An die Bindung der 3D-Elemente ist in Beziehung zu ihrem Einfluß auf die bindungstechnische Ausführung der 2D-Elemente die Forderung gestellt, einen fühlbar und sichtbar gleichmäßigen Warenausfall zu schaffen. Darüber hinaus soll eine möglichst Faden und Nadeln schonende Einarbeitung erfolgen. Besonders anspruchsvoll sind hierbei die langen Versatzwege der Phantasielegung.

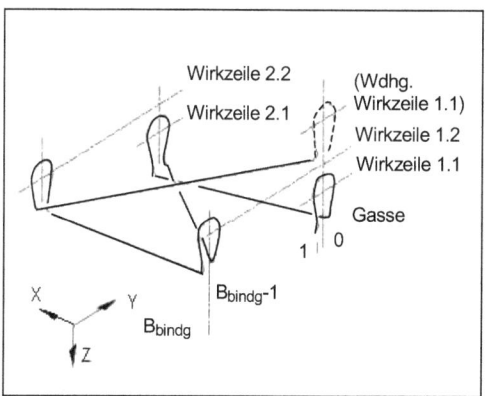

Abbildung 49: Schematische Darstellung des einzelnen 3D-Fadenverlaufes

Maschen-reihe	Wirk-zeile	GB 3
1	1.1	1 0
1	1.2	1 0
2	2.1	B_{bindg}-1 B_{bindg}
2	2.2	B_{bindg}-1 B_{bindg}

Tabelle 6: Notationstabelle (allgemeine Form)

Um diesen Anforderungen zu genügen, hat es sich unter den genannten Empfehlungen zur Einzugsrichtung der Kettfäden im Rahmen der Musterfertigungen als vorteilhaft herausgestellt, die 3D-Fäden auf der Nadelbarre vorn (NB1) als offene Masche und auf der hinteren Nadelbarre (NB2) als geschlossene Masche zu binden, wenn dabei die kleinen Unterlegungen der RR-Franse-Bindung bei der Herstellung der senkrechten 3D-Erstreckung von vorn nach hinten und die langen Versatzwege der Unterlegungen für die Phantasielegung von hinten nach vorn vollzogen werden. (Abbildung 49; Tabelle 6)

Die Oberflächen der 3D-Gewirke erhalten dann einen weitestgehend gleichmäßigen Charakter, wenn in alle Maschen der 2D-Elemente gleichermaßen Maschen aus den 3D-Elementen eingebunden werden. Mittels einer voll eingezogenen Kettfadenschar im 3D-System, für deren Fadenzahl n_{Kf} gilt, daß $n_{Kf} \gg B_{bindg}$ ist, werden alle Maschenstäbchen der 2D-Elemente mit Ausnahme der beiden in Z-Richtung verlaufenden Warenränder in jeder Wirkzeile mit einer Überlegung aus der 3D-Grund-Legebarre GB 3 bedient. Durch die Rapportwiederholungen entsteht daraus eine 3D-Struktur gemäß Abbildung 50. Die charakteristische Optik des einzelnen 3D-Fadenlaufes ist an anderer Stelle schon als IXI-Bindung bezeichnet worden [13].

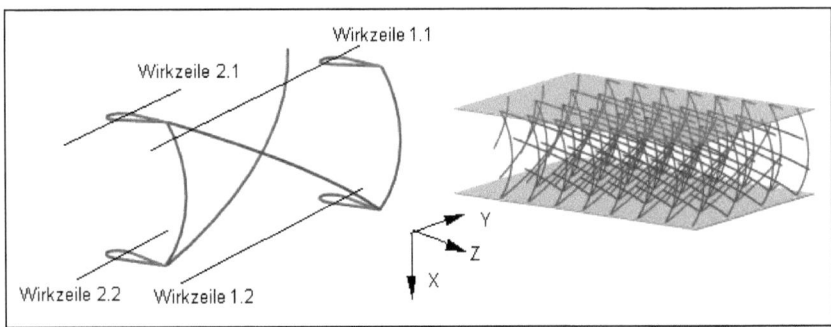

Abbildung 50: Räumliches Modell des 3D-(IXI)-Strukturelementes mit darauf aufbauendem 3D-Gewirkemodell

Die aus der 3D-Legung resultierend in den beiden Warenrändern des 3D-Gewirkes enthaltene, durchschnittlich geringere Garnmenge wird in beiden 2D-Elementen durch höhere Einzugsdichten der beiden 2D-Grundlegebarren GB 1 und GB 6 ausgeglichen.

6.5.2 Bindungen der 2D-Elemente

Die beiden Oberflächen des 3D-Gewirkes können wegen der technischen Voraussetzungen nur als Schuß-Masche-Bindungen ausgeführt werden. Es soll weiterhin eine Filet- bzw. filetähnliche Bindung entstehen, allerdings mit einem verringerten Öffnungsgrad, als er durch die Bindungen der 2D-Elemente für quer dehnbare, dünnere Abstandsgewirke gebildet wird.

Aufbauend auf der Bindung für Tüllgrund wird daher eine Modifikation der Schußlegung vorgenommen. Der Schußrapport wird um vier Wirkzeilen gekürzt, so daß sich eine kürzere Aufeinanderfolge der Verbindungen zwischen jeweils zwei benachbarten Fransenketten ergibt. (Abschnitt 4.2.2.1) Es entsteht eine Franse-Schuß-Bindung mit einem geringeren Öffnungsgrad in den 2D-Elementen als es für den Tüllgrund üblich ist. Der damit entstehende Rapport aus sechs Wirkzeilen pro Nadelbarre wird durch die nicht belegbaren Wirkzeilen auf der jeweils gegenüberliegenden Nadelbarre zu vollständigen Maschenreihen ergänzt. Durch den Versatz der Schußlegungen von GB 1 und GB 6 um eine halbe Rapportlänge zueinander entsteht zwischen den Maschenstäbchen der vorderen Oberfläche eine Öffnung, wenn zwischen den unmittelbar gegenüberliegenden Maschenstäbchen hinten eine Verbindung hergestellt wird. Voraussetzung dafür ist, daß GB 1 und GB 6 von „Null" aus beginnend mit der gleichen Einzugsfolge versehen sind. Um die Garnmengen der 2D-Elemente anzugleichen werden die ansonsten mit halbem Einzug (1 voll – 1 leer) ausgestatteten Grund-Legebarren GB 1 und GB 6 im Bereich der nur aller zwei Reihen wiederkehrenden 3D-Legung über die Bindungsbreite der 3D-Grund-Legebarre $B_{bindg.GB3}$ voll eingezogen [22].

Für den bedingungsgemäßen Musterwechsel der Grund-Legebarre GB 3 ist es von Vorteil, wenn deren RL-Bindungen während der 2D-Sequenz in dem auf der vorderen Nadelbarre (NB 1) hergestellten 2D-System erfolgt. Im einfachsten Fall genügt dafür eine Fransenlegung. Bessere Ergebnisse hinsichtlich eines weniger Fehler behafteten Wirkprozesses wurden jedoch mit einer geschlossenen Trikot-Legung erzielt, welche gleichlegig zur Unterlegung der Schußbindung aus GB 1 verläuft. Darüber hinaus wurden für den Legungswechsel zwischen 2D-Bindung und 3D-Bindung der Grund-Legebarre GB 3 bessere Verarbeitungsbedingungen erreicht, wenn deren 2D-Grundbindung mit Notation 1-2-1-1 / 1-0-1-1// insgesamt um die halbe Differenz der sequenzabhängigen Bindungsbreiten erhöht wird. Die Bindungsbreite B_{bindg} der 3D-Legung folgt aus den Vorgaben zur theoretischen Neigung A der diagonalen 3D-Elemente. Mit der für Trikotlegung gültigen Bindungsbreite $B_{bindg}=2$ folgt die allgemeine Notation für 2D-Legung von GB 3 gemäß Tabelle 7.

Tabelle 7: Notation bei ausschließlicher Fertigung von 2D-Elementen

Maschenreihe	Wirkzeile	GB 1	GB 2	GB 3 (2D-Legung)	GB 4 entf.	GB 5	GB 6
1	1.1	3 3	1 0	$B_{bindg}/2$ $B_{bindg}/2+1$		0 0	3 3
	1.2	3 3	0 0	$B_{bindg}/2$ $B_{bindg}/2$		0 1	0 0
2	2.1	1 1	0 1	$B_{bindg}/2$ $B_{bindg}/2-1$		1 1	0 0
	2.2	1 1	1 1	$B_{bindg}/2$ $B_{bindg}/2$		1 0	2 2
3	3.1	3 3					2 2
	3.2	3 3					0 0
4	4.1	0 0					0 0
	4.2	0 0					3 3
5	5.1	2 2					3 3
	5.2	2 2					1 1
6	6.1	0 0					1 1
	6.2	0 0					3 3

6.5.3 Festlegungen zu Rapportwiederholungen

Die Rapportlängen der Grund-Legebarren $n_{Rapp.GBa}$ für die gewählten 2D- und 3D-Bindungen unterscheiden sich voneinander. In der Aufeinanderfolge der Legungen sollen jedoch keine Verschiebungen zwischen einzelnen Rapporten entstehen. Folglich müssen sich alle Einzelrapporte vollständig innerhalb eines bindungsgemäßen Gesamtrapportes wiederholen. Dies ist gesichert, wenn das kleinste gemeinsame Vielfache (KGV) aus den einzelnen Rapportlängen $n_{Rapp.GBa}$ bestimmt wird. Dabei kann sich das KGV der 2D-Sequenzen von den KGV der 3D-Sequenzen durchaus unterscheiden. Jedes KGV stellt einen Baustein dar, dessen Vervielfachung k allgemein zur Entstehung der 2D- und 3D-Systeme und im Speziellen für $k_{3D}>0$ damit zum regulären 3D-Gewirke führt.

Die zur Musterfertigung gewählten Legungen (Tabelle 6 und Tabelle 7), die für Grund-Legebarre GB 3 noch hinsichtlich der Bindungsbreite B_{bindg} auf Basis des zu erzielenden theoretischen Neigungswinkels A zu spezifizieren sind, ergeben sowohl für die 2D- als auch für die 3D-Elemente ein bindungsgemäßes KGV von sechs Maschenreihen.

6.6 Bestimmung von Fadenlieferwerten (FZ-Werte)

6.6.1 Grundlagen der FZ-Wertberechnung

Für alle verarbeiteten Garne innerhalb der 2D- und 3D-Elemente stellen die jeweiligen Fadenlieferbedingungen einen grundsätzlichen Einflußfaktor dar. Die Verfügbarkeit von Kettbaumantrieben allgemein gestattet einen Abgleich der praxisrelevanten Verhältnisse mit den theoretisch ermittelten Fadenlängen, die sich für jedes Kettfadensystem aus dessen Legung und seiner Bindung mit weiteren Fadensystemen ergeben. Der jeweilige Fadenbedarf wird als FZ-Wert in Millimeter pro Rack angegeben. Da ein 1 Rack = 480 Maschenreihen beträgt, erstreckt sich somit der durchschnittliche Fadenzuführwert in der RR-Raschelmaschine tatsächlich über 960 Wirkzeilen. Für alle Bindungen zur Fertigung der 2D-Elemente reduziert sich dieser Fadenbedarf auch auf tatsächlich 480 Wirkzeilen mit maximal möglichen 480 Einbindungen, da die Überlegungsphase über der jeweils gegenüberliegenden Nadelbarre in der entsprechenden Wirkzeile mit einer Flottierung der Grundbarre quittiert wird und folglich bindungsfrei bleibt, beziehungsweise die Wirknadelkinematik eine Überlegung gar nicht ermöglicht. Letzteres entbindet jedoch nicht von der entsprechenden Ergänzung der Notation innerhalb der 2D-Bindung.

Der durchschnittliche Fadenbedarf der Legung von Grund-Legebarre GB 3 für die 3D-Bindung muß dagegen über die insgesamt 960 möglichen Einbindungen innerhalb eines Racks bestimmt werden.

Die aktiven, sequentiellen Kettbaumantriebe gestatten es, daß die durchschnittlichen, legungsabhängigen Fadenzuführwerte in Abstimmung zu möglichen Rapportänderungen (Bindungswechsel zwischen 2D und 3D-Abschnitten) über die damit einhergehende, jeweils mustergemäße Anzahl von Maschenreihen vorgegeben werden können.

Die Ermittlung der FZ-Werte erfolgt auf Grundlage des vereinfachten Modells der Maschenformen in Wirkwaren nach [34]. Da bei diesem Berechnungsverfahren die Garnfeinheit nicht berücksichtigt wird, handelt es sich bei den Resultaten zu den FZ-Werten um vorerst verwendbare Näherungswerte, die allerdings in der praktischen Umsetzung zur Optimierung des Wirkprozesses diverse Korrekturen erfahren. Pro Mustersatz wird mit einer konstanten Maschenlänge gearbeitet. Allgemein folgt der FZ-Wert des Legungsmusters einer Grundbarre aus dem Produkt der Lauflänge $L_{f.GBa}$ des Fadens pro Einzelrapportlänge $n_{Rapp.GBa}$ und einem Rack:

$$FZ_{GBa} = \frac{L_{f.GBa}}{n_{Rapp.GBa}} \cdot 480 MR$$

(Gl. 6.1)

Die nachfolgenden Lauflängenermittlungen beschränken sich auf die Legungen der Grund-Legebarren beim Arbeiten in 3D-Sequenzen. Eine Zusammenfassung der theoretischen FZ-Werte für die ausgewählten Legungen ist in Anlage 10 enthalten.

6.6.2 Lauflänge der Schußlegung (GB 1 und GB 6)

Neben dem theoretischen Fadenlauf einer Schußlegung, wie er im Legungsbild nach Abbildung 17 beispielhaft dargestellt ist, gestaltet sich der Fadenverlauf in der Wirkware insofern verändert, daß sich die Unterlegungen zwischen den Umkehrstellen weitestgehend diagonal in den RL-Bindungen der Oberflächen erstrecken. Es treten für die insgesamt sechs Unterlegungen innerhalb des Rapportes der Schusslegung zwei verschiedene Erstreckungslängen auf. (UL_{lang} und UL_{kurz} in Abbildung 51) Die Ausdehnung der Umlenkstellen, die sich entlang der Maschenfüße der im 2D-System enthaltenen Maschen der RL-Franse-Bindung erstrecken, wird vereinfacht mit der Hälfte des Schaftdurchmessers der Wirknadel d_N, welcher von der Nadelfeinheit abhängig ist, dargestellt.

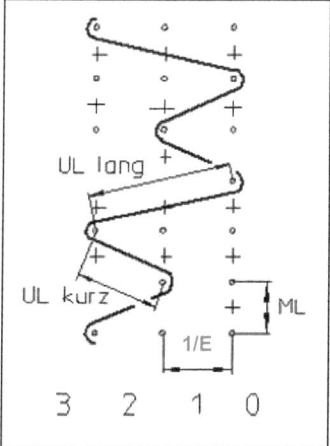

Für die Lauflängen des Schußfadens innerhalb eines Rapportes ergibt sich für die Legebarren GB 1 und GB 6 daraus:

$$L_{f.GB1} = L_{f.GB6} = L_S \qquad (Gl.\ 6.2)$$

$$L_S = 2\sqrt{ML^2 + \frac{4}{E^2}} + 4\sqrt{ML^2 + \frac{1}{E^2}} + 3 \cdot d_N$$

(Gl. 6.3)

Abbildung 51: Näherungsweiser Fadenverlauf der GB 1; Schußlegung nach Notation Tabelle 7

Bei teilweisem Einzug der Schuß legenden Grund-Legebarren ist zu beachten, daß abwechselnde, partielle Zusammenführungen von Fransenketten nur dann entstehen können, wenn mittels der endgültig in den 2D-Elementen eingebetteten Unterlegungslängen die jeweils benachbarten Maschen der Fransenlegung nach dem Abschlag die Spur ihrer Wirknadel verlassen und sich im Bereich einer gemeinsam benachbarten Nadellücke einander annähern. Es kann davon ausgegangen werden, daß die tatsächlich einzuarbeitenden Fadenlängen dieser speziellen Schußbindung daher geringer sind, als sich theoretisch auf Grundlage der erwarteten Legungsgeometrie nach (Abbildung 51) innerhalb eines Rapportes der Legebarren GB 1 und GB 6 unter Verwendung der Gleichungen Gl. 4.2 und Gl. 4.3 bestimmen lässt.

6.6.3 Lauflänge der offenen Franse (GB 2 und GB 5)

Da ein Wirkfaden mittels RL-Franse-Legung ausschließlich auf ein und derselben Nadel zu RL-Maschen gebunden wird, nehmen unter erwähnter Vernachlässigung der Garnfeinheit im wesentlichen nur Nadelgröße und Maschenlänge Einfluß auf die Bestimmung der rapportmäßigen Lauflänge. Die Geometrie des Fadenlaufes wird aus den vier Bestandteilen Maschenkopf (H), Maschenschenkel (Q), Platinenmasche

(C) und Bindungsstelle (R) bestimmt. Der von der Nadelgröße abhängige Anteil ist im Maschenkopf enthalten und folgt aus einer Beziehung zum Nadelschaftdurchmesser d_N. Allgemein gilt in Analogie zur Schußlegung, daß die Lauflänge der Franse L_{fra} als mustergemäße Lauflänge L_f für beide Grundlegebarren GB 2 und GB 5 gleich ist. Abbildung 52 verdeutlicht, daß die Länge der Platinenmasche C annähernd gleich der Maschenschenkellänge Q ist, woraus gegenüber den Arbeiten nach [34] die vereinfachte Gleichung 6.4 für L_{fra} folgt.

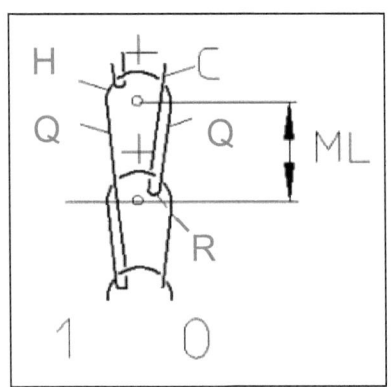

$$L_{fra} = 2 \cdot (H + 3.05 \cdot Q + R) \qquad \text{(Gl. 6.4)}$$

mit

$$H = \pi \cdot \frac{d_N}{2}$$

$$Q = ML$$

$$R = 0.5 \cdot mm$$

Abbildung 52: Fadenverlauf der GB 2; offene Franse nach Notation Tabelle 7

6.6.4 Lauflänge der 3D-Bindung (IXI-Legung GB 3)

Die Lauflänge einer 3D-Fadenlegung gemäß der allgemeinen Notation (Tabelle 6) läßt sich aus Bestandteilen der Maschenbildung sowie aus den Erstreckungslängen in der X-Y-Ebene bestimmen. Letztere lassen sich auf die bindungsgemäßen Unterlegungen und den gewählten FBA zurückführen.

Basierend auf Abbildung 49 ergeben sich innerhalb der IXI-Legung vier Maschen, die sich aus den Elementen H, Q und R nach Abschnitt 6.6.3 zusammensetzen. Weiterhin entstehen zwei senkrechte 3D-Verbindungen, für deren einfache Länge L_{90} gilt:

$$L_{90} = \sqrt{FBA^2 + d_N^2} \qquad \text{(Gl. 6.5)}$$

Für die beiden diagonalen 3D-Verbindungen wird der Warenfortschritt in Größe der Maschenlänge berücksichtigt, da mit den Unterlegungen aus der Phantasielegung in der Größe B_{bindg}-1 der Wechsel zur nächsten Maschenreihe vollzogen wird. Für die in Neigung A verlaufende 3D-Verbindung ergibt sich daraus in allgemeiner Form eine Länge L_A von:

$$L_A = \sqrt{FBA^2 + \left(\frac{B_{bindg} - 1}{E} + 2 \cdot d_N\right)^2 + ML^2} \qquad \text{(Gl. 6.6)}$$

Zusammenfassend folgt für die gesamte Fadenlänge $L_{|X|}$ einer so gewählten 3D-Legung:

$$L_{|X|} = 4 \cdot (H + 2 \cdot ML + R) + 2 \cdot (L_{90} + L_A)$$ (Gl. 6.7)

Theoretische FZ-Werte für spezielle theoretische Neigungswinkel A, aus denen B_{bindg} abzuleiten ist, und für verschiedene FBA-Einstellungen sind in Anlage 10 enthalten. Da es sich bei der Bindungsbreite B_{bindg} als Entfernung zwischen zwei Nadellücken um eine natürliche Zahl handelt, ist bei der Ermittlung der maximalen Unterlegungstiefe B_{bindg}-1 das unter den oben genannten Vorgaben auf Basis von Gleichung A.1 (Anlage 2.2.2) entstehende reelle Ergebnis auf eine ganze Zahl zu runden.

6.7 Codierung der Gewirkemuster

Die Codierung der textilen Muster basiert auf den wesentlichen technischen und technologischen Grundlagen ihrer Entstehung innerhalb des Wirkverfahrens.

Aus grundlegenden Betrachtungen zur Ausführung der 3D-Elemente kann abgeleitet werden, daß einerseits der auf Druck belastete Faden mit seinem Flächenträgheitsmoment J maßgebliches Element zur Bestimmung des Druckspannungs-Verformungsverhaltens ist. (Abschnitt 5.4.4, Gl 5.17 ff) Das hierfür verwendete PET-Monofil mit kreisrundem Querschnitt wird über seinen Durchmesser klassifiziert. In der Mustercodierung hat dieser garnspezifische Parameter als Eingabegröße Vorrang vor allen weiteren Spezifikationen bezüglich Produkt und Produktion. Der Durchmesser wird in der Mustercodierung daher an erster Stelle in hundertfacher Vergrößerung genannt, ergänzt um eine Führungsnull, sofern der reale Monofildurchmesser kleiner als ein Millimeter ist.

Aus denselben Ableitungen folgt, daß die Druckspannungs-Verformungseigenschaften andererseits durch den gewählten Abschlagbarrenabstand FBA bestimmt werden, der mit seiner tatsächlichen Größe in Millimetern an zweiter Stelle in der Codierung anschließt.

Der Durchmesser der 3D-Monofile und der Abschlagbarrenabstand sind primäre Parameter, insbesondere deshalb, da eine Modifikation dieser Eingangsgrößen stets mit umfangreichen Umbau- und Einrichtarbeiten an der RR-Raschelmaschine verbundenen ist. Gegenüber diesen beiden Vorgaben lassen sich andere, sekundäre Parameter mit deutlich weniger Aufwand, nämlich durch Variation der speziellen rechnergestützten, bindungstechnischen Größen, variieren.

Die Maschenreihendichte MD, in deren Folge die Abstandsfadendichte dP entsteht, ist eine dieser Richtgrößen. Alle Muster werden ausschließlich mit der Nadelfeinheit 12 E gearbeitet. Infolgedessen bleibt die theoretische Maschendichte nur durch Veränderung der Maschenlänge ML variabel. Da es sich hierbei meist um eine kleine Größe handelt, wird für die Codierung der äquivalente Maschen-cm-Wert verwendet. Nachdem für Rechts/Rechts-Abstandsgewirke lange Zeit der doppelte Maschen-Zenitmeter-Wert als Anzahl Maschen pro zwei Zentimeter zur näheren Beschreibung von Herstellungsdaten angegeben wurde, soll nach den jüngsten Vereinbarungen zwischen den Maschinenherstellern [36] zukünftig nur noch das einfache Äquivalent in „Anzahl Maschen pro cm" angewendet werden. Allerdings waren zum Zeitpunkt der Ausgabe der Empfehlung sämtliche Muster basierend auf der zur Verfügung stehenden Maschine, an welcher die Maschenlänge mit dem doppelten Maschen-Zenitmeter-Wert vorgeben wird, bereits erstellt und durch dementsprechende Codierungen unterschieden. In nachfolgenden Musterbezeichnungen, Abbildungen, Tabellen und Datenblättern beträgt der verwendete Maschen-Zentimeter-Wert MD daher das Doppelte der nach neuer Empfehlung vorgeschlagenen Angabe zur Maschenreihendichte. Der im Mustercode verwendete Wert folgt wiederum aus der Rundung des tatsächlichen reellen Wertes zur ganzen Zahl.

Die vierte Kennziffer des Mustercodes ergibt sich aus der Vorgabe des theoretischen Neigungswinkels A, für den eine Variation in 5°-Intervallen festgelegt wurde.

Aus der beispielhaften Codierung

022_45_16_55

folgt ein 3D-Gewirke, das im 3D-System mit einem Monofildurchmesser von d=0,22 mm, in einem Abschlagbarrenabstand von FBA=45 mm, mit einer Maschenreihendichte von 16 Maschen / 2cm (entspricht Maschenlänge ML von 1,25 mm) und mit einem theoretischen Neigungswinkel der diagonal erstreckten 3D-Elemente in der IXI-Bindung von A=55° gefertigt wurde.

Tabelle 8: Versuchsplanübersicht zu den Musterserien

Musterserie Nr. 1	Primärcode	020_34_
Musterserie Nr. 2	Primärcode	022_34_
Musterserie Nr. 3	Primärcode	022_45_
Musterserie Nr. 4	Primärcode	022_45_

			Parameterpräzisierung												
textil-technologischer Primärparameter	3D-Monofildurchmesser d		020				022								
technischer Primärparameter	Abschlagbarrenabstand FBA		34				45								
Variierte Sekundärparameter		Maschenlänge ML	11	13	15	18	11	13	15	18	11	12	13	14	15	16	18
	Neigungswinkel A	35°			X			X									
		45°	X	X	X	X	X	X	X	X	X	X	X	X	X	X	X
		55°			X				X		X	X	X	X	X	X	X

Um den Einfluß der beiden primären Parameter Monofildurchmesser und Abschlagbarrenabstand beurteilen zu können, wurden vier Musterserien angefertigt. Für jeweils zwei Musterserien wurden gleiche Einstellungen zum Abschlagbarrenabstand gewählt. Innerhalb dieser Bedingung erfolgte für ein Musterserienpaar die Variation der ersten Primärgröße „Monofildurchmesser" sowie diverse Veränderungen der sekundären Parameter, während für das zweite Musterserienpaar ausschließlich Variationen von Maschenlängen und Neigungswinkeln vorgenommen wurden. (Tabelle 8)

6.8 Thermische Fixierung

Aufbauend auf den Forschungsergebnissen nach [51] kommt ein Vliestrockner (Abbildung 53) für die Thermofixierung der Gewirke zur Anwendung. Diese Anlagentechnik bietet die Möglichkeit zur strangweisen Veredlung der 3D-Gewirke (Abbildung 54), die nach dem Wirken durch die 2D-Sequenzen untereinander verbunden bleiben. Im Rahmen des genannten Projektes [51] wurden die folgenden Parameter als hauptsächliche Einflußgrößen in der Temperaturbehandlung der Gewirke herausgearbeitet:

T_S Temperatur des Systems (im Inneren der Fixiereinrichtung)

$T_{K,1}$ untere Korridor-Temperatur

$T_{K,2}$ obere Korridor-Temperatur

T_E Eingangstemperatur der Gewirkeoberfläche

T_A Ausgangstemperatur der Gewirkeoberfläche

t_V Verweilzeit des Abstandsgewirkes in der Fixiereinrichtung

$t_{K,1}$ Korridorzeit Aufheizen

$t_{K,2}$ Korridorzeit Abkühlen

Das Arbeitsfeld des Vliestrockners hat eine Länge von 1,4 Meter und ist im Abstand von 110 Millimeter alternierend oben und unten mit 5 Millimeter breiten Schlitzdüsen ausgerüstet, über die mittels Wärmeströmung die Fixiertemperatur auf das 3D-Gewirke übertragen wird. Die Strömungsgeschwindigkeit wird durch einen Ventilator bestimmt, dessen Drehzahl n_{Vent} voreingestellt werden kann.

Der Warentransport erfolgt durch zwei einander gegenüberliegende, mit gleicher Geschwindigkeit angetriebene Bänder. Die Transportbänder haben eine netzartige Struktur, so daß die Wärmeströmung weitestgehend ungehindert von den Düsen zum Textil gelangen kann. Zwischen diesen Bändern wird das Textil geklemmt und durch das Fixierfeld geführt. Der Abstand zwischen den Bändern kann bis maximal 150 mm betragen und muß in Abstimmung zur Rohgewirkedicke voreingestellt werden. Um einen gleichmäßigen Transport der 3D-Gewirke im Fixierprozeß zu gewährleisten, muß das Textil durch die Bänder etwas zusammengedrückt werden. In der Abstimmung der verschiedenen Prozeßparameter kommt es deshalb vor allem darauf an, daß diese verfahrensbedingte Dickenkontraktion am Textil zur Sicherung eines optimalen Transportes nach dem Fixieren zu einer möglichst geringen Dickenänderung führt. Oberste Priorität hat die Einstellung des Klemmspaltes auf Grundlage der vorher bestimmten Rohgewirkedicke. Entsprechend gering ist die Differenz ΔS zwischen Rohgewirkedicke und Klemmspalt zu wählen.

Es hat sich bei allen Fixierversuchen als nachteilig erwiesen, daß die verfügbare Versuchsanlage über keine aktive Abkühlzone (Konditionierfeld) verfügt. Eine entsprechend hohe Ausgangstemperatur an den Gewirkeoberflächen bedingte eine vorsichtige manuelle Entnahme der Muster. Um dabei die 3D-Gewirke nicht zu beanspruchen, wurden die Musterstränge in den dazwischen liegenden 2D-Sequenzen erfaßt (Abbildung 55) und zur Abkühlung auf dem Fußboden der Laborhalle flach ausgebreitet.

Mit den gewählten Korridortemperaturen werden die Temperaturen, unter denen das PET-Monofil nach Herstellerangaben verstreckt wurde (195°C - 200°C) nicht überschritten. Demzufolge können sich keine maßgeblichen, die Polymerstruktur des Polyester beeinflussenden Veränderungen im Monofil ergeben. Zielstellung dieser Form der Fixierung ist lediglich das Ausgleichen der Spannungen, welche bei der Ausformung der Maschen in den 3D-Elementen entstehen. Deren Verankerung in den beiden 2D-Elementen soll stabilisiert werden. Eine vollständige Wärmedurchdringung der 3D-Gewirke soll nicht erfolgen.

Alle Musterserien wurden unter folgenden Einstellungen am Vliestrockener thermisch fixiert:

$T_E \approx 20°C$ (Raumtemperatur)

$T_{K,1} = T_{K,2} = 185°C$

$n_{Vent} = 250\ min^{-1}$

$t_V = 32$ s (res. aus Fixierfeldlänge und Bandgeschwindigkeit $v_{Band} = 2,4$ m / min)

$\Delta S = 0,5 ... 1$ mm

Abbildung 53: Doppelband-Vliestrockner Santatherm
(Herst. Fa. Cavitec; vormals Santex)

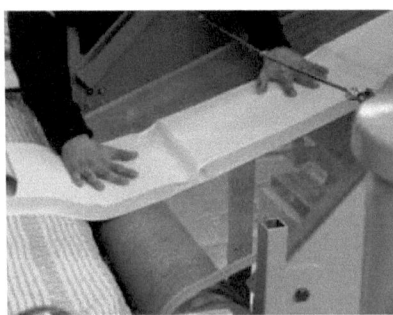

Abbildung 54: manuelle Vorlage des 3D-Gewirkestranges am Einlauf des Vliestrockners

Abbildung 55: manuelle Entnahme des 3D-Gewirkestranges nach der Thermofixierung im Vliestrockner

7 Druckspannungs-Verformungseigenschaften der 3D-Gewirke

7.1 Meßbedingungen

Nach DIN EN ISO 3386-1 [5] wird zur Bestimmung der Druckspannungs-Verformungseigenschaften ein Prüfling verlangt, dessen Ausdehnung der Prüflingsoberfläche kleiner ist als die zur Druckverformungsmessung wirksame Prüfstempelfläche. Empfohlen wird die Zuschnittgröße von 100mm x 100mm, womit eine direkte Messung in der physikalischen Einheit Kilopascal (kPa) ermöglicht wird. Die Entnahme von Prüflingen mit entsprechender Zuschnittgröße aus einem 3D-Gewirke, welches aus kombinierten 3D-Strukturelementen besteht, hat das Durchtrennen diagonaler 3D-Elemente im Längsschnitt (Z-Richtung) und damit eine Reduzierung der Lastaufnahmefähigkeit des Zuschnittes unter der Prüfstempelfläche zur Folge.

Der hierfür gewählte Prüfstempel mit quadratischer Prüffläche hat eine Kantenlänge von 100mm. Es kommen Prüflinge zur Messung, die in Y-Richtung um die doppelte Bindungsbreite ihrer 3D-Legung $B_{bindg.GB3}$ breiter sind als die Stempelbreite. Der Prüfling wird in seiner Zuschnittbreite mittig unter der Prüfstempelbreite positioniert. In Ableitung aus den Modellbetrachtungen ist für die Prüflinge eine bevorzugte innere Verformungsrichtung (Z-Richtung) zu erwarten. Die Zuschnittlänge wird gegenüber der empfohlenen Größe von 100mm ebenfalls um den Stich der Vorkrümmung z_0 erhöht, da bei der Schnittführung in Y-Richtung in genau diesem Maß ebenfalls eine Vielzahl von 3D-Elementen durchtrennt wird. Insgesamt wird durch diese Modifikationen gewährleistet, daß die Zahl der senkrechten und diagonalen 3D-Elemente im Einwirkungsbereich des Stempels gleich groß ist und alle 3D-Elemente unter dem Prüfstempel, die in 2D-Elemente eingebunden sind, auch an der Lastaufnahme vollständig beteiligt sind.

Vor der eigentlichen Druckspannungsmessung wird der Prüfling mit drei Vorstauchungen belastet. Um eventuellen horizontalen Verschiebungen der Prüflinge entgegenzuwirken, werden entlang der Zuschnittkanten in Y-Richtung (Prüflingsbreite) jeweils Anschlagleisten auf dem Meßtisch befestigt. (Abbildung 56)

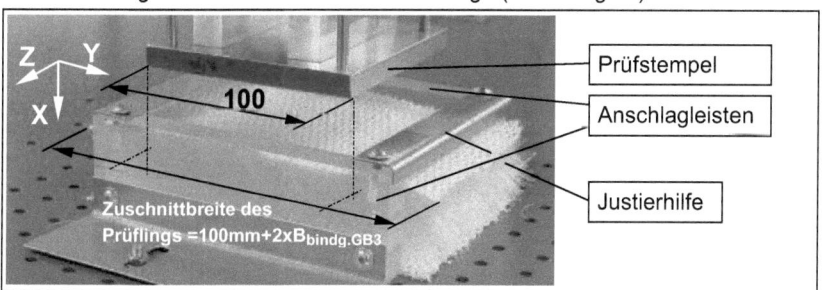

Abbildung 56: 3D-Gewirke-Prüfling vor Messung der Druckspannungs-Verformungseigenschaften

Nachteile dieser Vorgehensweise bestehen darin, daß einerseits durch jene über den Prüfstempel hinausragenden 2D-Elemente zusätzlich mindestens Oberflächenspannungen bei Druckbelastung entstehen, die eine Erhöhung der Meßwerte bewirken. Es ist weiter zu berücksichtigen, daß in diese hinausragenden 2D-Elemente selbst wiederum 3D-Elemente eingebunden sind. Andererseits können die äußeren Begrenzungen mittels Anschlagleisten eine Beschränkung der freien Verformung bilden, wenn die in Z-Richtung gekrümmten 3D-Elemente dazu in Kontakt kommen.

Zwei Alternativen bieten sich an, um zukünftig diese Abweichungen von den normgerechten Meßbedingungen zu vermeiden. Diese bestehen einerseits in der Verwendung von deutlich größeren Prüfstempeln oder andererseits im Einsatz von Zuschnitten, für die unter den gegebenen textiltechnischen und -technologischen Ausgangs- und Folgegrößen die darin noch unbeschadet vorhandenen 3D-Elemente speziell zu bestimmen sind. Gemäß des Verhältnisses von senkrechten und diagonalen 3D-Elementen ist dann $c(\alpha)$ zu präzisieren. Hierbei muß berücksichtigt werden, daß sich mit zunehmender Dicke der 3D-Gewirke und unter gleichen Neigungswinkeln α bei konstanten Zuschnittgrößen die Zahl der zum Lastabtrag fähigen diagonalen 3D-Elemente stetig verringert und ggf. Muster geprüft werden, deren Druckspannungs-Verformungseigenschaften fast mehrheitlich durch senkrechte 3D-Elemente bestimmt werden.

Für sämtliche zur Messung gebrachten Muster wurden vor dem Zuschnitt der Prüflinge die geometrischen Veränderungen gegenüber den textiltechnischen und textiltechnologischen Vorgaben bestimmt. (Anlage 11) Daraus resultierende Kontraktionen für die drei Hauptabmessungen der 3D-Gewirke wurden als textiltechnologische Folgegrößen bei der Bestimmung der Druckspannungs-Verformungswerte nach Gleichung 5.23 berücksichtigt. (Anlage 13.1)

7.2 Auswertung der Druckverformungsmessungen

7.2.1 Einfluß der textiltechnischen und -technologischen Parameter auf die Druckspannungs-Verformungseigenschaften

Die globale Auswertung der Meßergebnisse (Anlage 12) führt zu der allgemeinen Bestätigung, daß durch die Variation der primären und sekundären Parameter die Druckspannungs-Verformungseigenschaften der 3D-Gewirke strategisch beeinflußt werden können. Die vergleichenden Betrachtungen erfolgen auf Grundlage des Druckspannungswertes CV_{40}, der allgemein als grundlegende Bezugsgröße zur Darstellung von Druckspannungs-Verformungseigenschaften weich-elastischer Materialien herangezogen wird [5].

Eine Gegenüberstellung der Druckspannungswerte CV_{40} aus der Musterserie Nr. 1 und der Musterserie Nr. 3 macht deutlich, wie sich die Variation des Abschlagbarrenabstandes (FBA) bei ansonsten gleichen Einstellungen der Primär- und Sekundärparameter auswirkt. (Abbildung 57)

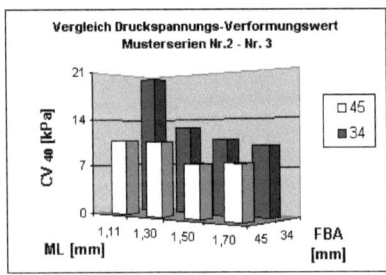

Abbildung 57: CV_{40} –Vergleich bei Variation des Abschlagbarrenabstandes FBA

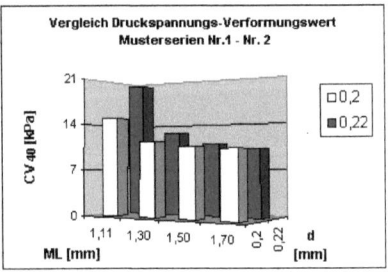

Abbildung 58: CV_{40} –Vergleich bei Variation des Monofildurchmessers d

Die Auswirkungen durch Variation des 3D-Monofildurchmessers, die aus dem Vergleich der auf Basis des selben Abschlagbarrenabstandes von 34 mm gefertigten Musterserien Nr. 1 und Nr. 2 folgen, weisen tendenziell Unterschiede auf. (Abbildung 58) Insgesamt ist festzustellen, daß die Differenzen der Druckspannungswerte zwischen den unmittelbar vergleichbaren Werten über die Veränderung der Maschenlänge geringer ausfallen als bei der Veränderung des Abschlagbarrenabstandes.

Während der Einfluß der Maschenlänge ML als Sekundär-Parameter, und damit der Dichte der 3D-Elemente dP, in jeder Musterserie zur Geltung kommt, fallen demgegenüber die Differenzen der Druckspannungswerte direkt vergleichbarer Mustervariationen unter Modifikation des Neigungswinkels A für diagonal erstreckte 3D-Elemente gering aus. Ein Trend der Veränderung läßt sich aus dem Vergleich der Meßergebnisse von Musterserie Nr. 3 und Nr. 4 nicht eindeutig ableiten. (Abbildung 59)

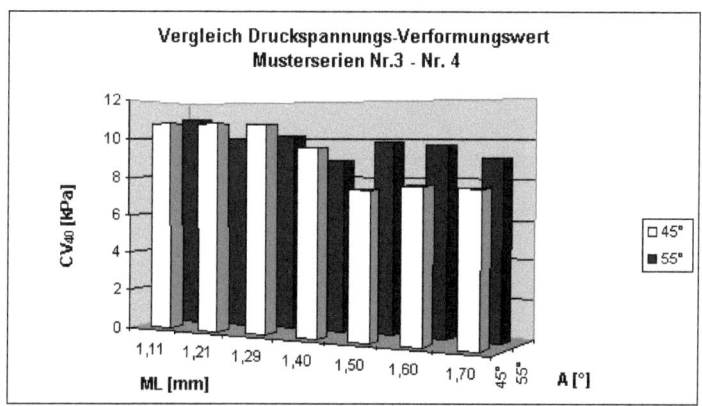

Abbildung 59: CV_{40} –Vergleich bei Variation des Neigungswinkels A

Auch die je Musterserie Nr. 1 und Nr. 2 zusätzlich gefertigten Muster mit Winkelvariation (Muster 020/022_34_18_35/55; Anlage 12) bestätigen die Annahmen nicht mit ausreichender Sicherheit. Für nähere Untersuchungen zu dieser Einflußgröße wäre daher ein breiteres Spektrum der Variation des Parameters Neigungswinkel A innerhalb einer konstanten Primär-Code-Serie erforderlich.

Insgesamt werden die Änderungen der Verläufe von Druckspannungs-Verformungen beim Vergleich anderer Druckspannungs-Verformungswerte CC_{xx} bestätigt.

7.2.2 Vergleich zwischen praktischen und theoretischen Ergebnissen

Durch die voneinander verschiedenen geometrischen Veränderungen bestehen für die Messungen an den Prüflingen voneinander abweichende Ausgangsbedingungen. Die Dickenkontraktion ε_{qD0} nimmt einen besonderen Stellenwert ein, da von deren Größe der Wechsel des Formänderungsverhaltens aus dem freien ins gezwungene Biegeknicken abhängt.

Insgesamt ist für alle durchgeführten Messungen zu konstatieren, daß die theoretisch nach Gleichung 5.23 ermittelten Druckspannungs-Verformungswerte deutlich unter den praktischen Meßergebnissen liegen. (Anlage 13.1) Ferner liefert ein relativer Vergleich der theoretischen Ergebnisse mit den ausgewählten praktisch ermittelten Druckspannungs-Verformungswerten durchschnittlich keine Übereinstimmung. Während für die Musterserie Nr. 2 nach der Berechnungsmethode die Meßwerte zu annähernd 55% bestätigt werden, nimmt im Verhältnis dazu bei verringerter Steifigkeit im 3D-System durch kleineren Monofildurchmesser (Musterserie Nr. 1) die Abweichung von den Meßergebnissen zu. Diese Differenz erhöht sich weiter, wenn unter Beibehaltung der ursprünglichen Steifigkeit im 3D-System der Abschlagbarrenabstand (FBA) vergrößert wird. Lediglich eine allgemeine, tendenzielle Annäherung der theoretischen an die meßtechnisch erfaßten Werte läßt sich über den Verformungsgrad abzeichnen.

Allerdings ist anhand der Meßergebnisse auch festzustellen, daß mit Ausnahme der Muster 022_34_18_35 und 022_34_18_55 die Druckspannungs-Verformungs-Verläufe in der Belastungsphase qualitativ mit dem Verlauf der normierten Kraftverformungsfunktion nach Abbildung 43, welche aus dem freien Biegeknicken in das gezwungene Biegeknicken nach Fall 2.1 (Tafel 2) folgt, übereinstimmen.

Die beiden davon abweichenden Meßkurven zeigen dagegen ein Verhalten, welches eher dem Wechsel in gezwungenes Biegeknicken nach Fall 2.2 entspricht. Bei diesen Mustern ist im unbelasteten Ausgangszustand eine in Z-Richtung geneigte Lage der 3D-Systeme vorhanden. Infolgedessen besteht von Beginn der Verformung unter senkrecht wirkender Belastung für die daraus pro 3D-Element ableitbare Kraft F gegenüber jedem 3D-Element ein Hebelarm, wodurch sich die Formänderung durch Biegeknicken nicht vornehmlich entwickeln kann. Vielmehr werden die 3D-Elemente durch Biegung um ihre Einbindestellen in ihrer Lage verändert. Der Widerstand durch Biegeknicken bleibt demgegenüber zunächst gering. Die 3D-Struktur entwickelt unter der Druckverformung ein horizontales, zwischen den beiden 2D-Elementen in Z-Richtung entgegengesetztes Ausweichverhalten. Im Hauptverformungsbereich zwischen 30%-50% wird daher nur eine geringfügige Zunahme der Druckkraft erforderlich, wie es für den theoretischen Ansatz nach Fall 2.2 typisch ist. Erst bei höherem Verformungsgrad steigt die Meßkurve wieder an. Hier tritt ein Zustandswechsel im Verformungsverhalten ein. Das horizontale Ausweichverhalten läßt wieder nach, während Biegeknicken an den in ihrer Knicklänge wesentlich reduzierten 3D-Elementen wieder allmählich einsetzt und für die abschließende Dickenkontraktion zu deutlich ansteigenden Druckspannungs-Verformungswerten führt. Auch das Vorhandensein der festen Anschläge konnte die Ausweichbewegungen der Prüflinge während der Druckverformung nicht ausschließen. Lediglich deren Rückführung in ihre Ausgangsposition innerhalb der Entlastungszyklen wurde damit erreicht. Allgemein kann solch horizontales Ausweichen in Z-Richtung während der Druckverformung als Versagensfall des 3D-Gewirkes bezüglich der Anwendungsanforderungen betrachtet werden. Ein Polster wird als wenig komfortabel eingeschätzt, wenn sich bei dessen zunehmender Verformung kein wachsender Widerstand (Druckverformungsspannung) aufbaut.

Bei alternativen Messungen in Anlehnung an DIN EN ISO 2439 [37] konnte zudem festgestellt werden, daß ein sphärisch gelenkig gelagerter Prüfstempel mit fortschreitendem Verformungsweg bei den meisten Prüflingen eine zunehmend geneigte Lage einnimmt, die sich bei Entlastung wieder zu einer annähernd parallelen Position zwischen den Kontaktflächen ausgleicht. Dies kann mit der tatsächlichen Verlagerung der Kraftübertragungsstellen zwischen Prüfstempel und Prüfling im Verformungsbereich des gezwungenen Biegeknickens begründet werden. Auf der konkaven Biegeknickseite der belasteten 3D-Struktur reduziert sich der Druckverformungswiderstand infolge dieser Verlagerung der Kraftübertragungspunkte, während er auf der konvexen Biegeknickseite durch die Anhäufung der 3D-Elemente zunimmt. Die auf der konkaven Biegeknickseite mit ΔM_z tangential anliegenden Längenanteile der verformten 3D-Elemente nehmen nicht am Lastabtrag teil.

Der Gesamtwiderstand der verformten 3D-Struktur verlagert sich insofern, daß sich der Lastaufnahmebereich am 3D-Gewirke unter dem horizontal lagefixierten Lasteinleitebereich des Prüfstempels in Z-Richtung verschiebt. Eine direkte Beeinflussung dieser Lageänderungen zwischen Stempel und Prüfling durch die verwendeten Anschlagleisten konnte nicht registriert werden, wohl aber eine Berührung der gekrümmten 3D-Elemente auf der Seite ihrer konvexen Wölbung.

7.3 Kritik zum Modell

Der allgemeine Ansatz zur Bestimmung des Verformungsdruckes nach Gleichung 5.23 geht von einer durchschnittlichen Verteilung der Druckkraft auf alle lastabtragenden 3D-Elemente aus. Für eine bestimmte Anzahl dieser Elemente wird lediglich deren geneigte Lage in Form von $c(\alpha)$ berücksichtigt, die daraus resultierenden verschiedenen Stablängen der senkrechten und diagonalen 3D-Elemente dagegen nicht. Weiterhin wird im Modell vorausgesetzt, daß jeder Stab unabhängig von den anderen 3D-Elementen seine Verformung ausführen kann.

Mindestens zwei Aspekte sprechen gegen diese modellhaften Annahmen. Spätestens mit Einsetzen des gezwungenen Biegeknickens treffen 3D-Elemente mit ihren entlang der 2D-Elemente schreitenden Krümmungsaustrittspunkten auf andere tangential bereits anliegende Abschnitte von gleichermaßen verformten 3D-Elementen. Durch eine mit zunehmender Verformung anwachsende Zahl derartiger, elementweiser Überschreitungen wird die Formänderung des einzelnen 3D-Elementes nicht ausschließlich von der jeweils unter Last befindlichen Prüflingsdicke sondern auch von der in X-Richtung zunehmenden räumlichen Begrenzung der Verformbarkeit aller unter Last befindlichen 3D-Elemente mitbestimmt. Daraus folgt, daß die Knicklänge der Stäbe bei gezwungenem Biegeknicken im praktischen Fall kleiner ist, als für die Berechnungen angenommen. Hierin liegt eine erste Begründung für die höheren Meßwerte gegenüber den rechnerischen Lösungen.

Grundsätzlich führt die räumliche Nähe der 3D-Elemente stets zum Kontakt derselben untereinander. Jede Formänderung am 3D-Gewirke führt zu Reibung zwischen den einzelnen Elementen, welche durch Arbeit (Druckverformung) ständig zu überwinden ist. Diese Reibungskräfte sind permanent über den Verlauf der Druckverformung vorhanden, da sich die Zahl der verformten Elemente und damit die Anzahl ihrer Berührungsstellen untereinander nicht verringert. Im Modell wurde die Reibung bisher vollkommen vernachlässigt.

Eine nähere Betrachtung der diagonal erstreckten 3D-Elemente im unbelasteten Gewirke verdeutlicht, daß diese nicht einfach, sondern doppelt gekrümmt sind. (Abbildung 60) Bei dieser Art der Verformung handelt es sich um die zweite Eigenform eines Knickstabes. Für die Formänderung in diesem Krümmungszustand ist eine vierfach höhere Knickkraft notwendig als für die Biegeknickung des gleichen Stabes, welcher nach der ersten Eigenform vorgekrümmt ist [49].

Das Modell geht ausschließlich von der ersten Eigenform als Vorkrümmung aller 3D-Elemente aus. Nach der zur Anwendung gebrachten IXI-Bindung befindet sich jedoch mindestens die Hälfte davon, also alle diagonal mit Neigung α erstreckten 3D-Elemente, nicht in diesem Ausgangszustand. Im Verlauf der Druckverformung eines so gestalteten 3D-Gewirkes werden durch die Formänderung der senkrechten 3D-Elemente in einer Wirkzeile, welche in Y-Richtung betrachtet etwa eine Halbzylinderförmige Mantelfläche bilden, die in der Wirkzeile davor befindlichen, diagonal erstreckten, doppelt gekrümmten 3D-Fäden allmählich in eine einfach gekrümmte Form gebracht, die sich als Schraubenlinien mit annähernd gleicher Steigung über dem dahinter anliegenden Halbzylinder abstützen.

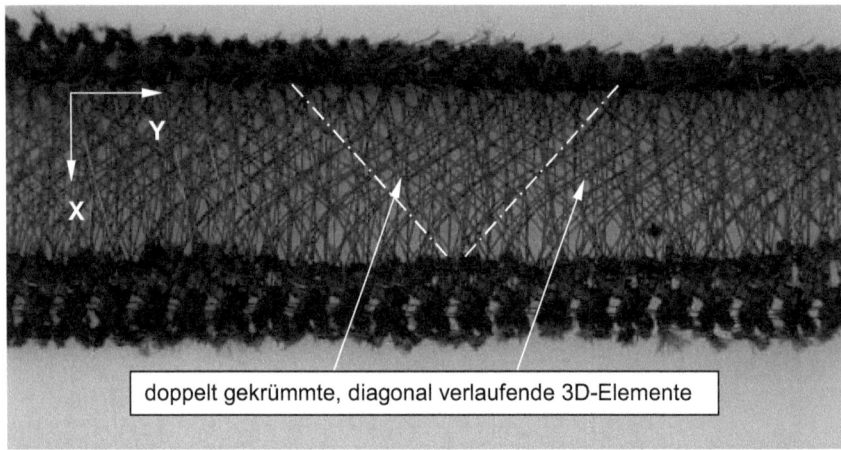

Abbildung 60: 3D-Struktur im X-Y-Querschnitt

Darüber hinaus lassen die Festlegungen zur Fixierung vermuten, daß der Spannungseintrag im Bereich der Maschenausformung der 3D-Elemente nicht vollständig durch die thermische Behandlung ausgeglichen wird, so daß eine geringe Vorspannung der Monofile in der 3D-Struktur zusätzlichen Verformungswiderstand leistet.

Zusammenfassend lassen sich mindestens aus den folgenden vier Punkten die experimentell höheren Druckspannungs-Verformungswerte begründen.

- Reibung zwischen den formverändernden 3D-Elementen
- Räumliche Begrenzung der Formänderung und damit stärkere Reduzierung der Knicklängen im Fall des gezwungenen Biegeknickens
- Höhere Eigenform als Ausgangsbedingung und somit höhere Formänderungskräfte, wobei sich der Einfluß mit zunehmendem Druckverformungsweg verringert
- Durch Maschenausformung der 3D-Elemente resultierende Vorspannung, die durch thermische Behandlung nicht vollständig ausgeglichen wird

Zu ergänzen ist, daß durch die Festlegung der Meßbedingungen auch die Oberflächenspannungen in den 2D-Elementen und geringfügig die Begrenzung der globalen Formänderung des Prüflings mittels Anschlagleisten einen Beitrag zu den höheren Meßwerten liefern.

Insgesamt ist eine Korrektur der theoretischen Kraft-Verformungs-Kennlinie nach Gleichung 5.23 erforderlich, die in Näherung zum praktischen Verlauf der Druckspannungs-Verformungseigenschaften führt und dabei die grundsätzlichen Merkmale berücksichtigt, auf denen der Unterschied zwischen praktischen und theoretischen Ergebnissen begründet werden kann.

7.4 Bestimmung der Korrekturgrößen für die Druckverformungsfunktionen

Es werden hierfür Berechnungen durchgeführt, aus denen unterschieden nach erster und zweiter Eigenform geknickter Stäbe als Ausgangszustand der diagonal erstreckten 3D-Elemente die Ermittlung des Verformungsdruckes eines aus IXI-Elementen bestehenden 3D-Gewirkes folgt. Die mehrheitliche qualitative Übereinstimmung der Meßkurven mit den theoretischen Formänderungsverläufen aus freiem Biegeknicken in das gezwungene nach Fall 2.1 gestattet die Beschränkung der alternativen Berechnungen auf diesen Ansatz mechanischen Verhaltens der 3D-Strukturen.

Es gilt hierbei, daß ein im Winkel α geneigtes 3D-Element ebenfalls eine Verkürzung der Knicklänge erfährt, wenn die Kontraktion in Höhe von $\varepsilon_{qDLastk}$ für die senkrechten 3D-Elemente überschritten wird. Allgemein kommen zur Berechnung der Druckverformungsfunktionen und der Ableitung spezieller Druckspannungs-Verformungswerte (CC_{XX}, CV_{40}) die Gleichungen nach Abschnitt 5.4 und Anlage 7 zur Anwendung, mit der Präzisierung, daß in beiden Fällen der besonderen Berechnungen nach erster und zweiter Eigenform die 3D-Elementlänge im Ausgangszustand $L = FBA / \sin\alpha$ beträgt und für die zweite Eigenform die vierfache Knickkraft als Basisgröße zur Anwendung kommt.

Aus dem Ergebnisvergleich auf Basis des Belastungskoeffizienten $c(\alpha)$ folgt, daß die Berechnungen der Druckspannungs-Verformungswerte nach Gleichung 5.23 zu den beiden präzisierten Berechnungsmethoden, wonach die speziellen Lageorientierungen und Eigenformen der mit Winkel α geneigten 3D-Elemente berücksichtigt werden, als mittlere Größen gelten können. (Anlage 13.2) Qualitative Abweichungen mittels der modifizierten Berechnungsansätze sich auf Grund linear proportionaler Ausgangswerte nicht ergeben. Durch die höhere Knickkraft der zweiten Eigenform nähern sich die Berechnungsergebnisse den Meßwerten an, während die Berechnung nach der ersten Eigenform eine Vergrößerung der Differenz zu den Meßwerten liefert.

Unbedingt gilt, daß die nachfolgenden Ableitungen zum Verformungsverhalten über Durchschnittswerte bei solch vielfältigen Parametervariationen und komplex wirkenden technologischen Einflußgrößen keine statistisch gesicherten Aussagen liefern können. Durch die Verallgemeinerungen soll ein Ansatz gefunden werden, um die praktisch qualitativ bestätigte, theoretische Lösung nach Gleichung 5.23 um Koeffizienten zu erweitern, die in Abhängigkeit strategischer Parametervariationen durch zukünftige Untersuchungen zu präzisieren sind.

Der durchschnittliche relative Vergleich mit den Meßwerten führt zu dem Ergebnis, daß die Meßwerte zu annähernd 35% durch die theoretischen Ergebnisse

- zu Beginn der Formänderung nach der Berechnung mit Anwendung der zweiten Eigenform für gekrümmte, diagonale Stäbe
- im mittleren Druckverformungsabschnitt nach der Methode unter Verwendung des Belastungskoeffizienten $c(\alpha)$ und
- im dritten Verformungsabschnitt nach der Bestimmung durch Annahme der ersten Eigenform für alle gekrümmten 3D-Elemente

erfüllt wird. (Anlage 13.2.5)

Eine Gegenüberstellung mit den Kritikpunkten zum theoretischen Modell läßt zunächst die Schlußfolgerung zu, daß ein Wechsel des Formänderungsverhaltens mindestens für die diagonalen 3D-Elemente stattfindet, welcher im Verformungsverlauf zu einer Abschwächung des Einflußes der zweiten Eigenform führt. Die verbleibende

Differenz zwischen den Mittelwerten aus den Berechnungsmodellen und den Meßwerten folgt aus der Überwindung der Reibung zwischen den 3D-Elementen, die teilweise durch das wechselnde Formänderungsverhalten selbst entsteht, und aus der Erhöhung der Biegeknickkräfte durch die räumlichen Zwänge innerhalb der 3D-Struktur. Außerdem ist ein Anteil der Differenz in den gewählten Meßbedingungen begründet, der sich auf Basis der durchgeführten Versuche jedoch nicht quantifizieren läßt. Dabei ist der Einfluß der Gewirkestruktur, welche die Prüfstempelfläche überragt, höher einzuschätzen als der Einfluß der festen Anschläge zur Begrenzung von Ausweichbewegungen des Prüflings unter Druckbelastung.

In Übertragung auf die Änderung der Druckverformungswerte nach Gleichung 5.23 folgt aus deren relativen Vergleich mit den Meßwerten, daß über den Verformungsgrad einerseits eine geringfügige degressive Korrektur der Funktion erforderlich wird, um einen konstante relative Differenz zu den durchschnittlichen meßtechnischen Druckspannungs-Verformungseigenschaften zu erreichen. Wenn eine solche Korrekturgröße selbst in Beziehung zur Druckverformung stehen soll, so kann der Kehrwert einer Potenz der Dickenkontraktion ε_{qD} unter der Bedingung, daß $\varepsilon_{qD} \neq 0$ ist, diese Forderung erfüllen. Um die verbleibende, absolute Differenz zwischen den berechneten und gemessenen Werten nahezu vollständig auszugleichen, ist andererseits eine Vervielfachung des theoretischen Grundwertes notwendig. Aus der entsprechenden Erweiterung von Gleichung 5.23 folgt daraus:

$$p(\varepsilon_{qD}) = F_S(\varepsilon_{qD}) \cdot c(\alpha) \cdot dP \cdot \frac{v}{\sqrt[w]{\varepsilon_{qD}}}$$

(Gl. 7.1)

Für die vier Musterserien lassen sich die in Tabelle 9 enthaltenen Werte für die Korrekturgrößen v und w finden. Die Ergebnisse zu den Korrekturgrößen lassen die Vermutung zu, daß für diese mindestens eine Abhängigkeit von den Primärparametern, also vom Abschlagbarrenabstand und vom verwendeten Monofildurchmesser im 3D-System besteht.

Tabelle 9: Empirisch ermittelte Korrekturgrößen

Musterserie	Konstante Primärpar.	Konstante Sekundärpar.	V	W
Nr. 1	020_34	_......_.....	1,5.....2	2.....4
Nr. 2	022_34	_......_.....	1.....1,5	3.....4
Nr. 3	022_45	_......45	2,5....3	4
Nr. 4	022_45	_......55	2,5....3	4

8 Ergebnisdiskussion

8.1 Zusammenfassung und Schlußfolgerungen

Die vorliegende Arbeit zeigt auf, daß sich das grundsätzliche Verformungsverhalten von 3D-Gewirken bis zu einem bestimmten Verformungsgrad unter Anwendung der Verformungsmodelle für Biegeknicken allgemein beschreiben läßt. Mit Überschreitung dieses Verformungsgrades sind spezielle Präzisierungen dieser Modelle erforderlich, für die Lösungsweges dargelegt werden, um das Druckspannungs-Verformungsverhalten, wie es von weich-elastischen Polstermaterialen erwartet wird, für die 3D-Gewirkekonstruktionen bestimmen zu können. Zur Berechnung des Verhaltens spezieller Strukturen können technische Vorgaben zur Anwendung kommen, die sich aus Kenngrößen ergeben, welche in Form von Materialkennwerten aus dem Bereich der Faserstofftechnik sowie verfahrenstechnischen Kenngrößen der Wirkerei zur Verfügung stehen. Der funktionelle Anspruch an das Druckspannungs-Verformungsverhalten bildet bei der Konzeption einer 3D-Gewirkekonstruktion für die Anwendung in Polstersystemen die primär zu erfüllende Forderung. Zur Bestimmung der Druckspannungs-Verformungseigenschaften von 3D-Gewirken liefert die vorliegende Arbeit aufbauend auf theoretischen Formänderungsmodellen eine Berechnungsmethode, unter Anwendung derer, erweitert um Korrekturgrößen, welche aus Messungen an realisierten 3D-Gewirkekonstruktionen gewonnen wurden, sich praktisch relevante Materialkenngrößen ermitteln lassen.

Anhand der Analysen herkömmlicher Abstandsgewirke und den daraus abgeleiteten Konstruktionselementen der 3D-Gewirke wird verdeutlicht, daß sich das laterale Ausweichverhalten herkömmlicher Abstandsgewirke in Warenquerrichtung (Y-Richtung) durch die gezielte, gerichtete Einbaulage der lastaufnehmenden 3D-Strukturelemente eliminieren läßt. Im Sinne von Polsteranwendungen ist ein zum Benutzer homogen wirkendes Druckspannungs-Verformungsverhalten gewünscht. Durch differentiell gleichmäßige Verteilung der lastaufnehmenden 3D-Elemente unter Druckbelastung kann diese Forderung mittels der 3D-Gewirke erfüllt werden. Die aus den beschriebenen Methoden resultierende Anordnung und die erforderliche Menge der lastaufnehmenden 3D-Elemente in einem 3D-Gewirkepolster bedingen jedoch, daß ein Ausweichverhalten der textilen Konstruktionen in Z-Richtung unter Druckbelastung nicht durch diagonal in Z-Richtung verlaufende 3D-Elemente verhindert werden kann. Eine zweite Begründung dafür liegt in der verfahrenstechnisch verursachten Vorkrümmung der 3D-Elemente bei ihrer Einbindung in die 2D-Elemente, die stets eine Vororientierung des Formänderungsverhaltens bei anwendungstypischer Belastung zur Folge hat. Um so mehr leitet sich daraus der primäre Anspruch an die Wirktechnologie ab, durch die präzise Einstellung und Einhaltung der zahlreichen Parameter innerhalb dieses Verfahrens eine textile Konstruktion zu fertigen, deren globales Formänderungsverhalten mindestens bei vertikaler Druckbelastung strikt in X-Richtung orientiert bleibt. Die Modelle und die Versuche zur Bestimmung der Druckspannungs-Verformungseigenschaften an den textilen Mustern verdeutlichen, dass es grundsätzliche Zielstellung sein muß, eine geometrische, längsgerichtete Verschiebung gleicher 3D-Elemente zwischen unmittelbar aufeinanderfolgenden, gegenüberliegenden Bindungen (Wirkzeilen) innerhalb der beiden Fertigungsstufen „Wirkerei" und „Thermofixieren" zu vermeiden. Die Möglichkeit für auf 3D-Elemente wirkende Druckkräfte, ein Drehmoment um deren Bindungspunkte in den 2D-Elementen zu entwickeln, muß textiltechnologisch unterbunden werden. Mit den Betrachtungen zum Spannungsverhalten der 3D-Elemente werden zudem die Grenzen der Verformbarkeit der dreidimensionalen Gewirkestrukturen veranschaulicht, wenn polstertypisch dauerelastisches Druck-Verformungs-Verhalten gewährleistet werden soll.

Die Wahl der RR-Bindungen der 3D-Elemente sowie der RL-Bindungen der 2D-Elemente und daraus folgend die optimalen Einstellungen der Fadenbedarfe nehmen einen wesentlichen Einfluß auf die real entstehende Warenlänge und Warenbreite der textilen Oberflächen und somit auf die Geometrie des 3D-Gewirkes. Die Arbeit legt dar, auf welchen speziellen textiltechnischen und textiltechnologischen Vorgaben die Geometrien der regulären, dreidimensionalen Gewirkestrukturen basieren und verdeutlicht den Grad ihrer gegenseitigen Einflußnahme innerhalb der beiden angewendeten Verfahrensschritte. Sämtliche geometrischen Größen der 3D-Gewirkekonstruktionen unterliegen verfahrenstechnisch bedingten Veränderungen. Die aus der Wirkerei allgemein bekannten Einsprünge, die sich bei Thermofixierung unter Anwendung eines Vliestrockners weiter fortsetzen, sind für alle drei Hauptabmessungen eines 3D-Gewirkes gleichsam feststellbar.

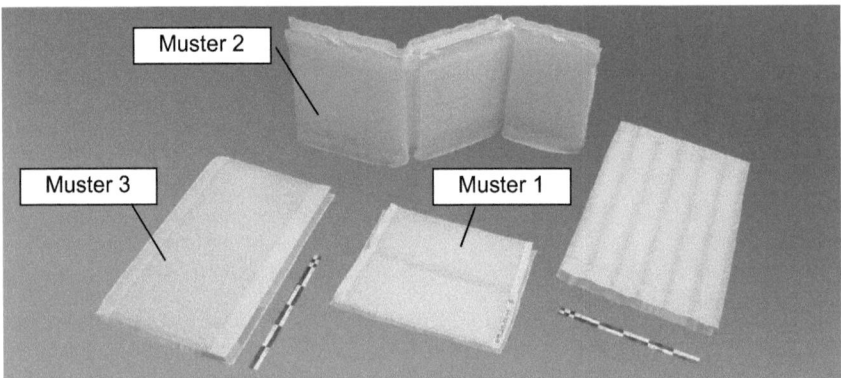

Abbildung 61: Musterbeispiele für reguläre 3D-Gewirke, ausgeführt in einfachen prismatischen Grundformen (Maßstäbe - großes Segment = 5 cm)

Die Breite eines 3D-Gewirkes ergibt sich aus den Festlegungen der Kettfadenzahlen im vollständigen 3D-System und deren Legungsmuster, woraus sich durch partielle Einzüge der im Wirkprozeß kooperierenden Grundlegebarren die Möglichkeiten ableiten lassen, in einer Wirkmaschine nebeneinander einzelne Partien (Gewirkebänder bzw. -stränge) zu fertigen, die durch Bindungswechsel in den 3D-Grund-Legebarren abschnittweise räumlich begrenzte 3D-Gewirkestücke beinhalten. Die Werkstücklängen sind eine Folge der abschnittweisen Wiederholung von 3D-Bindungen durch die dafür verwendbaren Grund-Legebarren. Um die Gleichmäßigkeit der aufeinanderfolgenden Werkstücke zu sichern, wird die Werkstücklänge auf Grundlage der ganzzahligen Wiederholung eines bindungstechnischen Gesamtrapportes konzipiert, der sich aus dem kleinsten gemeinsamen Vielfachen der 3D-Rapporte der Grund-Legebarren ergibt, die zur Herstellung von 3D-Sequenzen verwendet werden. Einfache prismatische Gewirkeformen, die ein gleichmäßiges äußeres Erscheinungsbild in den 2D-Elementen als auch gleiche Druckspannungs-Verformungseigenschaften aufweisen, werden durch häufige Wiederholungen kurzer Gesamtrapporte realisiert. Die Variation von visuellen und funktionellen Eigenschaften führt zu verschieden parametrierten Sequenzen, aus deren Aneinanderreihung sich das textile Werkstück ergibt. Dabei kann jede Sequenz selbst aus der Wiederholung eines dafür spezifischen Gesamtrapportes bestehen. Typische Anwendungsfelder von 3D-Gewirken mit einfachen prismatischen Geometrien sind Sitzmöbelpolster oder Teile von Fahrzeugsitzpolstern. Mit größeren Ausmaßen in Länge und Breite wird ihr Einsatz als Liegepolster oder Matratze möglich. Besonders für letztere hat die Variation funktioneller Eigenschaften in zahlreichen Anwendungen einen hohen Stellenwert.

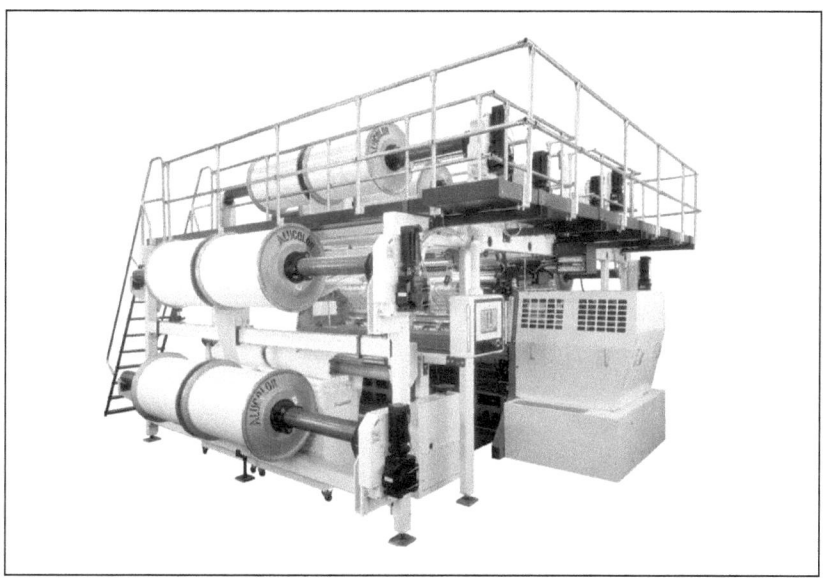

Abbildung 62: RR-Raschel „HighDistance®", Typ HDR 6 EL der Karl Mayer Textilmaschinenfabrik GmbH, Obertshausen

Um den Ansprüchen an Materialien für Hochpolster im allgemeinen und denen der räumlichen Einbaubedingungen im besonderen zu genügen, müssen die 3D-Gewirke in unterschiedlichen Dicken (Abbildung 63) herstellbar sein. Die Dicke der 3D-Gewirke beruht maßgeblich auf dem gewählten Abschlagbarrenabstand.

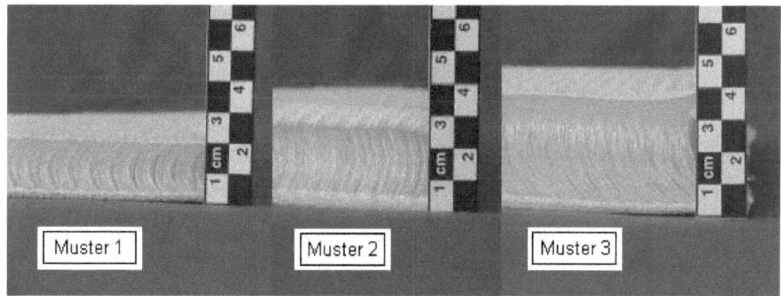

Abbildung 63: verschiedene Dicken der 3D-Gewirkepolster (Musterbezeichnung entsprechend Abbildung 61)

Mit den Einstellmöglichkeiten für den Fräsblechabstand zwischen 20 mm und 65 mm ist ein Arbeitsbereich verfügbar, der für zahlreiche Anwendungen die Herstellung geeigneter regulär gewirkter Hochpolster ermöglicht. Aus der Gewirkedicke als wesentliches Kriterium für die Gebrauchsfähigkeit der 3D-Gewirke in Polsterunterkonstruktionen leiten sich unter Vorgabe der funktionellen und geometrischen Forderungen und Bedingungen gleichzeitig die Parameter der 3D-Elemente und deren wirktechnische Verbindung zur 3D-Struktur ab. Mit den hergeleiteten Algorithmen zur Beschreibung der geometrischen (3.4) und verformungsmechanischen Voraussetzungen und Bedingungen (5.4.4 und 7.4) schafft die vorliegende Arbeit eine erste Grundlage zur technischen Konzeption und Kalkulation von 3D-Gewirken, die als weich-elastische Materialien in Form halbregulärer, voluminöser Werkstücke (Abbildung 61) eine Substitution von Schaumwerkstoffen in diversen Unterpolsterungen möglich werden lassen. Eine neue Generation von Rechts/Rechts-Raschelmaschinen [59] liefert die fertigungstechnischen Voraussetzungen dazu.

Mittlerweile finden solche, als HighDistance® bezeichnete Maschinen vom Typ HDR 6 EL (Abbildung 62) Anwendung zur Herstellung der neuartigen 3D-Gewirke, die unter anderem in aktiv klimatisierten Sitzen für Nutzfahrzeuge (Abbildung 64) oder in innovativen Matratzenkonstruktionen (Abbildung 65) zwei relevante Einsatzgebiete der 3D-Gewirke für voluminöse Unterpolsterungen zu erschließen beginnen.

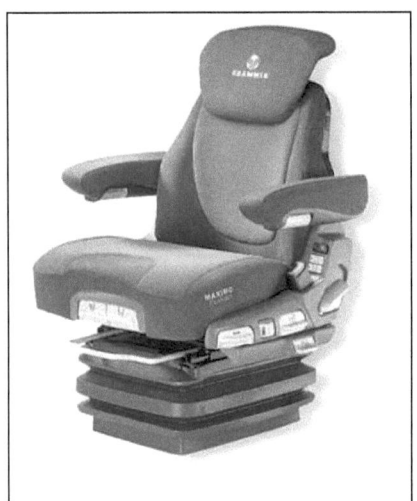
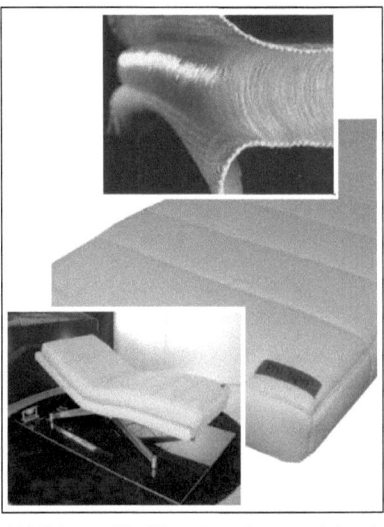

Abbildung 64: Nutzfahrzeugsitz mit aktiv klimatisiertem 3D-Gewirke-Sitzpolster; Modell „Maximo EVOLUTION" der Grammer AG [65]

Abbildung 65: Matratzenkonstruktion basierend auf Hochpolsterung aus 3D-Gewirke; Produkt der Fa. Phi-tφn® [66]

8.2 Ausblick

Der angewendete Vliestrockner mit Klemmung der Gewirkestränge über deren 3D-Dicke hat sich im Verlauf der Arbeiten insofern als kritisch erwiesen, daß mögliche Dickenschwankungen innerhalb einer Partie von 3D-Gewirken unter gleichen Spalteinstellungen des Trockners zu verschiedenen Klemmkräften und damit zu unterschiedlichen Vorspannungen führen, die sich in entsprechender Variation auf das Schrumpfverhalten der einzelnen 3D-Gewirke auswirken. Aktuell werden in diversen Unternehmen Möglichkeiten geprüft und entwickelt, um für den thermischen Veredlungsprozeß technische Bedingungen zu liefern, die eine geometrische Parametrierung von 3D-Gewirkekonstruktionen mit geringeren Schwankungen gewährleisten. Dabei wird vorwiegend auf Thermofixierung im Spannrahmen fokussiert. Neben einer

Verringerung der Spannrahmenbreiten gegenüber herkömmlich verfügbarer Technik werden neue Aufnahmemittel erforderlich, die in Warenlängsrichtung eine deckungsgleiche Zuführung und Arretierung der Gewirkestränge über beide 2D-Systeme in den Randbereichen sicherstellen. Die Betrachtungen zu netzförmigen Abstandsgewirken haben gezeigt, daß die Gewirkedicke auch hier Beanspruchungen ausgesetzt ist, die Formänderungen nach sich ziehen und die daher bei der Einstellung der Querkräfte am Spannrahmen mindestens zu berücksichtigen sein werden.

Die praktische Realisierung einfacher Werkstückgeometrien mit Variation der Funktionalität „Druckspannungs-Verformungseigenschaften" gelingt bereits mit Verwendung nur einer 3D-Grund-Legebarre. Bei zunehmender Komplexität der Werkstückgeometrie, beispielsweise Konturierung von Werkstückflanken in Z-Richtung, verdoppelt sich mindestens die Zahl der erforderlichen 3D-Grundbarren. Allerdings lassen sich, sofern die 3D-Grund-Legebarren ausreichend große Versatzwege fahren können, formgerechte Polsterkonstruktionen fertigen, die zum Beispiel der Geometrie des Gummihaarpolsters nach Abbildung 6 entsprechen. Der Zuschnitt des regulären 3D-Gewirkepolsters aus dem Gewirkestrang erfolgt außerhalb der 3D-Bindungen ausschließlich in den RL-Bindungen der umgebenden 2D-Elemente. (Abbildung 66)

Abbildung 66: Formpolster aus Gummihaar und als reguläres 3D-Gewirke

Da sämtliche geometrische Veränderungen auch zu funktionellen Veränderungen der 3D-Gewirke führen, müssen diese verfahrenstechnischen Einflüsse grundsätzlich in die textiltechnische und- technologische Konzeption eines Drucklast aufnahmefähigen 3D-Gewirkepolsters einfließen.

Insofern sind Arbeiten zur praktischen Korrektur des ermittelten theoretischen Verformungsmodelles auf Basis von Versuchsserien weiterzuführen, um beispielsweise

- die Einflüsse der Variationen von Bindungen der 2D-Elemente im 3D-Gewirke auf die funktionellen Größen zu bestimmen
- die verfahrensbedingten Breiten-, Längen- und Dickenkontraktionen für hauptsächlich verwendete Bindungs- und Materialkombinationen statistisch zu sichern, die als geometrische Einflußgrößen für das funktionelle Design und die Ableitung wirkereitechnologischer, Bauteilgeometrie bestimmender Parameter (Fadenzahlen, Rapportwiederholungen, Maschenlängen, Fadenlieferwerte etc.) benötigt werden

- die empirisch ermittelten Korrekturgrößen mindestens in Abhängigkeit der Primärparameter „3D-Monofildurchmesser" und „Abschlagbarrenabstand" zu präzisieren und statistisch zu sichern
- die Grenzen elastischer Verformung unter statischer Belastung zu bestimmen, damit Versagensfälle durch Überschreiten der Streckgrenze in den 3D-Elementen für diverse Anwendungsbereiche vorherbestimmt und vermieden werden können
- die Veränderungen von Druckspannungs-Verformungseigenschaften unter statisch und dynamisch dauerhaften Beanspruchungen, die für Polsterungen typisch sind, zu untersuchen
- Methoden und Bedingungen zur meßtechnischen Erfassung von Druckspannungs-Verformungseigenschaften der 3D-Gewirke gemäß der gültigen Norm DIN EN ISO 3386-1 [5] zu entwickeln, damit eine Vergleichbarkeit der Materialeigenschaften zu weich-elastischen, polymeren Schaumwerkstoffen möglich wird.

Der wirtschaftliche Erfolg der 3D-Gewirke in Hochpolsteranwendungen wird maßgeblich durch die Anwendungstechnik mitbestimmt. Hierzu gehört nicht nur die Akzeptanz dieser Materialstruktur gegenüber dem allgemein üblichen Einsatz von Schaumwerkstoffen. Neue Mittel und Methoden zur Befestigung der 3D-Gewirke im Hochpolsteraufbau werden voraussichtlich erforderlich. Damit sind Kosten zur Anpassung der Fertigungstechnologien verbunden, die sich im Preis-Leistungsverhältnis widerspiegeln müssen. Die Wirktechnologie kann Unterstützung für die Weiterverarbeitung liefern, indem durch 2D-Sequenzen nicht nur die Schnittführungslinien zur Herauslösung der wirktechnisch geschlossenen, regulären Bauteilstrukturen aus dem Gewirkestrang vorgegeben werden, sondern auch die Herstellung von Nahtverbindungen oder Abspannungen mittels Klammern u.ä. zwischen den Systemkomponenten erleichtert wird. (Abbildung 47) Besonders hohe Anforderungen sind an die Befestigung der 3D-Gewirke im Polsteraufbau gestellt, wenn durch dynamische Beanspruchungen Schubkräfte vom belastenden Objekt auf die Polsterkonstruktionen übertragen werden, die, als Querkräfte in Z-Richtung orientiert, das 3D-Gewirke belasten können.

Das Vermögen der druckelastischen textilen Konstruktionen, die Realisierung klimaphysiologischer Ansprüche maßgeblich zu unterstützen, wird ein zusätzliches, wesentliches Entscheidungskriterium für ihre Verwendung in Polstersystemen sein. Die Faserstofftechnik liefert, und das nicht ausschließlich beschränkt auf PET-Garne, die selbst in verschiedensten Garnarten, -feinheiten und differenzierten Materialeigenschaften vorliegen, die Grundlage für die Entwicklung von Hochpolsterkomponenten auf Basis der 3D-Wirktechnologie, die in sortenreiner Ausführung ein breites funktionelles Produktspektrum in Aussicht stellen.

9 Literatur- und Quellenverzeichnis

[1] Messe Frankfurt GmbH: Techtextil Intenationale Fachmesse für Technische Textilien und Vliesstoffe. Frankfurt am Main: b.team B. Bredestein, 2003; S. 593 ff.

[2] Albrecht, W., Fuchs, H., Kittelmann, W.: Vliesstoffe. Weinheim: WILEY-VCH Verlag, 2000.

[3] Stockmann, P., Molter, M.: Auf die Kettenwirktechnologie bauen. Z. Kettenwirkpraxis. Jg. 35. (2001), Nr. 4, S. 47 ff

[4] Brockhaus-Enzyklopädie. in 24 Bd.. 19. Auflage. Mannheim: F. A. Brockhaus, 1991. Bd. 17, S. 329; Bd. 12, S. 201

[5] DIN EN ISO 3386-1: Bestimmung der Druckspannungs-Verformungseigenschaften. Ausg. 6.1998. Berlin: Beuth-Verlag

[6] Bartels, V. T.: Entwicklung von schwerentflammbaren textilen Flächengebilden für Flugzeugsitze mit verbesserten physiologischen Eigenschaften. Forschungsbericht (AiF-Nr. 12328 N/1), Bönnigheim: Bekleidungsphysiologisches Institut Hohenstein e.V., 2001

[7] Umbach, K.-H.: Physiologischer Sitzkomfort in Kfz. Z. Kettenwirkpraxis. Jg. 34 (2000), Nr. 1, S. 34ff

[8] N.N.: Polsterkunde. Definition Art der Federung. Internetpräsentation Rolf Benz. http://www.raumausstattung.de (2005)

[9] N.N. So liegen Sie richtig. Z. test (2004), Nr. 3, S. 64ff

[10] N.N.: Das Plus an Komfort. Fehrer. Kitzingen: Fehrer - Die Gruppe, (01.2003)

[11] N.N.: Geschnürte Federung: Internetpräsentation: Raumausstatter Braun, http://www.raumbraun.de/schnu1fr.htm (2004)

[12] N.N.: Roviva Matratzenkerne. Internetpräsentation http://www.roviva.ch (2001)

[13] Stockmann, P. Textile Strukturen zur Bewehrung zementgebundener Matrices. Diss., RWTH Aachen Fakultät Maschinenbau, 2002

[14] Erth, H.: Damit der Sitz sitzt. Z. Kettenwirkpraxis Jg. 36 (2002), Nr. 1, S. 15 ff

[15] N.N.: Caliweb Textilien für den Automobilbau. Z. Kettenwirkpraxis. Jg. 34 (2000), Nr. 4, S. 56 ff

[16] Helbig, F.: Grundbausteine zur Flexibilisierung druckelastischer 3D-Gewirke. Abschlußbericht (Reg.-Nr. 246/03), Berlin: Fraunhofer Services GmbH (2005)

[17] Offermann, P., Diestel, O., Cebulla, H.: Polarorthotrop verstärkte Scheibenpreform für die Kunststoffverstärkung. Internetpräsentation: http//www.tu-dresden.de/mw/itb/home1/deutsch/forschung/fvk/gl-gestrick/gl-gestrick.html (2005)

[18] N.N.: Klimaoptimierung durch Spacer fabrics. Z. Kettenwirkpraxis. Jg. 33 (1999), Nr. 3, S. 40

[19] Heide, M., Swerev, M., Schürer, M.: Entwicklung funktioneller Abstandsgewirke mit definiertem druckelastischen Verhalten und Thermoregulation für den medizinischen Bereich. Abschlußbericht (AiF-Nr. 1 ZGB /1, /2 und /3), Greiz, Bönnigheim, Freiberg (2001)

[20] DE 10320533 A1: Rundstrickmaschine, insbesondere zur Herstellung von Abstandsgestricken / Spira Patententwicklungs- und Beteiligungsgesellschaft mbH (DE). Schorlemer, R.,Willmer, R. (18.11.2004)

[21] Schmidt, G. F: Abstands-Kettengewirke ohne und mit Dekorseite für Anwendungen im Automobil. Z. Kettenwirkpraxis Jg. 27 (1993), Nr. 1, S.45

[22] Funke, H.: Die Raschelmaschine. Leipzig: Fachbuchverlag. 1953. S.36f; S.74

[23] N.N.: Abstands-Kettengewirke isolieren, dämpfen und klimatisieren. Z. Kettenwirkpraxis Jg. 27 (1993), Nr. 2, S.54

[24] Bredemeyer, J.: Kettengewirke und Nähgewirke - die Alternative für Schaumstofflaminate in der Automobil-Innenausstattung. Z. Kettenwirkpraxis Jg. 28 (1994), Nr. 1, S. 47ff

[25] N.N.: Abstandsstruktur als Matratzenunterlage. Z. Kettenwirkpraxis Jg. 33 (1999), Nr. 1, S.39

[26] Bredemeyer, J.: Ausrüstung und Anwendung von kettengewirkten Abstandsstrukturen. Z. Kettenwirkpraxis Jg. 30 (1996), Nr. 2, S.59

[27] Heide, M.: Spacer fabrics für die Medizin. Z. Kettenwirkpraxis Jg. 32 (1998), Nr. 4/, S. 51ff

[28] Autorenkollektiv.: Druckentlastung bei Langzeitoperationen. Z. Kettenwirkpraxis Jg. 36 (2002), Nr 1, S.25 ff

[29] Wilkens, C: Raschelgewirkte Abstandsgewirke. Z. Kettenwirkpraxis Jg. 27 (1993) ,Nr. 3, S. 59ff

[30] Goltz, M.: Engineering Workflow auf Basis eines objektorientierten Produktmodells. TU Clausthal: MW-Institutsmitteilung, 2002; Nr. 27

[31] N.N.: Hochelastisches Abstandsgewirk für den Sporteinsatz (mit Musterexemplar). Kettenwirkpraxis Jg. 27 (1993), Nr. 4, S. 93

[32] Titze, N.: Entwicklung von Abstandsgewirken als Schaumersatz für den Einsatz in Automobil-Innenausstattung. Diplomarbeit, Fachhochschule für Technik und Wirtschaft Reutlingen, 1992

[33] Rogler, M., Humboldt, M.: Bindungslehre der Kettenwirkerei. Verlag Melliand Textilberichte Heidelberg, 1969

[34] Blaga, M.: Garnverbräuche bei Kettengewirken vorausbestimmen. Z. Maschenindustrie Jg. 52 (2002), Nr. 8, S.24f

[35] N.N.: Berechnen von Schärdaten, Z. Kettenwirkpraxis Jg. 32 (1998), Nr. 2, S.21 ff

[36] N.N.: Zwei Bauformen, eine Begriffswelt. Z. Kettenwirkpraxis Jg. 38 (2004), Nr. 4, S. 34 f

[37] DIN EN ISO 2439: Weich-elastische polymere Schaumstoffe Bestimmung der Härte (Eindruckverfahren). Ausg. 2.2001. Berlin: Beuth-Verlag

[38] DIN EN ISO 1856: Bestimmung des Druckverformungrestes. Ausg. 3.2001. Berlin: Beuth-Verlag
[39] DIN EN ISO 3385: Polymere Weichschaumstoffe Bestimmung der Ermüdung durch konstante Stoßbelastung. Ausg. 7.1995. Berlin: Beuth-Verlag
[40] DIN EN ISO 5084: Textilien – Bestimmung der Dicke von Textilien und textilen Erzeugnissen. Ausg. 10.1996. Berlin: Beuth-Verlag
[41] DIN 53579-1: Härteprüfung an Fertigteilen. Ausg. 3.1987. Berlin: Beuth-Verlag
[42] DIN 53 577: Bestimmung der Stauchhärte. Ausg. 12.1988. Berlin: Beuth-Verlag. (ersetzt durch [38])
[43] DIN 53 572: Bestimmung des Druckverformungsrestes. Ausg. 11.1986. Berlin: Beuth-Verlag. (ersetzt durch [5])
[44] Weber, K.-P.: Wirkerei und Strickerei. Heidelberg: Verlag Melliand Textilberichte, 1974
[45] Iyer, C., Mammel, B., Schäch, W.: Rundstricken. Bamberg: Meisenbach, 1991
[46] Dubbel-Taschenbuch für den Maschinenbau (20.Aufl.). Berlin Heidelberg New York: Springer-Verlag, 2001
[47] Bobeth, W. (Hrsg.): Textile Faserstoffe. Heidelberg: Springer-Verlag, 1993
[48] Manz, H. R.: Forschung Biegeknicken. www.fhbb.ch
[49] Meister, J.: Nachweispraxis Biegeknicken und Biegedrillknicken. Berlin: Ernst & Sohn Verlag für Architektur und technische Wissenschaften, 2002
[50] INA Wälzlager Schaeffler KG: Technisches Taschenbuch (2. überarb. Auflage). Homburg-Saar: Ermer Saarpfalz Druck, 1990
[51] Helbig, F.: Wirkmaschine zur Herstellung von drucksteifen Abstandstextilien. Abschlußbericht (Reg.-Nr. 221/00), Berlin: Fraunhofer Services GmbH (2002)
[52] Rogowin, Z. A.: Chemiefasern. Stuttgart: Georg Thieme Verlag, 1982
[53] Helbig, F.: Maschine und Verfahren zur Herstellung von Konturenwirkware. Z. Technische Textilien. Jg. 39 (1996), Nr. 3
[54] N.N.: Betriebsanleitung HDR 6-7 DPLM. Obertshausen: Karl Mayer Textilmaschinenfabrik GmbH (1985)
[55] N.N.: Monofilament - Technische Daten. Bobingen: Teijin Group, Teijin Monofilament Germany GmbH (2003)
[56] Greubel, K., Helbig, F., Heinemann, G., Papiernik, W.: Einsatz von Linearantrieben zur Herstellung von Konturenwirkware. ETG-Fachbericht. Nr. 79 (1999), S. 461ff
[57] N.N.: High Distance sieht rot. Z. Kettenwirkpraxis. Jg. 38 (2004), Nr 1, S. 35f
[58] Wilkens, C.: Bindungslehre der Kettenwirkerei, von Maschenbildung bis Maschenbindung. Heusenstamm: U. Wilkens Verlag, 1993
[59] N.N.: Die neue High Distance – um eine 65 mm Nasenlänge im Markt voraus. Z. Kettenwirkpraxis. Jg. 37 (2003), Nr. 3, S. 4f

[60] Prinz, R.: Das Ausrüsten von Abstandsgewirken. Z. Kettenwirkpraxis. Jg. 28 (1994), Nr 4, S. 23

[61] DIN 62050: Maschenstoffe – Darstellungsformen und Patronierung. Ausg. 06.2002. Berlin: Beuth-Verlag.

[62] DE 195 21 443 C2: Verfahren zur Herstellung einer Abstandswirkware sowie danach hergestellte Abstandswirkware / Cetex Chemnitzer Textilmaschinenentwicklung gGmbH (DE). Helbig, F., Reuchsel, D., Vettermann, F. (19.01.2004)

[63] Bundesgesetzblatt: Verordnung über die Überlassung, Rücknahme und umweltverträgliche Entsorgung von Altfahrzeugen (Altfahrzeug-Verordnung – Altfahrzeug V). Teil I Nr. 41, Bonn: 2002,

[64] Helbig, F.: Entwicklungspotentiale für 3D-Gewirke durch CNC-Technik. Bd. Taschenbuch für die Textilindustrie 2002. Berlin: Schiele und Schön GmbH, 2002

[65] Grammer AG: Sitzsysteme und Innenausstattung: Internetpräsentation, grammer.de/produkte/fahrersitze/fahrersitze_ns.html (2005)

[66] Phi-ton: sleeping comfort in the 3rd dimension: Internetpräsentation, http://www.phi-ton.com (2005)

[67] Schimanz, B.: Modellierung und experimenteller Nachweis von Zusammenhängen zwischen Parametern des Vernadelns, der Faseroberfläche und des Porenvolumens von dreidimensionalen Vliesstoffen. Diss., TU Chemnitz Fakultät Maschinenbau, 2004

[68] Fuchs, H., Beier, H., Mehnert, L., Schimanz, B.: Innovative new heat protection textiles for special applications. Z. avr – Allgemeiner Vliesstoff-Report. (2005), Nr. 3, S. 52f

[69] Godau, U.; Diestel, O.; Offermann, P.: Biaxial verstärkte Mehrlagengestricke für die Kunststoffarmierung. Z. Technische Textilien/Technical Textiles Jg. 41, (1998) Nr. 4, S. 202ff

[70] Hong, H. Filho, A. A., Funguerio, R., de Araujo, M. D.: Flachstrickmaschine zur Herstellung dreidimensionaler Gestricke für technische Anwendungen. Z. Melliand Textilberichte Jg. 77 (1996), Nr. 1-2, S. 41 ff

10 Abbildungsverzeichnis

Abbildung 1: geschnürte Federung eines Polstersessels 14
Abbildung 2: Flachpolster eines klassischen Polsterstuhles mit Einlegerahmen 15
Abbildung 3: Parameter und Einflußgrößen des Polsterkomforts 16
Abbildung 4: Geschäumte Formpolster einer PKW-Sitzgarnitur [10] 21
Abbildung 5: Fahrzeugsitz mit Formpolstern aus Gummihaar [10] 21
Abbildung 6: Polstereinlage des Audi A8 Klima-Komfort-Sitzes (Modelljahr 2004); Zuschnitt aus einer 20mm dicken Gummihaarmatte 21
Abbildung 7: Prinzipieller Aufbau eines Abstandstextiles 22
Abbildung 8: Arbeitsstelle einer Rechts/Rechts-Raschelmaschine 25
Abbildung 9: Allgemeine Geometrie eines Abstandsgewirkes (Ansicht 90° gegenüber Abbildung 8 um Y-Achse gedreht) 26
Abbildung 10: Musterkettentrommel 26
Abbildung 11: EL-Antriebe zur Versatzsteuerung von Grund-Legebarren 26
Abbildung 12: Abstandsgewirke mit ca. 6mm Dicke 27
Abbildung 13: 10 mm dickes Abstandsgewirke mit netzförmigen Oberflächenstrukturen 27
Abbildung 14: Allgemeine Fertigungs- und Produktlinien von Abstandsgewirken für Polsteranwendungen 29
Abbildung 15: Meßplatz mit Material-Prüfmaschine „Zwicki" (Herst. Fa. Zwick Roell) 31
Abbildung 16: ebener Legungsplan für RR-Bindungen 36
Abbildung 17: Legungsbilder für GB 1 bis GB 6 (Notationen nach Tabelle 4) 36
Abbildung 18: Schematische Darstellung der Entstehung von Abstandsfadenverbindungen bei einem als RR-Franse gebundenem Abstandsfaden 41
Abbildung 19: Dickenänderung beispielhafter Abstandsgewirke (Anlage 2.2.1) 44
Abbildung 20: Stauchhärte dünner Abstandsgewirke 45
Abbildung 21: Tendenzielles Verhalten der Stauchhärte 46
Abbildung 22: Querschnitt eines Abstandsgewirkes mit $\delta_B \approx 170\%$, $\alpha \approx 60°$, $D_{fix} \approx 11$ mm, $B_{bindg} = 1$ 48
Abbildung 23: Spannungsbogen zwischen zwei miteinander verbundenen Warenbahnen am Auslauf einer Spanntrocken-Fixiermaschine 48
Abbildung 24: prinzipielle Abstandsfadenverläufe in netzartigen Abstandsgewirken . 51
Abbildung 25: Druckspannungs-Verformungskennlinie des netzförmigen Abstandsgewirkes (Dicke ≈ 11mm) 52
Abbildung 26: Querschnitt des Abstandsgewirkes bei 70% Druckverformung 53
Abbildung 27: Querschnitt eines Abstandsgewirkes mit $\delta_B \approx 110\%$, $\alpha \approx 60°$, $D_{fix} \approx 20$ mm, $B_{bindg} = 3$ 54

Abbildung 28: 2D- und 3D-Elemente der 3D-Gewirke 57
Abbildung 29: Schematische Darstellung der Einflußnahme von Wirk- und
Veredlungsverfahren auf das textile Werkstück 58
Abbildung 30: Modellansatz „Knickstäbe" (Seitenansicht eines 3D-Gewirkes) 62
Abbildung 31: mittels Fransenlegung gebundenes 3D-Element mit Aktions- und
Reaktionskräften im ebenen, mechanischen Modell 64
Abbildung 32: Formgebung des senkrechten 3D-Elementes mit $s=s_k$ 66
Abbildung 33: Formänderung am senkrechten 3D-Element mit $s>s_k$ 66
Abbildung 34: entgegengesetzt, diagonal erstrecktes 3D-Element mit Aktions-
und Reaktionskräfte im ebenen, mechanischen Modell 67
Abbildung 35: kombinierte 3D-Elemente mit statischem Modell 69
Abbildung 36: Summen der Stabkraftverläufe unter identischer Belastung F_X 70
Abbildung 37: Verläufe der Belastungskoeffizienten $c_j(\alpha)$ für j=1...4 im Verhältnis
zum Ausgangsmodell mit k=4 72
Abbildung 38: Vergleich der Belastungskoeffizienten einfacher und
kombinierter 3D-Strukturelemente (i = j = 1; i + j = k) 72
Abbildung 39: Biegemoment im allgemeinen freien Biegeknickfall mit $0< s <s_k$ 75
Abbildung 40: Biegemoment-Verlauf im Grenzfall ($s=s_k$) des freien
Biegeknickens ($\beta=180°$) 75
Abbildung 41: Biegemoment-Verlauf nach Fall 2.1 75
Abbildung 42: Biegemoment-Verlauf nach Fall 2.2 75
Abbildung 43: F_S-ε_{qD}-Verläufe aus dem freien Biegeknicken in die
Fallunterscheidungen für gezwungenes Biegeknicken 78
Abbildung 44: Druck- und Biegespannungsanteile gemäß der
Fallunterscheidung für gezwungenes Biegeknicken 79
Abbildung 45: σ-ε_{qD}-Verlauf aus dem freien Biegeknicken in die Fall-
unterscheidungen für gezwungenes Biegeknicken 79
Abbildung 46: Warenfluß des 3D-Gewirkes im Warenabzug der
RR-Raschelmaschine 84
Abbildung 47: 2D-Sequenz mit einseitig eingebundenem 3D-Element 86
Abbildung 48: 2D-Sequenz mit flottierendem 3D-Element 86
Abbildung 49: Schematische Darstellung des einzelnen 3D-Fadenverlaufes 87
Abbildung 50: Räumliches Modell des 3D-(IXI)-Strukturelementes mit darauf
aufbauendem 3D-Gewirkemodell 88
Abbildung 51: Näherungsweiser Fadenverlauf der GB 1; Schußlegung nach
Notation Tabelle 7 91
Abbildung 52: Fadenverlauf der GB 2; offene Franse nach Notation Tabelle 7 92
Abbildung 53: Doppelband-Vliestrockner Santatherm
(Herst. Fa. Cavitec; vormals Santex) 96

Abbildung 54: manuelle Vorlage des 3D-Gewirkestranges am Einlauf des
Vliestrockners 96
Abbildung 55: manuelle Entnahme des 3D-Gewirkestranges nach der
Thermofixierung im Vliestrockner 96
Abbildung 56: 3D-Gewirke-Prüfling vor Messung der Druckspannungs-
Verformungseigenschaften 97
Abbildung 57: CV_{40} –Vergleich bei Variation des Abschlagbarrenabstandes FBA 98
Abbildung 58: CV_{40} –Vergleich bei Variation des Monofildurchmessers d 98
Abbildung 59: CV_{40} –Vergleich bei Variation des Neigungswinkels A 99
Abbildung 60: 3D-Struktur im X-Y-Querschnitt 102
Abbildung 61: Musterbeispiele für reguläre 3D-Gewirke, ausgeführt in einfachen
prismatischen Grundformen (Maßstäbe - großes Segment = 5 cm) . 106
Abbildung 62: RR-Raschel „HighDistance®", Typ HDR 6 EL der Karl Mayer
Textilmaschinenfabrik GmbH, Obertshausen 107
Abbildung 63: verschiedene Dicken der 3D-Gewirkepolster (Musterbezeichnung
entsprechend Abbildung 61) 107
Abbildung 64: Nutzfahrzeugsitz mit aktiv klimatisiertem 3D-Gewirke-Sitzpolster;
Modell „Maximo EVOLUTION" der Grammer AG [65] 108
Abbildung 65: Matratzenkonstruktion basierend auf Hochpolsterung aus
3D-Gewirke; Produkt der Fa. Phi-tφn® [66] 108
Abbildung 66: Formpolster aus Gummihaar und als reguläres 3D-Gewirke 109

11 Anlagen

Anlagenverzeichnis

Anlage 1	Allgemeine Herstellungsverfahren von Polstermaterialien	121
Anlage 2	Tabellen zu bemusterten Abstandsgewirken bis 10 mm Dicke	122
Anlage 2.1	Relevante Musterdaten zur Auswertung nach [32]	122
Anlage 2.2	Spezielle Geometriedatenauswahl und -ermittlung	123
Anlage 2.2.1	Änderungen der Gewirkedicke	123
Anlage 2.2.2	Diagonale Erstreckung der Abstandsfäden	124
Anlage 2.3	Musterdaten von ausgewählten Abstandsgewirken verschiedenen Ursprungs	126
Anlage 3	Abstandsgewirke mit netzartigen Grundflächen	127
Anlage 3.1	Bindungen der Abstandsgewirke mit netzartigen Grundflächen	127
Anlage 3.2	Geometrische Effekte infolge Warenquerdehnung	128
Anlage 3.2.1	Beziehung von Dickenkontraktion und Querdehnung	128
Anlage 3.2.2	Beziehung von Längenkontraktion und Querdehnung	129
Anlage 3.3	Druckspannungs-Verformungsverhalten	130
Anlage 3.3.1	Netzartiges Abstandsgewirke ca. 10 mm dick	130
Anlage 3.3.2	Netzartige Abstandsgewirke ca. 20 mm dick	131
Anlage 4	Wirkereispezifische Basisparameter	132
Anlage 5	Mechanische Modelle zur 3D-Konstruktion	133
Anlage 5.1	Statik der 3D-Elemente in symmetrischer, diagonaler Erstreckungslage	133
Anlage 5.2	Statik des kombinierten 3D-Strukturelementes	134
Anlage 6	Präzisierung der Berechnungsgrundlage für die Bestimmung des Krümmungsstiches z an ebenen Kreissegmenten	135
Anlage 7	Algebra der Kraft-, Spannungs- und Druck-Kontraktions-Verläufe	136
Anlage 8	Übersicht zu den verfahrensspezifischen Parametern	137
Anlage 9	Kenndaten verwendeter Garne	138
Anlage 9.1	Datenblatt der PET-Multifilamet-Garne	138
Anlage 9.2	Kenndaten der PET-Monofilamente	139
Anlage 10	FZ-Wert-Berechnungen	140
Anlage 11	Verfahrensbedingte Geometrieänderungen	141
Anlage 11.1	Änderung der drei Hauptabmessungen – Musterserie 1	141
Anlage 11.2	Änderung der drei Hauptabmessungen – Musterserie 2	142
Anlage 11.3	Änderung der Hauptabmessungen – Musterserie Nr. 3 und Musterserie Nr.4	143

Anlage 12	Meßprotokolle der Druckspannungs-Verformungseigenschaften	146
Anlage 12.1	Meßprotokolle zur Musterserie Nr. 1	146
Anlage 12.2	Meßprotokolle zur Musterserie Nr. 2	152
Anlage 12.3	Meßprotokolle zur Musterserie Nr. 3	158
Anlage 12.4	Meßprotokolle zur Musterserie Nr. 4	165
Anlage 13	Ergebnisvergleich	172
Anlage 13.1	Gegenüberstellung der Meßwerte mit den theoretischen DSVE nach Gl. 5.23 sowie nach Korrektur gemäß Gl. 7.1	172
Anlage 13.1.1	Tabellen zu Musterserie Nr. 1	172
Anlage 13.1.2	Tabellen zu Musterserie Nr. 2	178
Anlage 13.1.3	Tabellen zu Musterserie Nr. 3	184
Anlage 13.1.4	Tabellen zu Musterserie Nr. 4	191
Anlage 13.2	Relativer Vergleich der berechneten Druckspannungs-Verformungswerte mit den Meßwerten	198
Anlage 13.2.1	Vergleichsliste Musterserie Nr. 1	198
Anlage 13.2.2	Vergleichsliste Musterserie Nr. 2	199
Anlage 13.2.3	Vergleichsliste Musterserie Nr. 3	200
Anlage 13.2.4	Vergleichsliste Musterserie Nr. 4	201
Anlage 13.2.5	Zusammenfassender Vergleich der Musterserien Nr. 1 – 4	202

Anlage 1   Allgemeine Herstellungsverfahren von Polstermaterialien

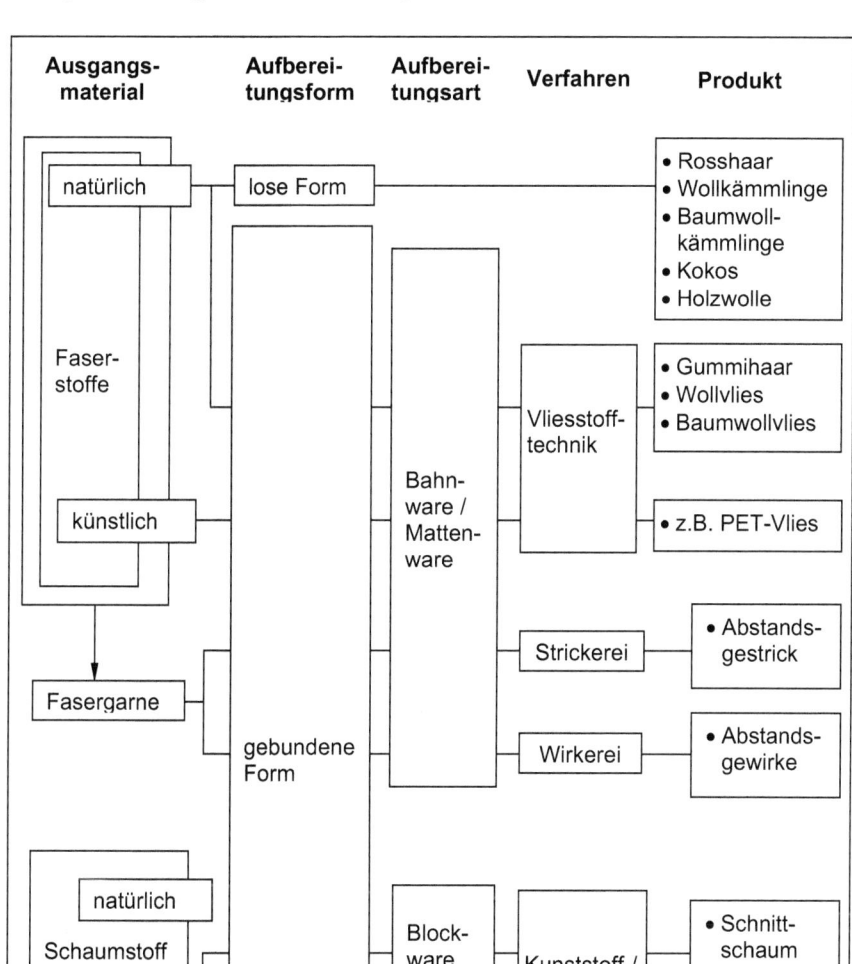

Abbildung A 1: Form und Art der Aufbereitung typischer Materialien für Unterpolsterungen

Anlage 2   Tabellen zu bemusterten Abstandsgewirken bis 10 mm Dicke

Anlage 2.1   Relevante Musterdaten zur Auswertung nach [32]

Tabelle A 1:   Übersicht verwendeter Meßdaten zu dünnen Abstandsgewirken [32]

Grundbindungen	Charmeuse (vorn und hinten)
Nadelfeinheit	22 E
Abstandsfadenmaterial	Polyester
Einzug	zweisystemig – jeweils 1 voll – 1leer ergänzend zu vollem Einzug
Art der Legung der Abstandsfadensysteme	gegenlegig

Ttex Abstandsfaden	dtex 33 f 1							
Bindungsbreite [Anz. Nadelteilungen]	3							
Musterbez.	AW21	AW11	AW13	AW22	AW22/1	AW12	AW26	AW23	AW14
FBA [mm]	2	2	3	4	4	5	6	6	7
Dicke [mm]	2,1	2,4	3,9	3,5	3,7	3,4	5,1	5,3	5,9
Stauchhärte [kPa]	16,56	9,03	6,29	6,48	7,64	3,93	4,67	5,36	2,15
Druckverformungsrest [%]	46	32,2	35	29,9	46	29,9	28	47	34,4

Ttex Abstandsfaden	dtex 53 f 1						
Bindungsbreite [Anz. Nadelteilungen]	3			5		7	
Musterbez.	AW15	AW16	AW17	AW35	AW19	AW18	AW36
FBA [mm]	2	3	7	10	12	12	12
Dicke [mm]	2,9	3,2	5,5	7,4	9,1	8,8	9,2
Stauchhärte [kPa]	21,91	19,1	11,59	4,01	7,25	4,07	7,84
Druckverformungsrest [%]	41,2	31,3	30	22	29,3	26	28,2

Ttex Abstandsfaden	dtex 69 f 1	
Bindungsbreite [Anz. Nadelteilungen]	3	
Musterbez.	AW30	AW32
FBA [mm]	5	8
Dicke [mm]	3,6	6,7
Stauchhärte [kPa]	15,98	6,36
Druckverformungsrest [%]	29,7	22,5

Anlage 2.2 Spezielle Geometriedatenauswahl und -ermittlung

Anlage 2.2.1 Änderungen der Gewirkedicke

Tabelle A 2: Vergleich zwischen gewählten Fräsblecheinstellungen und resultierenden Gewirkedicken (fixiert) / geordnet nach Feinheit und Bindungsbreite der Abstandsfäden

Bindungsbreite	über 3 Nadeln					
Fadenfeinheit	dtex 33 f 1					
Musterbezeichnung	AW 22	AW 22/1	AW 12	AW 23	AW 26	AW 14
FBA [mm]	4	4	5	6	6	7
Dicke [mm]	3,5	3,7	3,4	5,3	5,1	5,9

Bindungsbreite	über 3 Nadeln		
Fadenfeinheit	dtex 69 f 1		
Musterbezeichnung		AW 30	AW 32
FBA [mm]		5	8
Dicke [mm]		3,6	6,7

Bindungsbreite	über 5 Nadeln			
Fadenfeinheit	dtex 53 f 1			
Musterbezeichnung		AW 17	AW 35	AW 19
FBA [mm]		7	10	12
Dicke [mm]		5,5	7,4	9,1

Bindungsbreite	über 7 Nadeln		
Fadenfeinheit	dtex 53 f 1		
Musterbezeichnung		AW 18	AW 36
FBA [mm]		12	12
Dicke [mm]		8,8	9,2

Tabelle A 3: Auswahlliste für Darstellung Abbildung 19 (Kap. 4.1.2)

		Muster-Auswahlliste			Absolutwerte Dicke [mm]			Relative Änderung ε_{qD} [%]		
Ttex-Abstandsfaden		dtex 33 f 1	dtex 53 f 1	dtex 69 f 1	dtex 33 f 1	dtex 53 f 1	dtex 69 f 1	dtex 33 f 1	dtex 53 f 1	dtex 69 f 1
FBA [mm]	4	AW22/1			3,7			8%		
	5	AW12	AW30		3,4	3,6		32%	28%	
	6	AW23			5,3			12%		
	7	AW14		AW17	5,9		5,5	16%		21%
	8		AW32			6,7			16%	
	9									
	10		AW35			7,4			26%	
	11									
	12		AW19			9,1			24%	

Anlage 2.2.2 Diagonale Erstreckung der Abstandsfäden

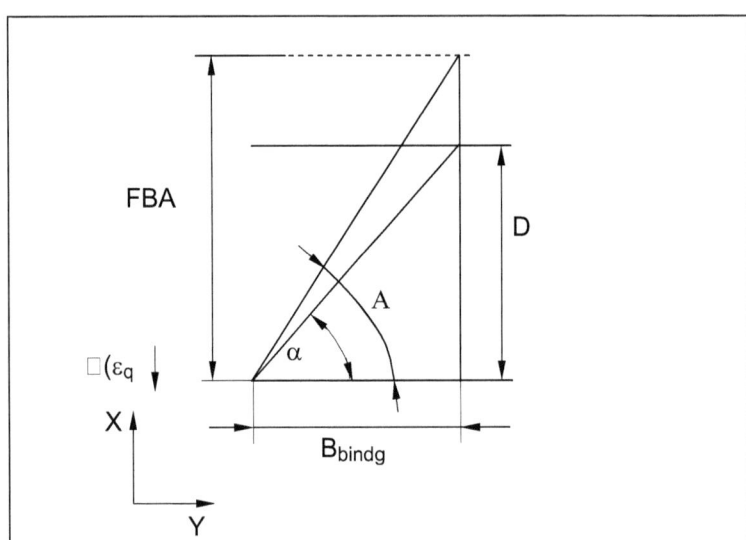

Abbildung A 2: Änderung der geneigten Lage von Abstandsfäden (A–α) durch technologisch bedingte Unterschiede zwischen Gewirkedicke und gewähltem Fräsblechabstand (FBA)

Theoretischer Neigungswinkel:

$$A = \arctan\left(\frac{FBA \cdot E}{B_{bindg} - 1}\right) \quad \text{(Gl. A.1)}$$

Resultierender Neigungswinkel innerhalb der Gewirkekonstruktion auf Grund der Dickenkontraktion:

$$\alpha = \arctan\left(\frac{D \cdot E}{B_{bindg} - 1}\right) \quad \text{(Gl. A.2)}$$

Tabelle A 4: theoretische und resultierende Abstandsfadenneigungen der dünnen Abstandsgewirke nach Tabelle A 1

B_{bindg} Abstandsfaden	3	3	3	3	3	3	3	3	3
Ttex Abstandsfaden	dtex 33 f 1								
Muster (nach Dicke geordnet)	AW21	AW11	AW12	AW22	AW22/1	AW13	AW26	AW23	AW14
FBA [mm]	2	2	5	4	4	3	6	6	7
theoretische Neigung A=f(FBA)	30	30	55	49	49	41	60	60	64
Dicke [mm]	2,1	2,4	3,4	3,5	3,7	3,9	5,1	5,3	5,9
resultierende Neigung α=f(D)	31	35	44	45	47	48	56	57	60
B_{bindg} Abstandsfaden	3	3	5	5	7	5	7		
Ttex Abstandsfaden	dtex 53 f 1								
Muster (nach Dicke geordnet)	AW15	AW16	AW17	AW35	AW18	AW19	AW36		
FBA [mm]	2	3	7	10	12	12	12		
theoretische Neigung A=f(FBA)	30	41	50	60	56	64	56		
Dicke [mm]	2,9	3,2	5,5	7,4	8,8	9,1	9,2		
resultierende Neigung α=f(D)	40	43	44	52	47	58	49		
B_{bindg} Abstandsfaden	3	3							
Ttex Abstandsfaden	dtex 69 f 1								
Muster (nach Dicke geordnet)	AW30	AW32							
FBA [mm]	5	8							
theoretische Neigung A=f(FBA)	55	67							
Dicke [mm]	3,6	6,7							
resultierende Neigung α=f(D)	46	63							

Anlage 2.3   Musterdaten von ausgewählten Abstandsgewirken verschiedenen Ursprungs

Tabelle A 5: Doppelrascheltechnik und beispielhafte Abstandsgewirke

Artikel Nr.	Maschinentyp	erforderl. GB-Anzahl insges./ Pol	Teilung	FBA	Gewirkedicke	Polfadengarn	Quelle
308/93 – RP6/01019	RD 6 DPLM 12-3	6 / 2	E 22	k. A.	ca. 4 mm	Polyester dtex 30 f1	[30]
Demo R/0176	RD 6 DPLM	5 / 1	E 16	k. A.	ca. 6 mm	Polyester dtex 238 f1	Fa. Karl Mayer Textilmaschinenfabrik Obertshausen
Demo R/0180		6 / 1	E 16	k. A.	ca. 7 mm	Polyester dtex 954 f1	
2000/504	RD 7 DPLM 12-3	7 / 2	E 22	4,0 mm	ca. 5 mm	PA dtex 33 f1	
Demo 1164	RD 6 N	4 / 1	E 22	k. A.	6,5 mm	PA dtex 33 f1	
172/2000		6 / 2	E 28	4,5 mm	ca. 3,5 mm	Polyamid 6 dtex 33 f1	
67/2002	RD 4 N EL	4 / 1	E 32	5,5 mm	ca. 5 mm	Polyester dtex 66 f4	
210/2001	RD 6 EL	5 / 2	E 22	5 mm	ca. 3,5 mm	Polyester dtex 33 f1	
205/2001		5 / 2	E 22	5 mm	ca. 4 mm	Polyester dtex 33 f1	
Art.14970	RD 6 N	5 / 1	E 22	4,5 mm	k. A.	Polyester dtex 50 f1	[19]
Art.15991		6 / 2	E 22	10 mm	k. A.	Polyester dtex 50 f1 / Polyester dtex 50 f40	[19]
Art.17991		6 / 2	E 22	4,5 mm	k. A.	Polyester dtex 50 f1 / CV 84 f 31	[19]
Art.22991		6 / 2	E 22	5 mm	k. A.	Polyester dtex 50 f1 / Polyester dtex 50 f40	[19]

Anlage 3   **Abstandsgewirke mit netzartigen Grundflächen**

Anlage 3.1   **Bindungen der Abstandsgewirke mit netzartigen Grundflächen**

Tabelle A 6:   typische Notation netzartiger 3D-Gewirke mit Dicke ca. 10 mm

Maschen-reihe	Einbindung / Überlegung	Legebarren					
	Einzug	1voll / 1leer	voll	voll	leer	voll	1voll / 1leer
		GB1	GB2	GB3	GB4	GB5	GB6
1	vorn	0 0	0 1	1 0		1 1	3 3
1	hinten	0 0	1 1	0 1		1 0	3 3
2	vorn	2 2	1 0			0 0	1 1
2	hinten	2 2	0 0			0 1	1 1
3	vorn	0 0					3 3
3	hinten	0 0					3 3
4	vorn	2 2					1 1
4	hinten	2 2					1 1
5	vorn	1 1					2 2
5	hinten	1 1					2 2
6	vorn	3 3					0 0
6	hinten	3 3					0 0
7	vorn	1 1					2 2
7	hinten	1 1					2 2
8	vorn	3 3					0 0
8	hinten	3 3					0 0
9	vorn	1 1					2 2
9	hinten	1 1					2 2
10	vorn	2 2					1 1
10	hinten	2 2					1 1

Anlage 3.2 Geometrische Effekte infolge Warenquerdehnung

Anlage 3.2.1 Beziehung von Dickenkontraktion und Querdehnung

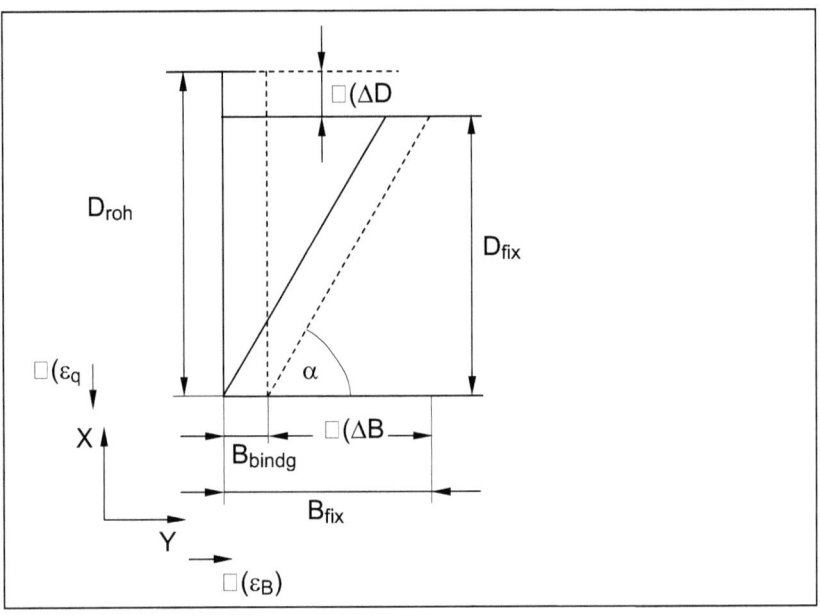

Abbildung A 3: geometrische Änderungen am Querschnitt des offenen, netzartigen 3D-Gewirkes durch Querdehnung (B_{bindg} =1)

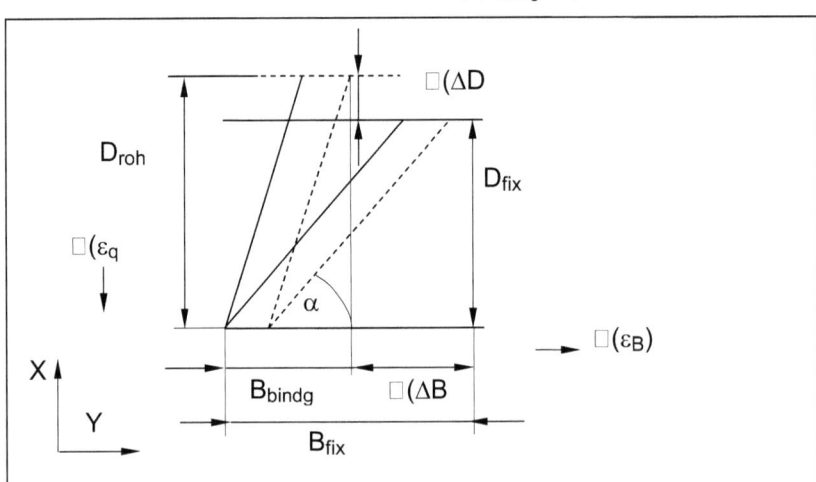

Abbildung A 4: geometrische Bedingungen für B_{bindg} >1

Anlage 3.2.2 Beziehung von Längenkontraktion und Querdehnung

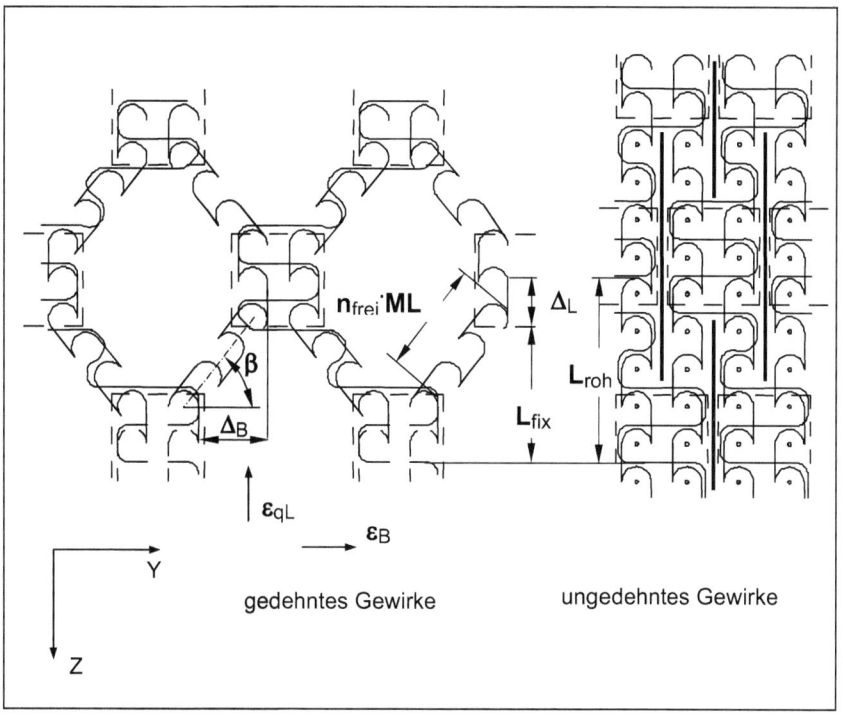

Abbildung A 5: geometrische Änderungen der Gewirkeoberfläche des offenen, netzartigen 3D-Gewirkes durch Querdehnung

Anlage 3.3 Druckspannungs-Verformungsverhalten

Anlage 3.3.1 Netzartiges Abstandsgewirke ca. 10 mm dick

Meßprotokoll – Einzelmessung
DIN EN ISO 3386 Teil 1+2
07/1998 Bestimmung der Druckspannungs-Verformungseigenschaften

Parametertabelle:

Verarb.zustand	: gedehnt $\varepsilon_B \approx 1,7$ / fixiert
Bindung GB 1/GB 2	: Franse / Schuß – $n_{Rapp}=10$
Bindung GB 5/GB 6	: Franse / Schuß – $n_{Rapp}=10$
3D-Bindung GB 3	: 1 - 0 - 1 - 0 //
3D-Bindung GB 4	: leer
sim. Einb-Sit.	: freie Auflage
Norm abw. Messung	: Prüflingsoberfläche > Prüfkörper
Bemerkung	: Ausschließlich vertikaler Lastabtrag

Ergebnisse:

Legende	Nr.	Probenhöhe mm	CV_{40} kPa	CC_{25} kPa	CC_{50} kPa	CC_{65} kPa
	A0	10,90	22,21	13,32	25,15	31,82

Seriengrafik:

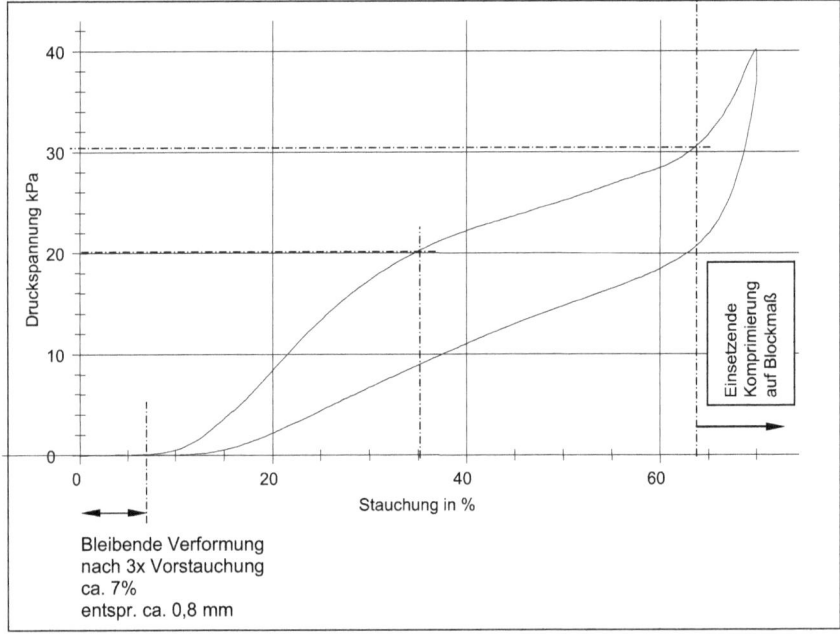

Abbildung A 6: Druckspannungs-Verformungs-Diagramm

Anlage 3.3.2 Netzartige Abstandsgewirke ca. 20 mm dick

Meßprotokoll – Einzelmessungen
DIN EN ISO 3386 Teil 1+2
07/1998 Bestimmung der Druckspannungs-Verformungseigenschaften

Parametertabelle:

Verarb.zustand	:	gedehnt / fixiert Dehnung
Bindung GB 1/GB 2	:	Franse / Schuß – n_{Rapp}=10
Bindung GB 5/GB 6	:	Franse / Schuß – n_{Rapp}=10
sim. Einb.-Situation	:	freie Auflage
Norm abw. Messung	:	Prüflingsfläche > Prüfkörper
Bemerkung	:	kein horizontales Ausweichen

Ergebnisse:

Legende	Nr.	Code	Probenhöhe mm	ε_B	α	CV_{40} kPa	CC_{25} kPa	CC_{50} kPa	CC_{65} kPa
——	A1	025_20_13_UL3	20,23	≈1,1	≈56°	13,48	6,39	18,50	25,10
– – –	A2	025_20_11_UL1	19,06	≈1,8	≈72°	9,28	6,78	10,41	12,30
——	A3	022_20_13_UL3	22,28	≈1,1	≈59°	7,89	4,54	10,27	15,14

Seriengrafik:

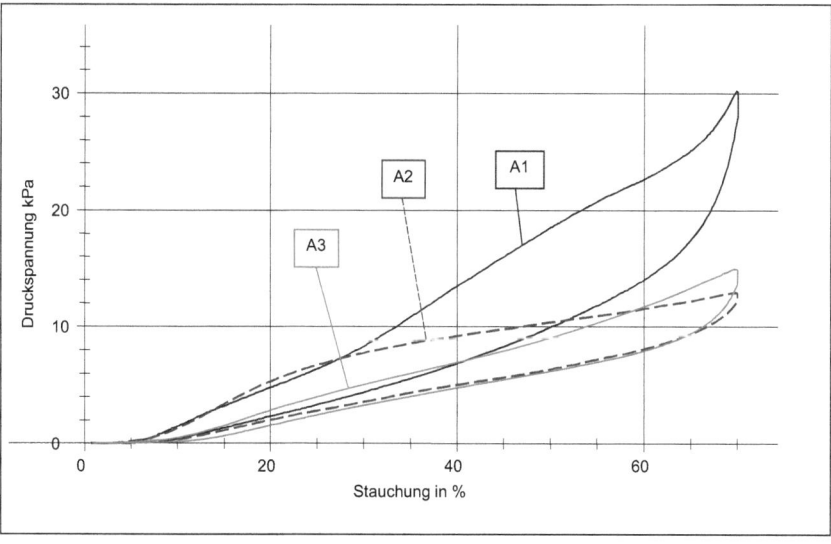

Abbildung A 7: Druckspannungs-Verformungs-Diagramm

Anlage 4 Wirkereispezifische Basisparameter

Tabelle A7: Bewertung der verfahrensspezifischen Parameter bezüglich ihres Einflusses auf die Druckspannungs-Verformungseigenschaften

	Konstruktionselement (OG)		OG1: 2D-Element		OG2: 3D-Element	Summe UM-Wertigkeit	Summe OG-Wertigkeit	Summe DSVE-Wertigkeit
	DSVE-Wichtung der OG		1		2			
	Produkteigenschaft (UM)		UM 1 Länge	UM 2 Breite	UM 3 Dicke			
TECHNISCHE PARAMETER	Abschlagbarrenabstand		0	0	5	5	5	**10**
	Anzahl 3D-Legebarren		1	2	2	5	3,5	5,5
	Anzahl 2D-Grundlegebarren je NB		2	2	1	5	3	4
	Nadelteilung (Feinheit)		1	4	1	6	3,5	4,5
TECHNOLOGISCHE PARAMETER	Maschenlänge		5	2	2	9	5,5	**7,5**
	Legung / Bindung	2D-Grund-Legebarren	2	2	1	5	3	4
		3D-Grund-Legebarren	1	1	3	5	4	7
	Fadenanzahl / Einzug	2D-Grund-Legebarren	3	4	1	8	4,5	5,5
		3D-Grund-Legebarren	1	2	3	6	4,5	**7,5**
	Fadenlieferwerte (FZ-Werte)	2D-Grund-Legebarren	3	3	1	7	4	5
		3D-Grund-Legebarren	1	1	2	4	3	5

Anlage 5 Mechanische Modelle zur 3D-Konstruktion

Anlage 5.1 Statik der 3D-Elemente in symmetrischer, diagonaler Erstreckungslage

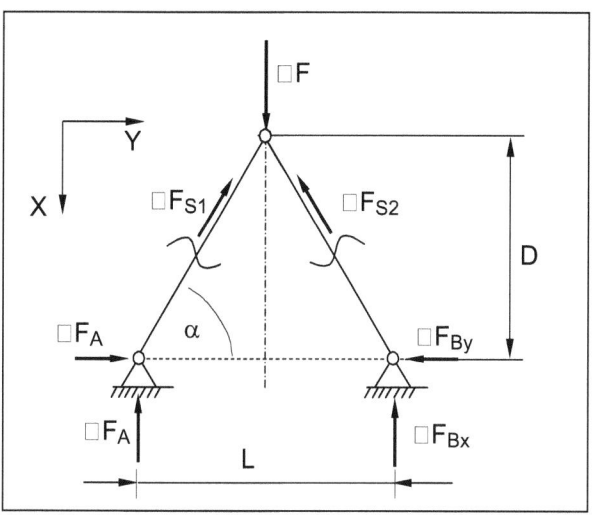

Abbildung A 8: Stabtragwerk mit symmetrisch, diagonal erstreckten Trägern

Lagerkräfte

$$F_{Ax} = F_{Bx} = \frac{F_X}{2} \quad \text{(Gl. A.3)}$$

$$F_{Ay} = F_{By} = \frac{F_X}{2 \cdot \tan(\alpha)} \quad \text{(Gl. A.4)}$$

Grenzwerte der Lagerkräfte $F_{A,By}$

$$\lim_{\alpha \to 0} F_{Ay} = \lim_{\alpha \to 0} F_{By} = \infty \quad \text{(Gl. A.5)}$$

$$\lim_{\alpha \to \frac{\pi}{2}} F_{Ay} = \lim_{\alpha \to \frac{\pi}{2}} F_{By} = 0 \quad \text{(Gl. A.6)}$$

Stabkräfte

$$F_{S1} = F_{S2} = F_S = \frac{-F_X}{2 \cdot \sin(\alpha)} \quad \text{(Gl. A.7)}$$

Grenzwerte der Stabkräfte F_S

$$\lim_{\alpha \to 0} F_S = -\infty \quad \text{(Gl. A.8)}$$

$$\lim_{\alpha \to \frac{\pi}{2}} F_S = \frac{-F_X}{2} \quad \text{(Gl. A.9)}$$

Anlage 5.2 Statik des kombinierten 3D-Strukturelementes

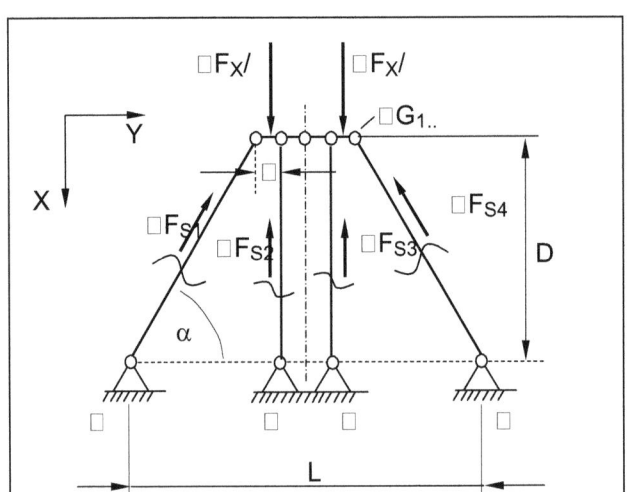

Abbildung A 9: Statisch bestimmtes Ersatzmodell (Basismodell: Stabtragwerk mit diagonalen und senkrechten, im gemeinsamen Gelenkpunkt G verbundenen Stäben; Abbildung 34)

Stabkräfte:

$$F_{S1} = F_{S4} = \frac{-F_X}{4 \cdot \sin(\alpha)}$$ (Gl. A.10)

$$F_{S2} = F_{S3} = \frac{-F_X}{4}$$ (Gl. A.11)

Stabkraftgrenzwerte der diagonalen Stäbe:

$$\lim_{\alpha \to 0} F_{S1} = \lim_{\alpha \to 0} F_{S4} = -\infty$$ (Gl. A.12)

$$\lim_{\alpha \to \frac{\pi}{2}} F_{S1} = \lim_{\alpha \to \frac{\pi}{2}} F_{S4} = \frac{-F_X}{4}$$ (Gl. A.13)

Anlage 6   Präzisierung der Berechnungsgrundlage für die Bestimmung des Krümmungsstiches z an ebenen Kreissegmenten

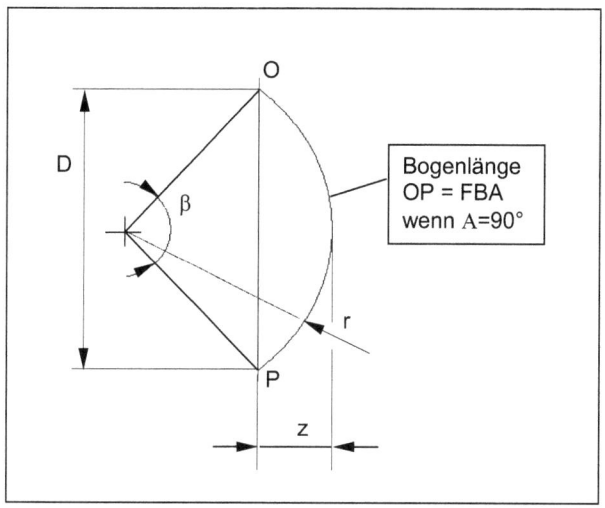

Abbildung A 10:   Allgemeine Geometrie der ebenen Krümmung

Allgemein gilt nach [50]:

$$r \approx \sqrt{\frac{3 \cdot (FBA^2 - D^2)}{16}}$$

(Gl. A.14)

Im speziellen Fall für $\beta = 180°$ gilt:

$$D = 2 \cdot r = \frac{2 \cdot FBA}{\pi}$$

(Gl. A.15)

Durch Einsetzen von Gl. A.15 in Gl. A.14 sowohl für Krümmungsradius r als auch für Gewirkedicke D folgt daraus:

$$1 \approx \sqrt{\frac{3 \cdot (\pi^2 - 4)}{16}}$$

(Gl. A.16)

Zur Präzisierung der Näherungsgleichung Gl. A.16 wird der numerische Anteil, der im Zähler des aus Gl. A.14 stammenden Quotienten enthalten ist, als unbekannt angenommen:

$$1 = \sqrt{\frac{k \cdot (\pi^2 - 4)}{16}}$$

(Gl. A.17)

woraus durch Auflösung nach k folgt:

$$k = \frac{16}{(\pi^2 - 4)}$$

(Gl. A.18)

$k \approx 2{,}7259$

Anlage 7 **Algebra der Kraft-, Spannungs- und Druck-Kontraktions-Verläufe**

Tabelle 8: Gleichungen zur Bestimmung der Kraft-, Spannungs- und Druck-Kontraktions-Verläufe

	FALL 1 Freies Biegeknicken $\varepsilon_{qD0} \leq \varepsilon_{qD} \leq \varepsilon_{qDLastk}$	FALL 2 Gezwungenes Biegeknicken $\varepsilon_{qD} > \varepsilon_{qDLastk}$	
Fallunterscheidung		Fall 2.1 veränderliche Knicklänge	Fall 2.2 konstante Knicklänge
Allgemeine Anfangsbedingung		$z_0 = FBA \sqrt{\dfrac{2.7259}{16} \varepsilon_{qD0}(2-\varepsilon_{qD0})}$ (n. Gl. 5.16)	
Fallspezifische geometrische Bedingungen	$l_K = FBA$ $z(\varepsilon_{qD}) = FBA \sqrt{\dfrac{2.7259}{16} \varepsilon_{qD}(2-\varepsilon_{qD})} \left(1 - \sqrt{\dfrac{\varepsilon_{qD0}(2-\varepsilon_{qD0})}{\varepsilon_{qD}(2-\varepsilon_{qD})}}\right)$	$l_K = \dfrac{\pi}{2} FBA (1-\varepsilon_{qD})$ $z(\varepsilon_{qD}) = \dfrac{FBA}{2}(1-\varepsilon_{qD})$	$l_K = FBA$ $z(\varepsilon_{qD}) = \dfrac{FBA}{4}\left(4 - \pi + \pi \cdot \varepsilon_{qD} - 2\varepsilon_{qD}\right)$
F_S-ε_{qD}-Verlauf (Stabkraft-Kontraktions-Verlauf)	$F_S(\varepsilon_{qD}) = \dfrac{J \pi^2 M E}{FBA^2}\left(1 - \sqrt{\dfrac{\varepsilon_{qD0}(2-\varepsilon_{qD0})}{\varepsilon_{qD}(2-\varepsilon_{qD})}}\right)$	$F_S(\varepsilon_{qD}) = \dfrac{4 F_{Sk}}{\pi^2 (1-\varepsilon_{qD})^2}$ mit $F_{Sk} = F_S(\varepsilon_{qDLastk})$ (n. Gl. 5.17)	$F_S(\varepsilon_{qD}) = \dfrac{J \pi^2 M E}{FBA^2}\left(1 - \dfrac{4 z_0}{FBA(4-\pi+\pi \cdot \varepsilon_{qD} - 2\varepsilon_{qD})}\right)$
σ-ε_{qD}-Verlauf (Stabspannungs-Kontraktions-Verlauf)		$\sigma(\varepsilon_{qD}) = \dfrac{4 F_S(\varepsilon_{qD})}{\pi d^2}\left(1 + \dfrac{8 z(\varepsilon_{qD})}{d}\right)$	
p-ε_{qD}-Verlauf (Druck-Kontraktions-Verlauf)		$p(\varepsilon_{qD}) = F_S(\varepsilon_{qD}) \cdot c(\alpha) \cdot dP$	

Anlage 8 Übersicht zu den verfahrensspezifischen Parametern

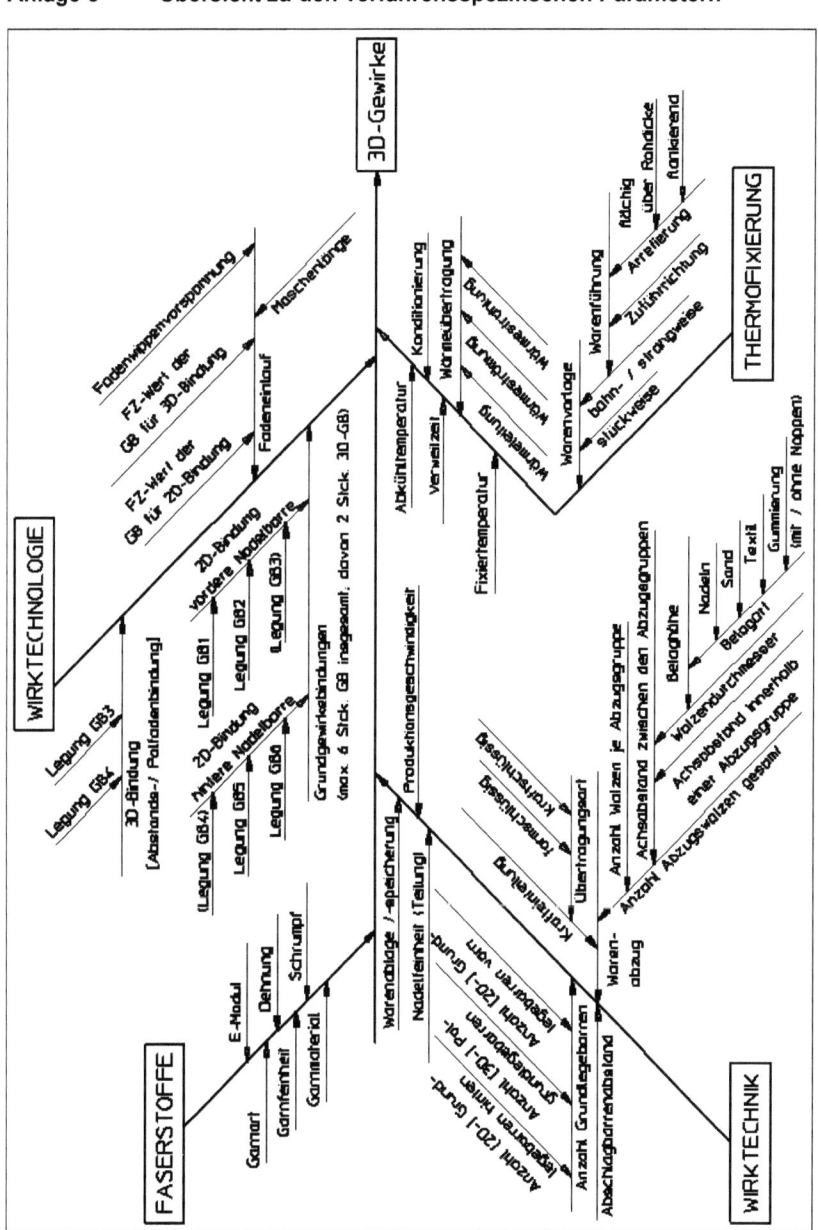

Abbildung A 11: textiltechnische und textiltechnologische Einflußgrößen im Herstellungsprozeß der druckelastischen 3D-Gewirke

Anlage 9   Kenndaten verwendeter Garne

Anlage 9.1   Datenblatt der PET-Multifilamet-Garne

Trevira Trevira GmbH & Co KG Abt. Qualitätssicherung Quality control department D-0317 Guben Tel. (03561) 47-3178 Fax (03561) 47-3025	Produktspezifikation product-specification / Specification produit **Texturgarn** textured filament yarn / Fil Texturé		
	Ausgabe – Datum / date of issue / Edité le		29.10.2001
	Ausgabe – Nummer / issuing-no./Edition N°		03 / 6043 - 456/1

Kunde	customer / Client					
Produkt	product / Produit	**TREVIRA – Filamentgarn texturiert** textured filament yarn / Fil Texturé				
Type	type / Type	**546M**		*3		
Nennfeinheit (dtex) Nominal lincar density / masse linéique nominal	700		**Polymer** polymer / Polymère		PET	
Filamentzahl filament count / Nombre de filaments	128 x 1		**Schmelzbereich** melting range / Zone de fusion		250–260 °C	
Transparenz transparency / Matité	matt semidull	mi-matt	**Präparationsart/Ölart** type of finish / Ensimage		CO 199	
Querschnitt cross – section / Section	rund round	rond	**Garnträger** tube / Tub			
Farbe colour / Couleur	rohweiß ecru	écru	**Farb-scodic-Nr.** colour-scodic-No./Couleur Scodic		-	
Merkmal Property / Charactéristiques		**Einheit** dimension Unité	**Meßmethode *1** Method of measurement Méthodes	**Spezifikationsbereich** *2 Specification range Tolérances		
Feinheit lincar density / masse linéique		dtex	DIN EN ISO 2060 : 1995	710	+/-	10
Feinheitsbezogene Höchstzugkraft Tenacity / Tenacité de rupture		cN/tex	DIN EN ISO 2062 : 1995	36	+/-	5
Höchstzugkraftdehnung clong. at break/Allong. à la rupture		%	DIN EN ISO 2062 : 1995	23	+/-	5
E –Wert crimp contraction/Contraction de frisure		%	DIN 53840 1983	22	+/-	3
Präparations-/Ölauftrag amount of finish/Dépose d'ensimage		%	EM-Guben QSF 706/1	1,5	+/-	0,5
Heißluftschrumpf bei 200 °C shrinkage hot air/retrait à l'air chaud		%	DIN 53866 1979	9	+/-	1,5

*1   Meßmethoden in Anlehnung an DIN EN ISO – Normen
    Measuring methods with reference to DIN EN ISO norms / Méthodes de mesure d'après DIN ISO

*2   Die angegebenen Werte gelten für den Mittelwert einer Messung von minimal 5 Garnen.
    The value shown are the average of a minimum 5 test measurements./Les valcurs sont la moyenne d'au moins 5 mesures aur fil.

*3   Spezifikation entspricht der Type alt: **546**
    Specification correspond to the old trype:

Obige Angaben enbinden nicht von der Durchführung einer Eingangskontrolle.
The above data does not release from delivery controls. /Les valcurs ci-dessus ne dispensent pas d'un contrôle réception.

Anlage 9.2 Kenndaten der PET-Monofilamente

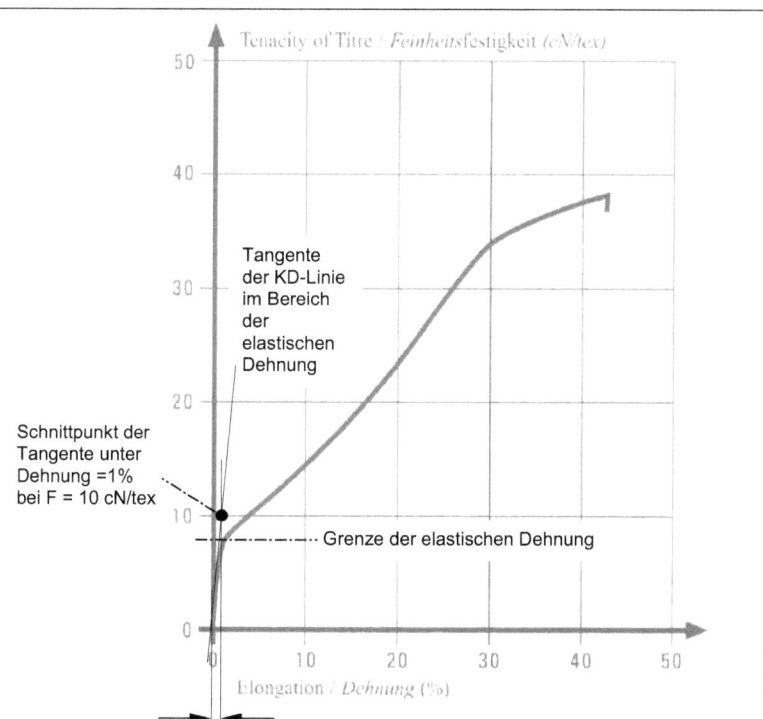

Abbildung A 12: Kraft-Dehnungs-Diagramm für PET-Monofilament Type 900 S [55]; zzgl. Ergänzungen zur Bestimmung des Elastizitätmoduls

$$M_E = 100 \cdot F \cdot \rho \qquad \text{(Gl. A.19)}$$

$$F = 0.1 \cdot \frac{N}{tex}$$

$$\rho = 1.39 \cdot \frac{g}{cm^3}$$

$$\underline{M_E = 13900 \cdot MPa}$$

Anlage 10 FZ-Wert-Berechnungen

Tabelle A9: theoretische FZ-Werte für angewendete Grundbarrenlegungen

Nadeldurchmesser		d_N	0,7	[mm]				
Fadenlänge des Maschenkopfes		H	1,10	[mm]				
Fadenlänge der Bindungsstelle		R	0,5	[mm]				
Nadelteilung		E	12	[Nadeln/Zoll]				
		(enspricht)	2,117	mm/Nadel				
Musterserie Nr. 1			Primärcode 020_34					
Musterserie Nr. 2			Primärcode 022_34					
FBA [mm]			34,0					
ML [mm]		1,70	1,50	1,30	1,11		1,11	1,11
A [°]			45				35	55
GB 1 (GB 6 ident.)	n_{Rapp}			6				
	L_S [mm]	22,1	21,5	20,9	20,4		20,4	20,4
	FZ-Wert [mm/Rack]	1.767	1.717	1.672	1.633		1.633	1.633
GB 2 (GB 5 ident.)	n_{Rapp}			2				
	L_{fra} [mm]	13,6	12,4	11,1	10,0		10,0	10,0
	FZ-Wert [mm/Rack]	3.258	2.964	2.672	2.392		2.392	2.392
GB 3	B_{bindg}		15				10	20
	n_{Rapp}			2				
	L_{90} [mm]	34,0	34,0	34,0	34,0		34,0	34,0
	L_A [mm]	46,1	46,1	46,1	46,0		39,7	53,8
	L_{DCI} [mm]	180,1	178,5	176,9	175,4		162,7	190,8
	FZ-Wert [mm/Rack]	43.235	42.847	42.461	42.091		39.041	45.789
Musterserie Nr. 3 / Nr. 4			Primärcode 022_45					
FBA [mm]			45,0					
ML [mm]		1,70	1,60	1,50	1,40	1,29	1,21	1,11
GB 1 (GB 6 ident.)	n_{Rapp}			6				
	L_S [mm]	22,1	21,8	21,5	21,2	20,9	20,7	20,4
	FZ-Wert [mm/Rack]	1.767	1.741	1.717	1.694	1.669	1.653	1.633
GB 2 (GB 5 ident.)	n_{Rapp}			2				
	L_{fra} [mm]	13,6	13,0	12,4	11,8	11,1	10,6	10,0
	FZ-Wert [mm/Rack]	3.258	3.110	2.964	2.823	2.653	2.541	2.392
A [°] - Musterserie Nr. 3			45					
GB 3	B_{bindg}		21					
	n_{Rapp}			2				
	L_{90} [mm]	45,0	45,0	45,0	45,0	45,0	45,0	45,0
	L_A [mm]	62,8	62,8	62,8	62,8	62,8	62,8	62,8
	L_{DCI} [mm]	235,6	234,8	233,9	233,2	232,2	231,6	230,8
	FZ-Wert [mm/Rack]	56.535	56.340	56.148	55.961	55.737	55.590	55.393
A [°] - Musterserie Nr. 4			55					
GB 3	B_{bindg}		15					
	n_{Rapp}			2				
	L_{90} [mm]	45,0	45,0	45,0	45,0	45,0	45,0	45,0
	L_A [mm]	54,7	54,7	54,7	54,7	54,7	54,7	54,7
	L_{DCI} [mm]	219,4	218,6	217,8	217,0	216,1	215,5	214,6
	FZ-Wert [mm/Rack]	52.655	52.460	52.267	52.080	51.856	51.709	51.512

Anlage 11 Verfahrensbedingte Geometrieänderungen

Anlage 11.1 Änderung der drei Hauptabmessungen – Musterserie 1

Tabelle A10: Statistik zu den geometrischen Änderungen der 3D-Gewirke nach Musterserie Nr. 1

Musterserie Nr.1	Primärcode 020_34					
FBA	34,0					
MD [Maschen /2cm]	11	13	15	18	18	18
präz.Eingabe für MD	11,76	13,33	15,38	18,03	18,03	18,03
res. ML [mm]	1,70	1,50	1,30	1,11	1,11	1,11
A (Sek.-Code)	45				35	55
Anzahl Muster	9	10	11	6	12	10
Verfahrensbedingte Dickenänderung						
$\overline{D_{roh}}$	30,0	30,6	31,0	31,9	31,8	31,6
S_{Droh}	0,00	0,16	0,22	0,38	0,33	0,21
V_{Droh}	0,0%	0,5%	0,7%	1,2%	1,0%	0,7%
$\overline{D_{fix}}$	28,2	29,1	29,5	31,3	30,8	30,7
S_{Dfix}	0,18	0,12	0,10	0,09	0,22	0,11
V_{Dfix}	0,6%	0,4%	0,4%	0,3%	0,7%	0,4%
$\varepsilon_{qD\,roh}$	0,118	0,101	0,088	0,061	0,064	0,071
$\varepsilon_{qD\,fix}$	0,060	0,047	0,048	0,021	0,033	0,030
$\varepsilon_{qD\,ges}$	0,170	0,144	0,132	0,081	0,095	0,099
Verfahrensbedingte Breitenänderung						
B_{theo}	318	318	318	318	328	307
$\overline{B_{roh}}$	280	276	283	283	297	273
S_{Broh}	4,33	6,26	3,37	2,58	2,57	2,58
V_{Broh}	2%	2%	1%	1%	1%	1%
$\overline{B_{fix}}$	269	264	270	268	282	258
S_{fix}	6,01	4,12	5,22	4,08	3,34	2,64
V_{Bfix}	2%	2%	2%	2%	1%	1%
$\varepsilon_{qB\,roh}$	0,119	0,132	0,109	0,110	0,094	0,111
$\varepsilon_{qB\,fix}$	0,040	0,045	0,048	0,052	0,051	0,057
$\varepsilon_{qB\,ges}$	0,154	0,171	0,152	0,156	0,140	0,161
Verfahrensbedingte Längenänderung						
L_{theo}	347	306	359	306	306	306
$\overline{L_{roh}}$	305	277	340	294	297	303
S_{Lroh}	2%	1%	1%	1%	1%	1%
V_{Lroh}	5,00	3,50	4,47	3,76	2,61	2,64
$\overline{L_{fix}}$	294	268	335	288	293	300
S_{Lfix}	5,83	2,64	8,06	4,08	3,34	3,33
V_{Lfix}	2%	1%	2%	1%	1%	1%
$\varepsilon_{qL\,roh}$	0,122	0,095	0,053	0,038	0,030	0,011
$\varepsilon_{qL\,fix}$	0,033	0,034	0,015	0,020	0,013	0,008
$\varepsilon_{qL\,ges}$	0,151	0,126	0,067	0,058	0,043	0,020

Abbildung A 13: Dickenkontraktion für Mustererie Nr.1

Abbildung A 14: Breitenkontraktion für Mustererie Nr.1

Abbildung A 15: Längenkontraktion für Mustererie Nr.1

Anlage 11.2 Änderung der drei Hauptabmessungen – Musterserie 2

Tabelle A11: Statistik zu den geometrischen Änderungen der 3D-Gewirke nach Musterserie Nr. 2

Musterserie Nr.2	Primärcode 020_34					
FBA	34,0					
MD [Maschen/2cm]	11	13	15	18	18	18
präz.Eingabe für MD	11,76	13,33	15,38	18,03	18,03	18,03
res. ML [mm]	1,70	1,50	1,30	1,11	1,11	1,11
A (Sek.-Code)	45				35	55
Anzahl Muster	5	9	8	48	7	7
Verfahrensbedingte Dickenänderung						
$\overline{D_{roh}}$	30,3	30,8	31,9	32,6	32,6	32,6
S_{Droh}	0,22	0,39	0,35	0,33	0,03	0,19
v_{Droh}	0,7%	1,3%	1,1%	1,0%	0,1%	0,6%
$\overline{D_{fix}}$	29,7	30,6	31,2	32,0	32,6	32,5
S_{Dfix}	0,27	0,17	0,26	0,13	0,24	0,00
v_{Dfix}	0,9%	0,5%	0,8%	0,4%	0,7%	0,0%
$\varepsilon_{qD\,roh}$	0,109	0,094	0,062	0,041	0,041	0,041
$\varepsilon_{qD\,fix}$	0,020	0,006	0,022	0,018	0,000	0,003
$\varepsilon_{qD\,ges}$	0,126	0,100	0,082	0,059	0,041	0,044
Verfahrensbedingte Breitenänderung						
B_{theo}	318	318	318	332	326	305
$\overline{B_{roh}}$	279	284	287	297	299	274
S_{Broh}	2,24	3,33	3,72	3,40	2,44	1,89
v_{Broh}	0,8%	1,2%	1,3%	1,1%	0,8%	0,7%
$\overline{B_{fix}}$	265	272	272	286	289	261
S_{fix}	3,54	2,64	2,59	3,95	2,44	1,89
v_{Bfix}	1,3%	1,0%	1,0%	1,4%	0,8%	0,7%
$\varepsilon_{qB\,roh}$	0,123	0,107	0,097	0,105	0,083	0,113
$\varepsilon_{qB\,fix}$	0,050	0,042	0,052	0,037	0,033	0,047
$\varepsilon_{qB\,ges}$	0,167	0,145	0,145	0,139	0,113	0,144
Verfahrensbedingte Längenänderung						
L_{theo}	347	306	359	306	306	306
$\overline{L_{roh}}$	303	271	327	302	293	299
S_{Lroh}	2,74	3,33	4,63	2,66	2,67	2,44
v_{Lroh}	0,9%	1,2%	1,4%	0,9%	0,9%	0,8%
$\overline{L_{fix}}$	290	263	327	295	282	291
S_{Lfix}	6,12	5,07	2,67	3,97	2,67	3,45
v_{Lfix}	2,1%	1,9%	0,8%	1,3%	0,9%	1,2%
$\varepsilon_{qL\,roh}$	0,127	0,114	0,089	0,013	0,042	0,023
$\varepsilon_{qL\,fix}$	0,043	0,030	0,000	0,023	0,038	0,027
$\varepsilon_{qL\,ges}$	0,164	0,141	0,089	0,036	0,078	0,049

Abbildung A 16: Dickenkontraktion für Musterserie Nr.2

Abbildung A 17: Breitenkontraktion für Musterserie Nr.1

Abbildung A 18: Längenkontraktion für Musterserie Nr.1

Anlage 11.3 Änderung der Hauptabmessungen – Musterserie Nr. 3 und Musterserie Nr.4

Tabelle A12: Statisitk zur geometrischen Änderung der Gewirkedicke (Musterserien Nr. 3 und Nr. 4)

MD [Maschen/2cm]	präz. Eingabe für MD	res. ML [mm]	A (Sek.-Code)	Anzahl Muster	D_{theo}	$\overline{D_{roh}}$	S_{Droh}	v_{Droh}	$\overline{D_{fix}}$	S_{Dfix}	v_{Dfix}	$\varepsilon_{qD\,roh}$	$\varepsilon_{qD\,fix}$	$\varepsilon_{qD\,ges}$
\multicolumn{15}{c}{Primär-Code 022_45}
\multicolumn{15}{c}{Musterserie Nr.3}
11	11,76	1,70		32	45,0	36,7	0,22	0,6%	35,4	0,43	1,2%	0,184	0,035	0,213
12	12,5	1,60		9	45,0	37,1	0,49	1,3%	36,3	0,35	1,0%	0,176	0,022	0,193
13	13,33	1,50		12	45,0	37,5	0,30	0,8%	37,0	0,21	0,6%	0,167	0,013	0,178
14	14,25	1,40	45	13	45,0	38,5	0,20	0,5%	37,4	0,23	0,6%	0,144	0,029	0,169
15	15,53	1,29		11	45,0	38,6	0,15	0,4%	38,2	0,53	1,4%	0,142	0,010	0,151
16	16,51	1,21		7	45,0	39,0	0,27	0,7%	39,4	0,24	0,6%	0,133	-0,011	0,124
18	18,03	1,11		13	45,0	39,4	0,30	0,8%	39,5	0,30	0,8%	0,124	-0,003	0,122
\multicolumn{15}{c}{Musterserie Nr. 4}
11	11,76	1,70		12	45,0	37,8	0,40	1,0%	36,1	0,14	0,4%	0,160	0,045	0,198
12	12,5	1,60		12	45,0	38,0	0,37	1,0%	36,3	0,14	0,4%	0,156	0,045	0,193
13	13,33	1,50		11	45,0	38,5	0,00	0,0%	36,7	0,11	0,3%	0,144	0,047	0,184
14	14,25	1,40	55	12	45,0	38,8	0,33	0,8%	37,2	0,26	0,7%	0,138	0,041	0,173
15	15,53	1,29		11	45,0	38,9	0,32	0,8%	37,9	0,32	0,8%	0,136	0,026	0,158
16	16,51	1,21		12	45,0	39,3	0,26	0,7%	38,5	0,26	0,7%	0,127	0,020	0,144
18	18,03	1,11		12	45,0	39,6	0,20	0,5%	39,1	0,28	0,7%	0,120	0,013	0,131

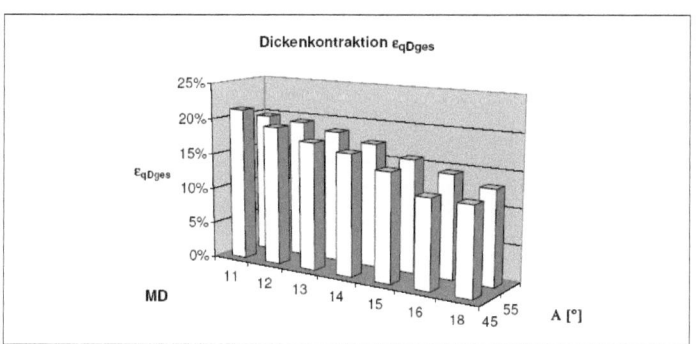

Abbildung A 19: Dickenkontraktion über Maschenlängen- und Neigungsvariation für Musterserien Nr. 3 und Nr. 4

Tabelle A13: Statistik zur geometrischen Änderung der Gewirkebreite (Musterserien Nr. 3 und Nr. 4)

MD [Maschen/2cm]	präz. Eingabe für MD	res. ML [mm]	A (Sek.-Code)	Anzahl Muster	B_{theo}	$\overline{B_{roh}}$	S_{Broh}	v_{Broh}	$\overline{B_{fix}}$	S_{Bfix}	v_{Bfix}	$\varepsilon_{qB\,roh}$	$\varepsilon_{qB\,fix}$	$\varepsilon_{qB\,ges}$
\multicolumn{15}{c}{Primär-Code 022_45}
\multicolumn{15}{c}{Musterserie Nr.3}
11	11,76	1,70		32	324	280	2,11	0,8%	268	2,36	0,9%	0,136	0,043	0,173
12	12,5	1,60		9	324	282	2,50	0,9%	272	2,64	1,0%	0,130	0,035	0,160
13	13,33	1,50		12	324	285	0,00	0,0%	275	0,00	0,0%	0,120	0,035	0,151
14	14,25	1,40	45	13	324	285	2,04	0,7%	276	1,88	0,7%	0,120	0,032	0,148
15	15,53	1,29		11	324	289	2,34	0,8%	279	2,02	0,7%	0,108	0,035	0,139
16	16,51	1,21		7	324	290	2,44	0,8%	280	2,61	0,9%	0,105	0,034	0,136
18	18,03	1,11		13	324	291	1,88	0,6%	280	1,39	0,5%	0,102	0,038	0,136
\multicolumn{15}{c}{Musterserie Nr. 4}
11	11,76	1,70		12	311	255	2,13	0,8%	250	2,13	0,9%	0,180	0,020	0,196
12	12,5	1,60		12	311	269	2,26	0,8%	260	3,02	1,2%	0,135	0,033	0,164
13	13,33	1,50		11	311	270	0,00	0,0%	260	1,51	0,6%	0,132	0,037	0,164
14	14,25	1,40	55	12	311	274	1,95	0,7%	265	2,58	1,0%	0,119	0,033	0,148
15	15,53	1,29		11	311	280	0,00	0,0%	270	2,70	1,0%	0,100	0,036	0,132
16	16,51	1,21		12	311	280	1,44	0,5%	270	1,44	0,5%	0,100	0,036	0,132
18	18,03	1,11		12	311	285	1,44	0,5%	276	1,95	0,7%	0,084	0,032	0,113

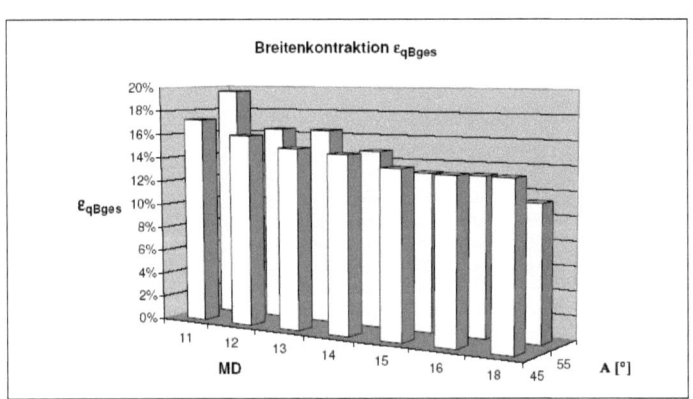

Abbildung A 20: Breitenkontraktion über Maschenlängen- und Neigungsvariation für Musterserien Nr. 3 und Nr. 4

Tabelle A14: Statistik zur geometrischen Änderung der Gewirkelänge der Musterserien Nr. 3 und Nr. 4

MD [Maschen/2cm]	präz. Eingabe für MD	res. ML [mm]	A (Sek.-Code)	Anzahl Muster	L_{theo}	$\overline{L_{roh}}$	S_{Lroh}	v_{Lroh}	$\overline{L_{fix}}$	S_{Lfix}	v_{Lfix}	$\varepsilon_{qL\,roh}$	$\varepsilon_{qL\,fix}$	$\varepsilon_{qL\,ges}$
Primär-Code 022_45															
Musterserie Nr.3															
11	11,76	1,70		32	337	340	4,06	1,2%	327	2,82	0,9%	-0,009	0,038	0,030
12	12,5	1,60		9	336	343	3,63	1,1%	329	1,67	0,5%	-0,021	0,041	0,021
13	13,33	1,50		12	396	413	2,58	0,6%	400	3,34	0,8%	-0,043	0,031	-0,010
14	14,25	1,40	45	13	367	381	5,46	1,4%	367	3,15	0,9%	-0,038	0,037	0,000
15	15,53	1,29		11	433	458	3,44	0,8%	448	5,64	1,3%	-0,058	0,022	-0,035
16	16,51	1,21		7	407	437	1,89	0,4%	429	2,61	0,6%	-0,074	0,018	-0,054
18	18,03	1,11		13	330	369	2,19	0,6%	365	3,20	0,9%	-0,118	0,011	-0,106
Musterserie Nr. 4															
11	11,76	1,70		12	337	320	3,97	1,2%	305	3,02	1,0%	0,050	0,047	0,095
12	12,5	1,60		12	317	320	3,34	1,0%	308	2,58	0,8%	-0,009	0,038	0,028
13	13,33	1,50		11	360	369	3,93	1,1%	355	2,70	0,8%	-0,025	0,038	0,014
14	14,25	1,40	55	12	336	352	2,58	0,7%	339	3,59	1,1%	-0,048	0,037	-0,009
15	15,53	1,29		11	351	371	2,02	0,5%	361	2,02	0,6%	-0,057	0,027	-0,028
16	16,51	1,21		12	324	351	1,95	0,6%	343	2,46	0,7%	-0,083	0,023	-0,059
18	18,03	1,11		12	330	369	1,95	0,5%	362	3,34	0,9%	-0,118	0,019	-0,097

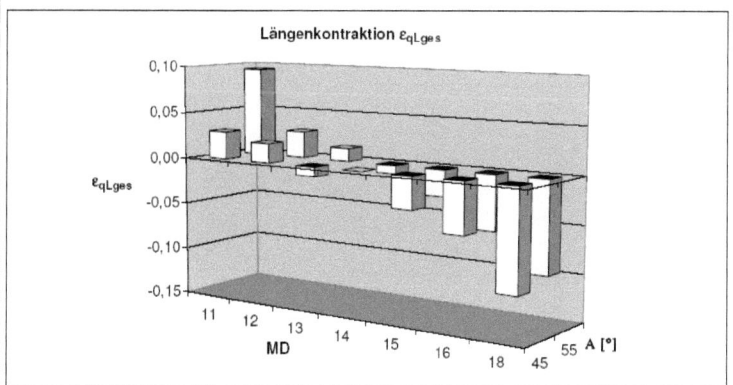

Abbildung A 21: Längenkontraktion über Maschenlängen- und Neigungsvariation für Musterserien Nr. 3 und Nr. 4

Anlage 12   Meßprotokolle der Druckspannungs-Verformungseigenschaften

Anlage 12.1   Meßprotokolle zur Musterserie Nr. 1

Meßprotokoll Muster 020_34_11_45

DIN EN ISO 3386 Teil 1+2 , 07/1998 Bestimmung der Druckspannungs-Verformungseigenschaften

Parametertabelle:

Codierung	: 020_34_11_45
Interne Prüflingsnr.	: 17
Verarbeitungszustand	: fixiert
Zuschnittgröße	: B=100+2x$B_{bindg.GB3}$; L=100mm+z(s=0)
Prüfkörper	: Stempel 100x100
Einbaulage	: Grundbindung der GB 1- GB 2 oben
	: in Z-Richtung zwischen Anschlagleisten eingeschlossen in Y- Richtung offen

Ergebnisse:

Legende	Nr.	Probenhöhe mm	CV_{40} kPa	CC_{25} kPa	CC_{50} kPa	CC_{65} kPa
■	1	29,33	10,10	6,94	12,45	17,16

Seriengrafik:

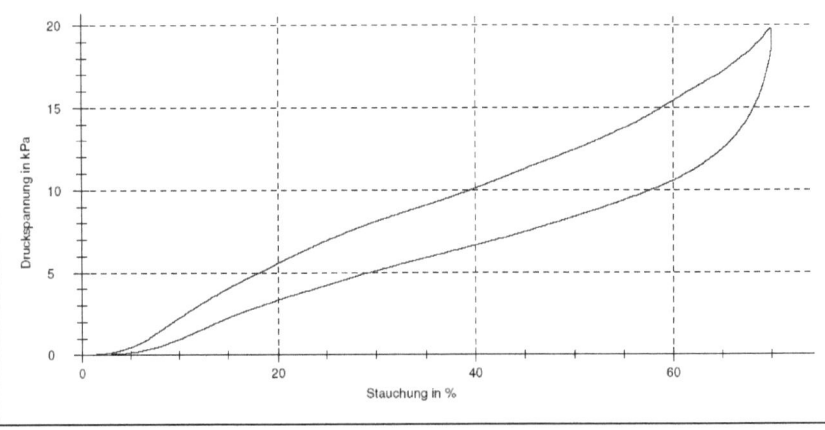

Meßprotokoll Muster 020_34_13_45

DIN EN ISO 3386 Teil 1+2, 07/1998 Bestimmung der Druckspannungs-Verformungseigenschaften

Parametertabelle:

Codierung	: 020_34_13_45
Interne Prüflingsnr.	: 18
Verarbeitungszustand	: fixiert
Zuschnittgröße	: $B=100+2 \times B_{bindg.GB3}$; $L=100mm+z(s=0)$
Prüfkörper	: Stempel 100x100
Einbaulage	: Grundbindung der GB 1- GB 2 oben
	: in Z-Richtung zwischen Anschlagleisten eingeschlossen in Y- Richtung offen

Ergebnisse:

Legende	Nr.	Probenhöhe mm	CV_{40} kPa	CC_{25} kPa	CC_{50} kPa	CC_{65} kPa
■	1	30,23	10,48	8,16	12,83	22,79

Seriengrafik:

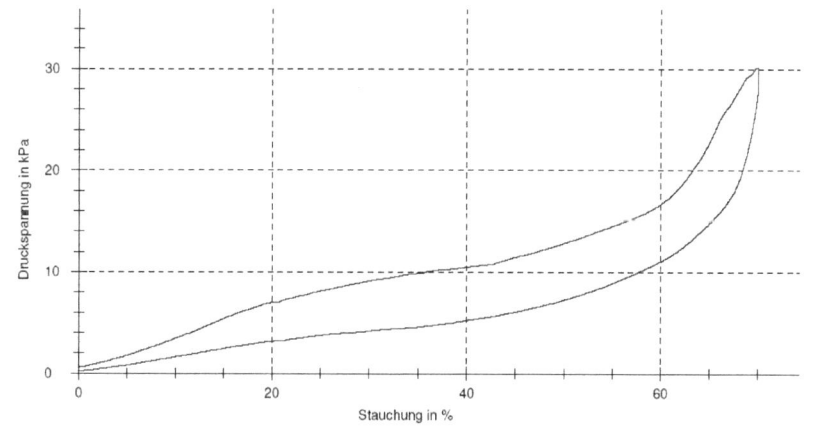

Meßprotokoll Muster 020_34_15_45

DIN EN ISO 3386 Teil 1+2, 07/1998 Bestimmung der Druckspannungs-Verformungseigenschaften

Parametertabelle:

Codierung	: 020_34_15_45
Interne Prüflingsnr.	: 19
Verarbeitungszustand	: fixiert
Zuschnittgröße	: B=100+2x$B_{bindg.GB3}$; L=100mm+z(s=0)
Prüfkörper	: Stempel 100x100
Einbaulage	: Grundbindung der GB 1- GB 2 oben
	: in Z-Richtung zwischen Anschlagleisten eingeschlossen in Y- Richtung offen

Ergebnisse:

Legende	Nr.	Probenhöhe mm	CV_{40} kPa	CC_{25} kPa	CC_{50} kPa	CC_{65} kPa
■	1	30,85	11,29	9,20	13,53	24,20

Seriengrafik:

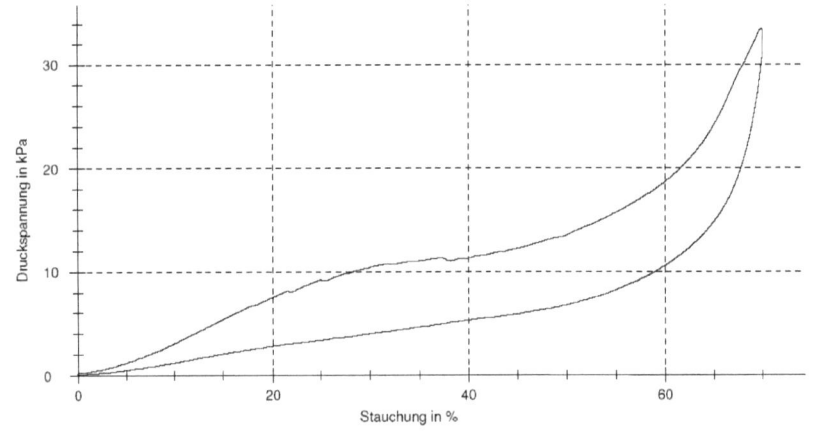

Meßprotokoll Muster 020_34_18_45

DIN EN ISO 3386 Teil 1+2 , 07/1998 Bestimmung der Druckspannungs-Verformungseigenschaften

Parametertabelle:

Codierung	: 020_34_18_45
Interne Prüflingsnr.	: 20
Verarbeitungszustand	: fixiert
Zuschnittgröße	: $B=100+2 \times B_{bindg.GB3}$; $L=100mm+z(s=0)$
Prüfkörper	: Stempel 100x100
Einbaulage	: Grundbindung der GB 1- GB 2 oben
	: in Z-Richtung zwischen Anschlagleisten eingeschlossen in Y- Richtung offen

Ergebnisse:

Legende	Nr.	Probenhöhe mm	CV_{40} kPa	CC_{25} kPa	CC_{50} kPa	CC_{65} kPa
■	1	32,76	14,88	10,84	20,03	38,44

Seriengrafik:

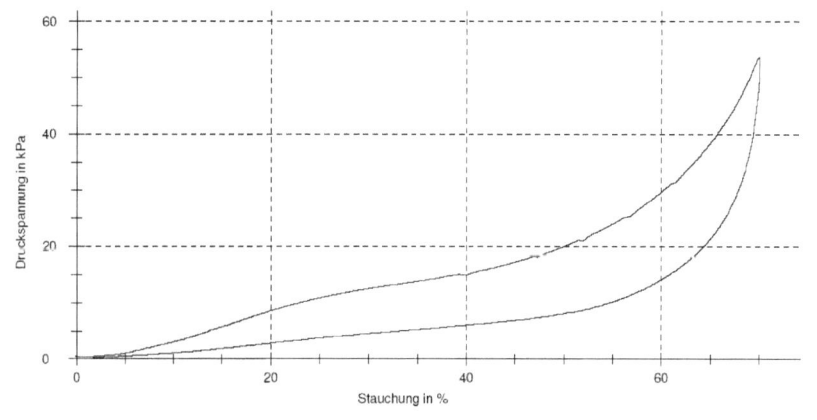

Meßprotokoll Muster 020_34_18_35

DIN EN ISO 3386 Teil 1+2 , 07/1998 Bestimmung der Druckspannungs-Verformungseigenschaften

Parametertabelle:

Codierung	: 020_34_18_35
Interne Prüflingsnr.	: 21
Verarbeitungszustand	: fixiert
Zuschnittgröße	: B=100+2x$B_{bindg.GB3}$; L=100mm+z(s=0)
Prüfkörper	: Stempel 100x100
Einbaulage	: Grundbindung der GB 1- GB 2 oben
	: in Z-Richtung zwischen Anschlagleisten eingeschlossen in Y- Richtung offen

Ergebnisse:

Legende	Nr.	Probenhöhe mm	CV_{40} kPa	CC_{25} kPa	CC_{50} kPa	CC_{65} kPa
■	1	31,76	9,93	8,16	13,63	30,84

Seriengrafik:

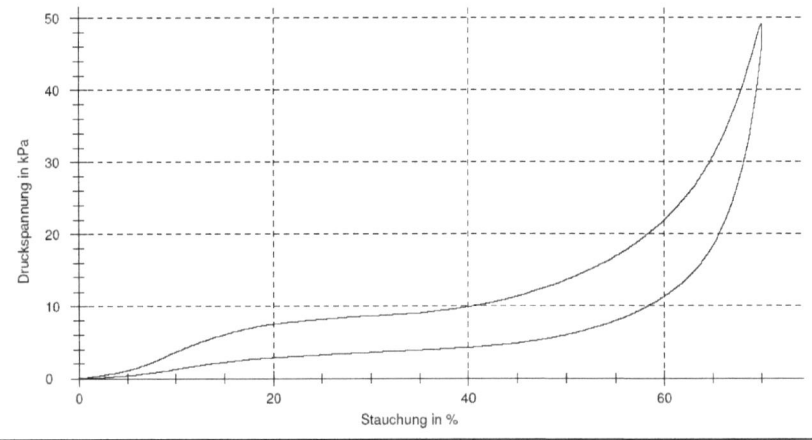

Meßprotokoll Muster 020_34_18_55

DIN EN ISO 3386 Teil 1+2, 07/1998 Bestimmung der Druckspannungs-Verformungseigenschaften

Parametertabelle:

Codierung	: 020_34_18_55
Interne Prüflingsnr.	: 22
Verarbeitungszustand	: fixiert
Zuschnittgröße	: $B=100+2\times B_{bindg.GB3}$; $L=100mm+z(s=0)$
Prüfkörper	: Stempel 100x100
Einbaulage	: Grundbindung der GB 1- GB 2 oben
	: in Z-Richtung zwischen Anschlagleisten eingeschlossen in Y- Richtung offen

Ergebnisse:

Legende	Nr	Probenhöhe mm	CV_{40} kPa	CC_{25} kPa	CC_{50} kPa	CC_{65} kPa
■	1	32,12	11,49	11,01	13,46	24,49

Seriengrafik:

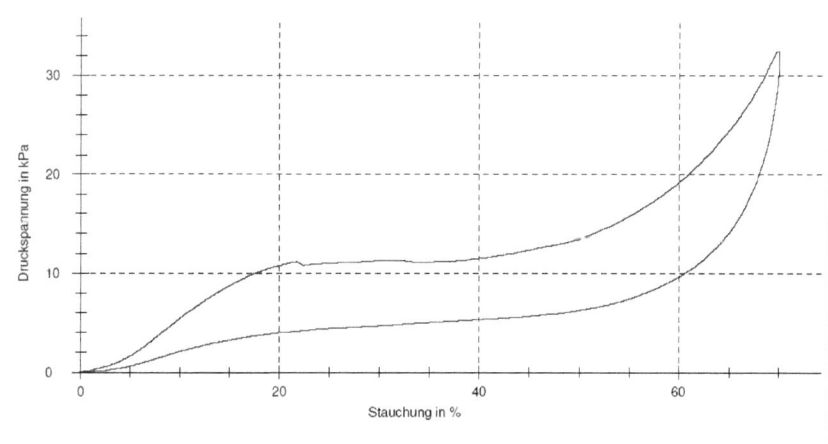

Anlage 12.2   Meßprotokolle zur Musterserie Nr. 2

Meßprotokoll Muster 022_34_11_45

DIN EN ISO 3386 Teil 1+2 , 07/1998 Bestimmung der Druckspannungs-Verformungseigenschaften

Parametertabelle:

Codierung	: 022_34_11_45
Interne Prüflingsnr.	: 23
Verarbeitungszustand	: fixiert
Zuschnittgröße	: B=100+2x$B_{bindg.GB3}$; L=100mm+z(s=0)
Prüfkörper	: Stempel 100x100
Einbaulage	: Grundbindung der GB 1- GB 2 oben
	: in Z-Richtung zwischen Anschlagleisten eingeschlossen in Y- Richtung offen

Ergebnisse:

Legende	Nr.	Probenhöhe mm	CV_{40} kPa	CC_{25} kPa	CC_{50} kPa	CC_{65} kPa
■	1	33,78	10,14	7,12	12,61	22,24

Seriengrafik:

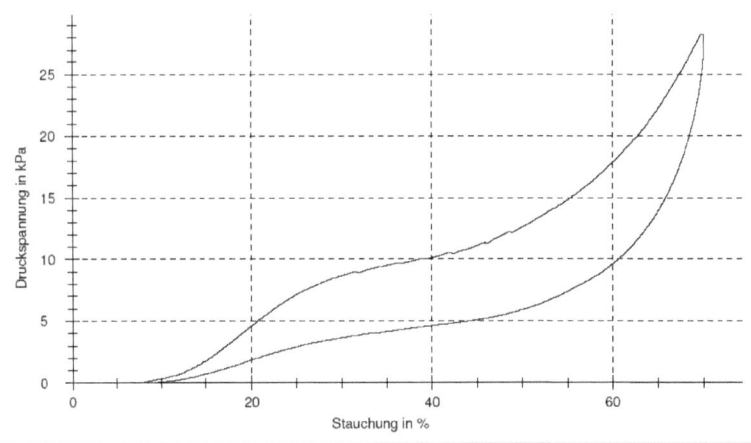

Meßprotokoll Muster 022_34_13_45

DIN EN ISO 3386 Teil 1+2 , 07/1998 Bestimmung der Druckspannungs-Verformungseigenschaften

Parametertabelle:

Codierung	: 022_34_13_45
Interne Prüflingsnr.	: 24
Verarbeitungszustand	: fixiert
Zuschnittgröße	: B=100+2x$B_{bindg.GB3}$; L=100mm+z(s=0)
Prüfkörper	: Stempel 100x100
Einbaulage	: Grundbindung der GB 1- GB 2 oben
	: in Z-Richtung zwischen Anschlagleisten eingeschlossen in Y- Richtung offen

Ergebnisse:

Legende	Nr.	Probenhöhe mm	CV_{40} kPa	CC_{25} kPa	CC_{50} kPa	CC_{65} kPa
■	1	31,89	11,05	9,98	13,80	24,77

Seriengrafik:

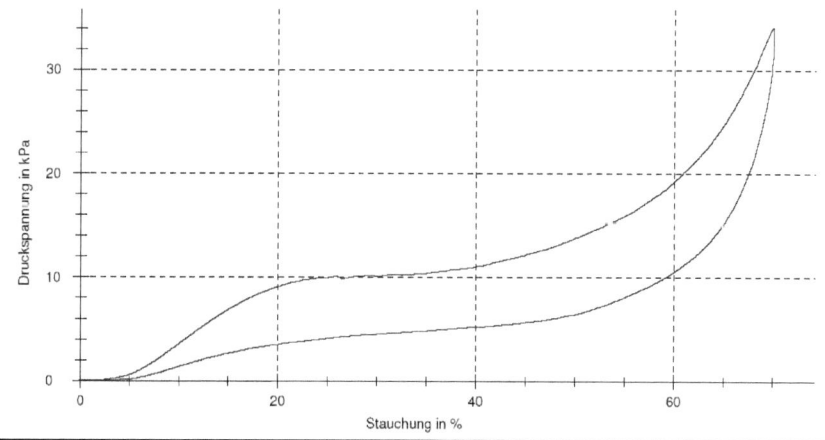

Meßprotokoll Muster 022_34_15_45

DIN EN ISO 3386 Teil 1+2 , 07/1998 Bestimmung der Druckspannungs-Verformungseigenschaften

Parametertabelle:

Codierung	: 022_34_15_45
Interne Prüflingsnr.	: 25
Verarbeitungszustand	: fixiert
Zuschnittgröße	: $B=100+2 \times B_{bindg.GB3}$; $L=100mm+z(s=0)$
Prüfkörper	: Stempel 100x100
Einbaulage	: Grundbindung der GB 1- GB 2 oben
	: in Z-Richtung zwischen Anschlagleisten eingeschlossen
	in Y- Richtung offen

Ergebnisse:

Legende	Nr.	Probenhöhe mm	CV_{40} kPa	CC_{25} kPa	CC_{50} kPa	CC_{65} kPa
■	1	33,93	12,76	11,63	14,98	27,98

Seriengrafik:

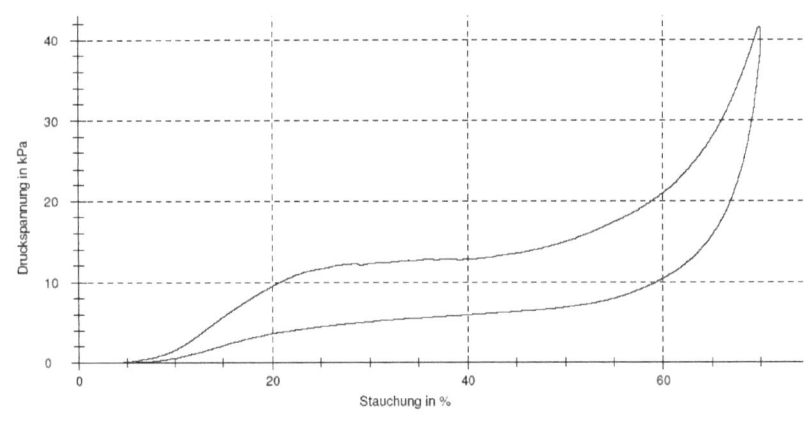

Meßprotokoll Muster 022_34_18_45

DIN EN ISO 3386 Teil 1+2 , 07/1998 Bestimmung der Druckspannungs-Verformungseigenschaften

Parametertabelle:

Codierung	: 022_34_18_45
Interne Prüflingsnr.	: 26
Verarbeitungszustand	: fixiert
Zuschnittgröße	: $B=100+2 \times B_{bindg.GB3}$; $L=100mm+z(s=0)$
Prüfkörper	: Stempel 100x100
Einbaulage	: Grundbindung der GB 1- GB 2 oben
	: in Z-Richtung zwischen Anschlagleisten eingeschlossen in Y- Richtung offen

Ergebnisse:

Legende	Nr.	Probenhöhe mm	CV_{40} kPa	CC_{25} kPa	CC_{50} kPa	CC_{65} kPa
■	1	32,85	20,30	12,72	26,88	50,00

Seriengrafik:

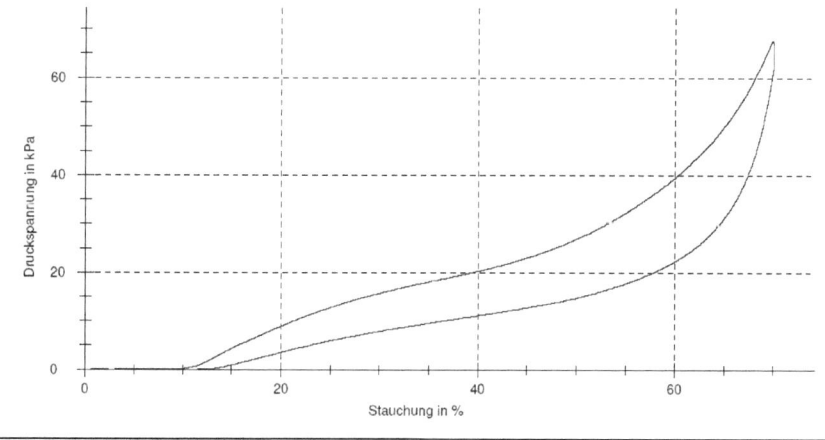

Meßprotokoll Muster 022_34_18_35

DIN EN ISO 3386 Teil 1+2 , 07/1998 Bestimmung der Druckspannungs-Verformungseigenschaften

Parametertabelle:

Codierung	: 022_34_18_35
Interne Prüflingsnr.	: 27
Verarbeitungszustand	: fixiert
Zuschnittgröße	: B=100+2x$B_{bindg.GB3}$; L=100mm+z(s=0)
Prüfkörper	: Stempel 100x100
Einbaulage	: Grundbindung der GB 1- GB 2 oben
	: in Z-Richtung zwischen Anschlagleisten eingeschlossen in Y- Richtung offen

Ergebnisse:

Legende	Nr.	Probenhöhe mm	CV_{40} kPa	CC_{25} kPa	CC_{50} kPa	CC_{65} kPa
■	1	33,42	17,01	18,84	21,95	59,43

Seriengrafik:

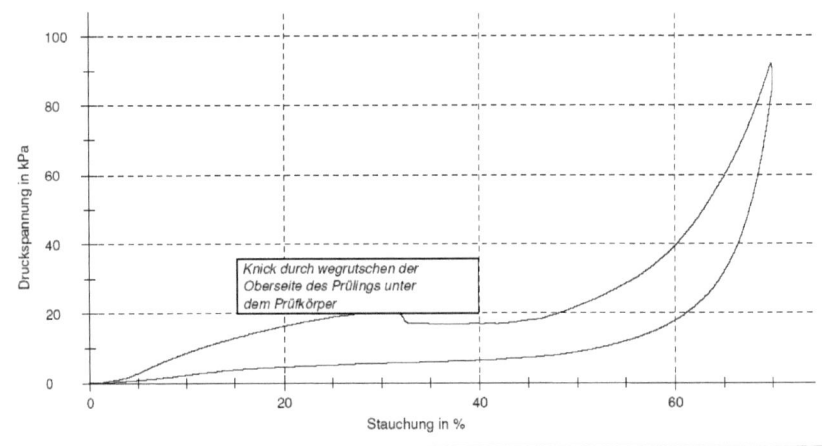

Meßprotokoll Muster 022_34_18_55

DIN EN ISO 3386 Teil 1+2 , 07/1998 Bestimmung der Druckspannungs-Verformungseigenschaften

Parametertabelle:

Codierung	: 022_34_18_55
Interne Prüflingsnr.	: 28
Verarbeitungszustand	: fixiert
Zuschnittgröße	: $B=100+2 \times B_{bindg.GB3}$; $L=100mm+z(s=0)$
Prüfkörper	: Stempel 100x100
Einbaulage	: Grundbindung der GB 1- GB 2 oben
	: in Z-Richtung zwischen Anschlagleisten eingeschlossen in Y- Richtung offen

Ergebnisse:

Legende	Nr	Probenhöhe mm	CV_{40} kPa	CC_{25} kPa	CC_{50} kPa	CC_{65} kPa
■	1	33,39	12,62	16,28	16,61	43,60

Seriengrafik:

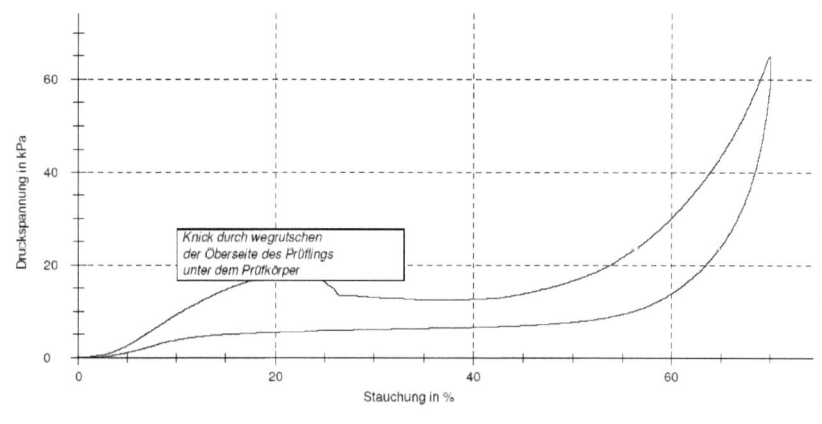

Knick durch wegrutschen der Oberseite des Prüflings unter dem Prüfkörper

Anlage 12.3   Meßprotokolle zur Musterserie Nr. 3

Meßprotokoll Muster 022_45_11_45

DIN EN ISO 3386 Teil 1+2 , 07/1998 Bestimmung der Druckspannungs-Verformungseigenschaften

Parametertabelle:

Codierung   : 022_45_11_45
Interne Prüflingsnr.: 9
Verarbeitungszustand: fixiert
Zuschnittgröße   : B=100+2x$B_{bindg.GB3}$; L=100mm+z(s=0)

Prüfkörper   : Stempel 100x100
Einbaulage   : Grundbindung der GB 1- GB 2 oben
                    : in Z-Richtung zwischen Anschlagleisten eingeschlossen
                      in Y- Richtung offen

Ergebnisse:

Legende	Nr	Probenhöhe mm	CV_{40} kPa	CC_{25} kPa	CC_{50} kPa	CC_{65} kPa
■	1	38,23	7,69	4,94	11,46	17,25

Seriengrafik:

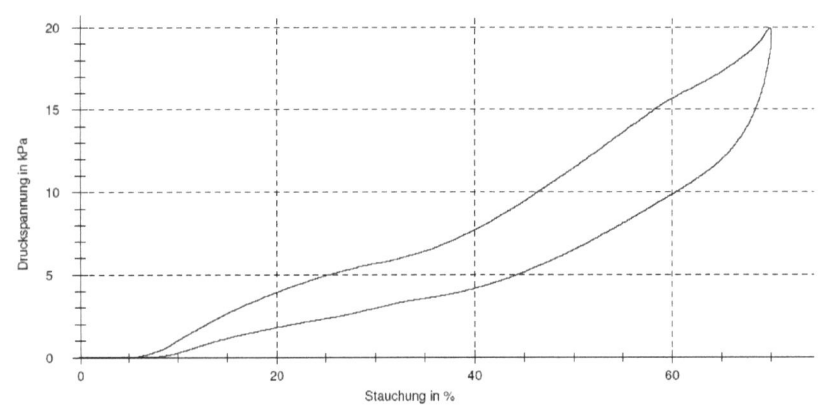

Meßprotokoll Muster 022_45_12_45

DIN EN ISO 3386 Teil 1+2 , 07/1998 Bestimmung der Druckspannungs-Verformungseigenschaften

Parametertabelle:

Codierung : 022_45_12_45
Interne Prüflingsnr. : 10
Verarbeitungszustand : fixiert
Zuschnittgröße : $B=100+2 \times B_{bindg.GB3}$; $L=100mm+z(s=0)$

Prüfkörper : Stempel 100x100
Einbaulage : Grundbindung der GB 1- GB 2 oben
: in Z-Richtung zwischen Anschlagleisten eingeschlossen
  in Y- Richtung offen

Ergebnisse:

Legende	Nr	Probenhöhe mm	CV_{40} kPa	CC_{25} kPa	CC_{50} kPa	CC_{65} kPa
■	1	38,08	7,76	5,53	11,12	17,34

Seriengrafik:

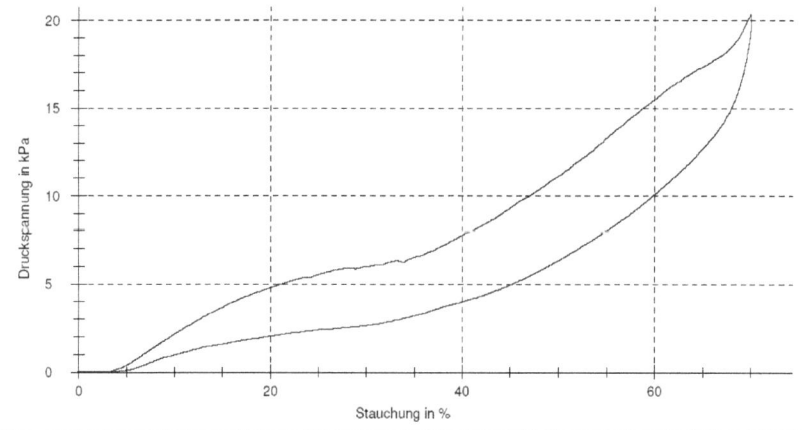

Meßprotokoll Muster 022_45_13_45

DIN EN ISO 3386 Teil 1+2 , 07/1998 Bestimmung der Druckspannungs-Verformungseigenschaften

Parametertabelle:

Codierung	: 022_45_13_45
Interne Prüflingsnr.	: 11
Verarbeitungszustand	: fixiert
Zuschnittgröße	: B=100+2x$B_{bindg.GB3}$; L=100mm+z(s=0)
Prüfkörper	: Stempel 100x100
Einbaulage	: Grundbindung der GB 1- GB 2 oben
	: in Z-Richtung zwischen Anschlagleisten eingeschlossen in Y- Richtung offen

Ergebnisse:

Legende	Nr.	Probenhöhe mm	CV_{40} kPa	CC_{25} kPa	CC_{50} kPa	CC_{65} kPa
■	1	38,86	7,52	5,65	10,84	17,91

Seriengrafik:

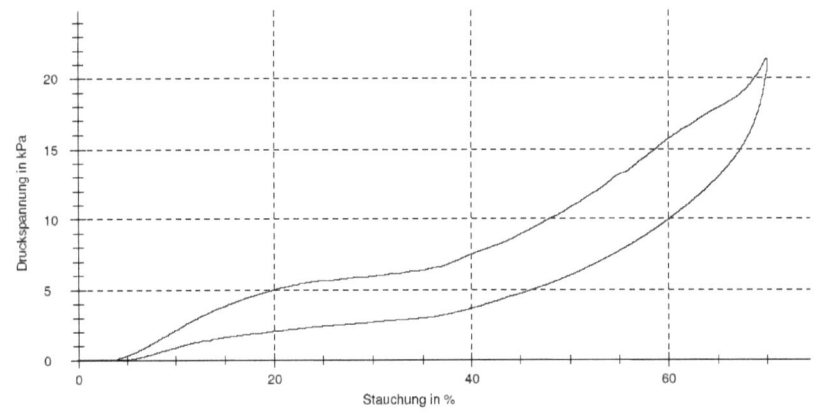

Meßprotokoll Muster 022_45_14_45

DIN EN ISO 3386 Teil 1+2 , 07/1998 Bestimmung der Druckspannungs-Verformungseigenschaften

Parametertabelle:

Codierung	: 022_45_14_45
Interne Prüflingsnr.	: 13
Verarbeitungszustand	: fixiert
Zuschnittgröße	: $B=100+2\times B_{bindg.GB3}$; $L=100mm+z(s=0)$
Prüfkörper	: Stempel 100x100
Einbaulage	: Grundbindung der GB 1- GB 2 oben
	: in Z-Richtung zwischen Anschlagleisten eingeschlossen
	in Y- Richtung offen

Ergebnisse:

Legende	Nr	Probenhöhe mm	CV_{40} kPa	CC_{25} kPa	CC_{50} kPa	CC_{65} kPa
■	1	39,48	9,57	6,37	13,25	23,27

Seriengrafik:

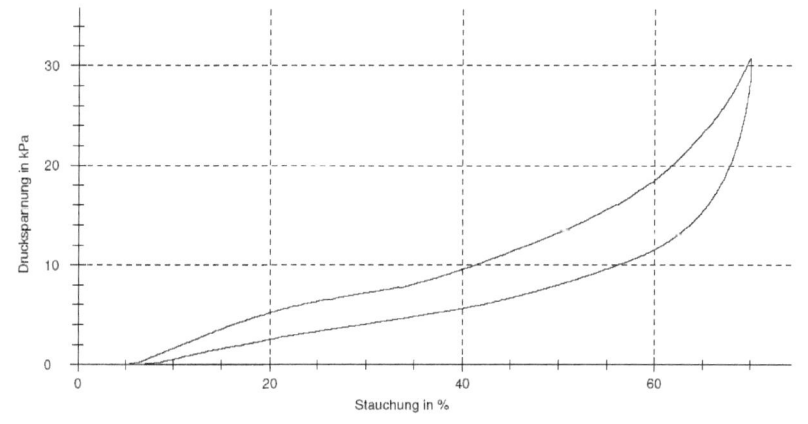

Meßprotokoll Muster 022_45_15_45

DIN EN ISO 3386 Teil 1+2 , 07/1998 Bestimmung der Druckspannungs-Verformungseigenschaften

Parametertabelle:

Codierung	: 022_45_15_45
Interne Prüflingsnr.	: 14
Verarbeitungszustand	: fixiert
Zuschnittgröße	: $B=100+2 \times B_{bindg.GB3}$; $L=100mm+z(s=0)$
Prüfkörper	: Stempel 100x100
Einbaulage	: Grundbindung der GB 1- GB 2 oben
	: in Z-Richtung zwischen Anschlagleisten eingeschlossen in Y- Richtung offen

Ergebnisse:

Legende	Nr	Probenhöhe mm	CV_{40} kPa	CC_{25} kPa	CC_{50} kPa	CC_{65} kPa
■	1	41,03	10,73	7,44	13,62	23,10

Seriengrafik:

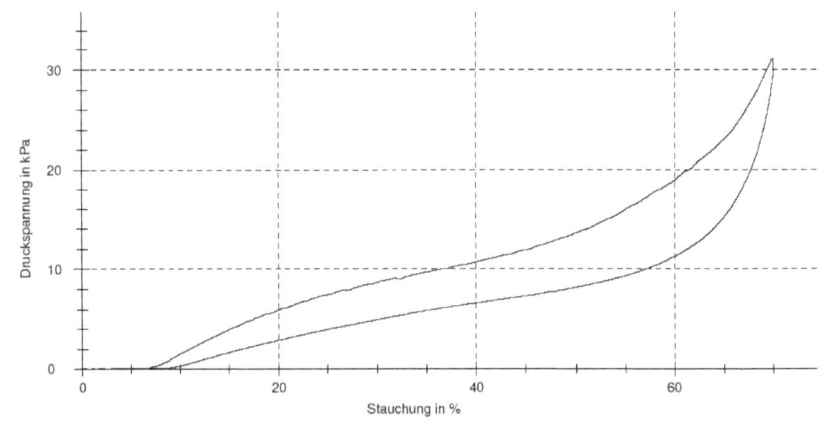

Meßprotokoll Muster 022_45_16_45

DIN EN ISO 3386 Teil 1+2 , 07/1998 Bestimmung der Druckspannungs-Verformungseigenschaften

Parametertabelle:

Codierung : 022_45_16_45
Interne Prüflingsnr. : 12
Verarbeitungszustand : fixiert
Zuschnittgröße : $B=100+2 \times B_{bindg.GB3}$; $L=100mm+z(s=0)$

Prüfkörper : Stempel 100x100
Einbaulage : Grundbindung der GB 1- GB 2 oben
: in Z-Richtung zwischen Anschlagleisten eingeschlossen
  in Y- Richtung offen

Ergebnisse:

Legende	Nr	Probenhöhe mm	CV_{40} kPa	CC_{25} kPa	CC_{50} kPa	CC_{65} kPa
■	1	39,67	10,78	6,03	18,18	28,97

Seriengrafik:

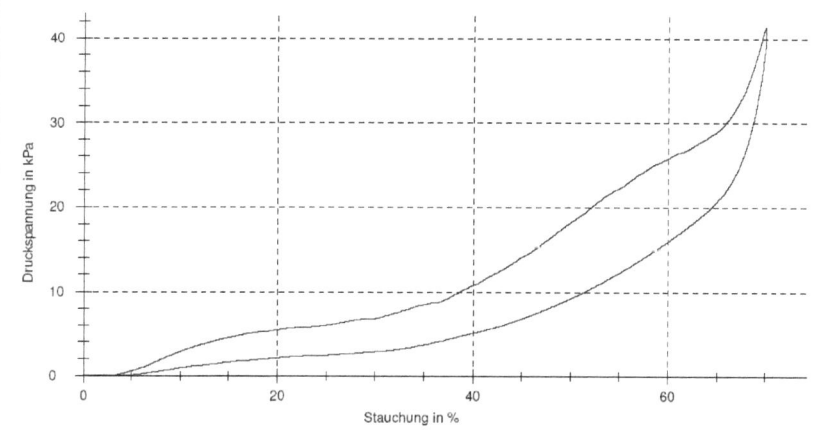

Meßprotokoll Muster 022_45_18_45

DIN EN ISO 3386 Teil 1+2 , 07/1998 Bestimmung der Druckspannungs-Verformungseigenschaften

Parametertabelle:

```
Codierung              : 022_45_18_45
Interne Prüflingsnr.   : 16
Verarbeitungszustand   : fixiert
Zuschnittgröße         : B=100+2xB_bindg.GB3; L=100mm+z(s=0)

Prüfkörper             : Stempel 100x100
Einbaulage             : Grundbindung der GB 1- GB 2 oben
                       : in Z-Richtung zwischen Anschlagleisten eingeschlossen
                         in Y- Richtung offen
```

Ergebnisse:

Legende	Nr	Probenhöhe mm	CV_{40} kPa	CC_{25} kPa	CC_{50} kPa	CC_{65} kPa
■	1	41,22	10,80	6,19	19,37	37,93

Seriengrafik:

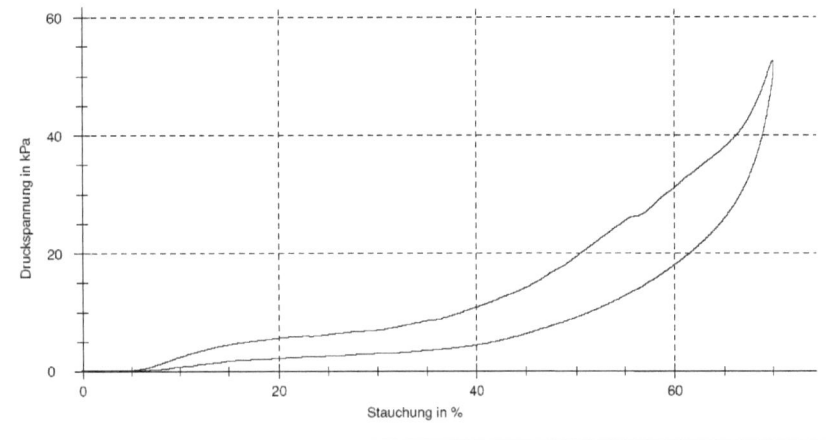

Anlage 12.4   Meßprotokolle zur Musterserie Nr. 4

Meßprotokoll Muster 022_45_11_55

DIN EN ISO 3386 Teil 1+2 , 07/1998 Bestimmung der Druckspannungs-Verformungseigenschaften

Parametertabelle:

Codierung	: 022_45_11_55
Interne Prüflingsnr.	: 1
Verarbeitungszustand	: fixiert
Zuschnittgröße	: B=100+2x$B_{bindg.GB3}$; L=100mm+z(s=0)
Prüfkörper	: Stempel 100x100
Einbaulage	: Grundbindung der GB 1- GB 2 oben
	: in Z-Richtung zwischen Anschlagleisten eingeschlossen in Y- Richtung offen

Ergebnisse:

Legende	Nr.	Probenhöhe mm	CV_{40} kPa	CC_{25} kPa	CC_{50} kPa	CC_{65} kPa
■	1	37,66	9,09	6,56	10,66	13,77

Seriengrafik:

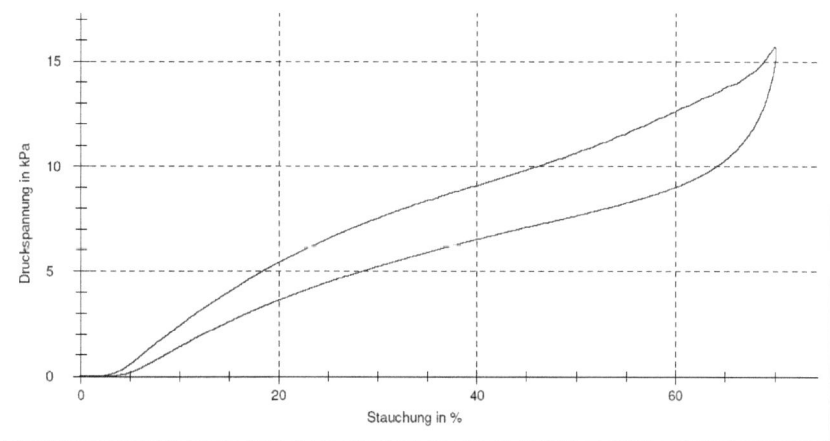

Meßprotokoll Muster 022_45_12_55

DIN EN ISO 3386 Teil 1+2 , 07/1998 Bestimmung der Druckspannungs-Verformungseigenschaften

Parametertabelle:

Codierung	: 022_45_12_55
Interne Prüflingsnr.	: 2
Verarbeitungszustand	: fixiert
Zuschnittgröße	: $B=100+2 \times B_{bindg.GB3}$; $L=100mm+z(s=0)$
Prüfkörper	: Stempel 100x100
Einbaulage	: Grundbindung der GB 1- GB 2 oben
	: in Z-Richtung zwischen Anschlagleisten eingeschlossen in Y- Richtung offen

Ergebnisse:

Legende	Nr	Probenhöhe mm	CV_{40} kPa	CC_{25} kPa	CC_{50} kPa	CC_{65} kPa
■	1	38,88	9,70	7,01	11,71	16,23

Seriengrafik:

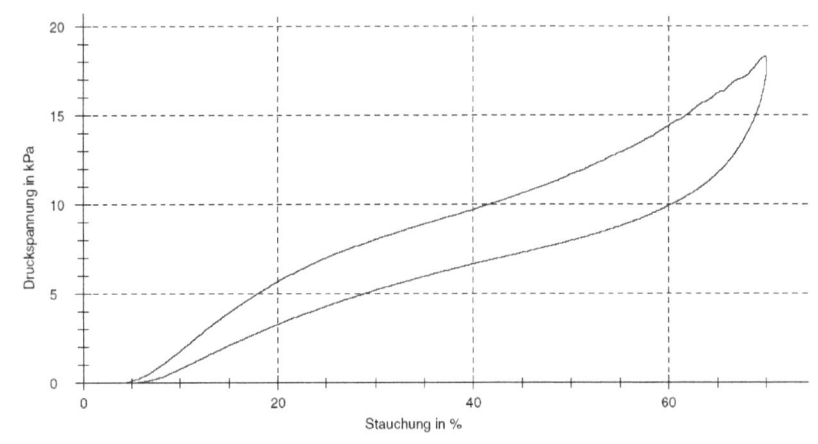

Meßprotokoll Muster 022_45_13_55

DIN EN ISO 3386 Teil 1+2 , 07/1998 Bestimmung der Druckspannungs-Verformungseigenschaften

Parametertabelle:

Codierung	: 022_45_13_55
Interne Prüflingsnr.	: 3
Verarbeitungszustand	: fixiert
Zuschnittgröße	: $B=100+2 \times B_{bindg.GB3}$; $L=100mm+z(s=0)$
Prüfkörper	: Stempel 100x100
Einbaulage	: Grundbindung der GB 1- GB 2 oben
	: in Z-Richtung zwischen Anschlagleisten eingeschlossen in Y- Richtung offen

Ergebnisse:

Legende	Nr	Probenhöhe mm	CV_{40} kPa	CC_{25} kPa	CC_{50} kPa	CC_{65} kPa
■	1	39,11	9,86	7,29	12,64	18,93

Seriengrafik:

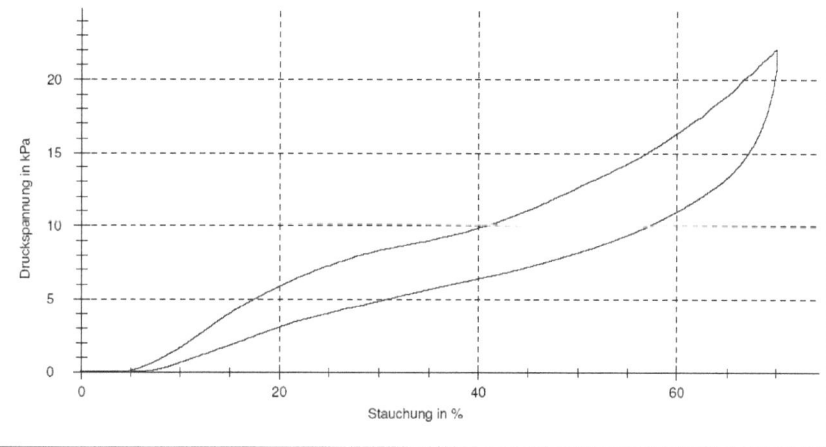

Meßprotokoll Muster 022_45_14_55

DIN EN ISO 3386 Teil 1+2 , 07/1998 Bestimmung der Druckspannungs-Verformungseigenschaften

Parametertabelle:

Codierung	: 022_45_14_55
Interne Prüflingsnr.	: 4
Verarbeitungszustand	: fixiert
Zuschnittgröße	: B=100+2x$B_{bindg.GB3}$; L=100mm+z(s=0)
Prüfkörper	: Stempel 100x100
Einbaulage	: Grundbindung der GB 1- GB 2 oben
	: in Z-Richtung zwischen Anschlagleisten eingeschlossen in Y- Richtung offen

Ergebnisse:

Legende	Nr	Probenhöhe mm	CV_{40} kPa	CC_{25} kPa	CC_{50} kPa	CC_{65} kPa
■	1	39,08	8,89	7,43	12,78	21,46

Seriengrafik:

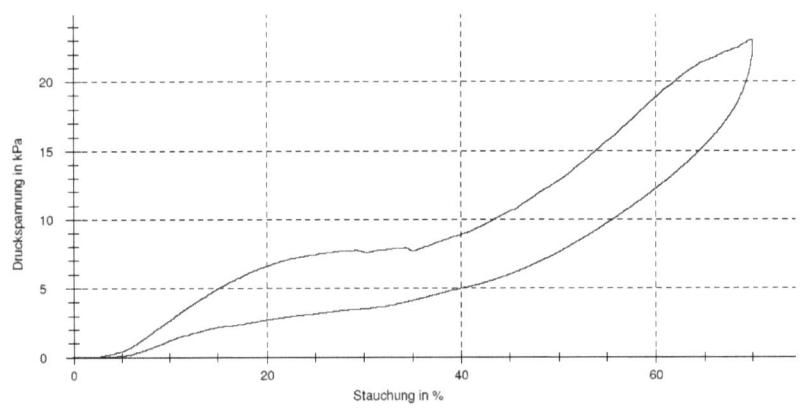

Meßprotokoll Muster 022_45_15_55

DIN EN ISO 3386 Teil 1+2 , 07/1998 Bestimmung der Druckspannungs-Verformungseigenschaften

Parametertabelle:

Codierung	: 022_45_15_55
Interne Prüflingsnr.	: 5
Verarbeitungszustand	: Fixiert
Zuschnittgröße	: B=100+2x$B_{bindg.GB3}$; L=100mm+z(s=0)
Prüfkörper	: Stempel 100x100
Einbaulage	: Grundbindung der GB 1- GB 2 oben
	: in Z-Richtung zwischen Anschlagleisten eingeschlossen in Y- Richtung offen

Ergebnisse:

Legende	Nr.	Probenhöhe mm	CV_{40} kPa	CC_{25} kPa	CC_{50} kPa	CC_{65} kPa
■	1	39,08	10,18	7,79	15,11	23,89

Seriengrafik:

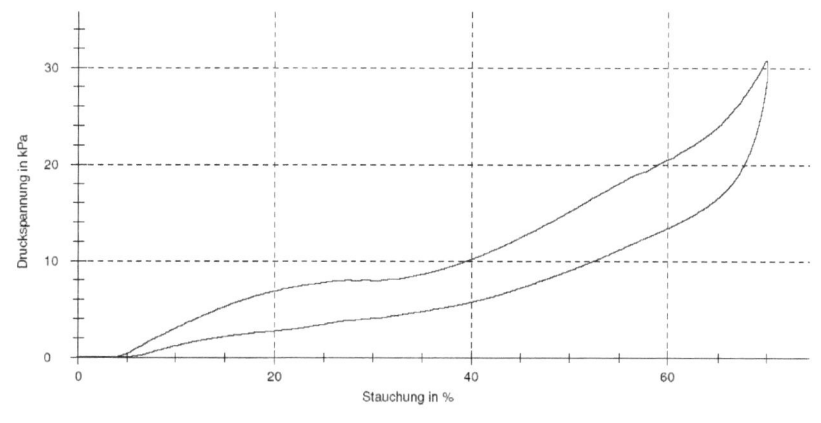

Meßprotokoll Muster 022_45_16_55

DIN EN ISO 3386 Teil 1+2 , 07/1998 Bestimmung der Druckspannungs-Verformungseigenschaften

Parametertabelle:

Codierung	: 022_45_16_55
Interne Prüflingsnr.	: 6
Verarbeitungszustand	: Fixiert
Zuschnittgröße	: B=100+2x$B_{bindg.GB3}$; L=100mm+z(s=0)
Prüfkörper	: Stempel 100x100
Einbaulage	: Grundbindung der GB 1- GB 2 oben
	: in Z-Richtung zwischen Anschlagleisten eingeschlossen in Y- Richtung offen

Ergebnisse:

Legende	Nr	Probenhöhe mm	CV_{40} kPa	CC_{25} kPa	CC_{50} kPa	CC_{65} kPa
■	1	41,31	10,04	8,41	15,78	25,78

Seriengrafik:

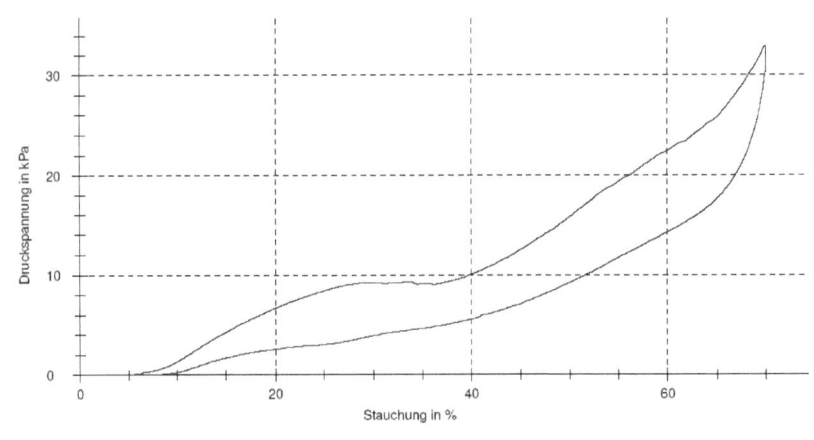

Meßprotokoll Muster 022_45_18_55

DIN EN ISO 3386 Teil 1+2, 07/1998 Bestimmung der Druckspannungs-Verformungseigenschaften

Parametertabelle:

Codierung : 022_45_18_55
Interne Prüflingsnr. : 7
Verarbeitungszustand : Fixiert
Zuschnittgröße : $B=100+2 \times B_{bindg.GB3}$; $L=100mm+z(s=0)$

Prüfkörper : Stempel 100x100
Einbaulage : Grundbindung der GB 1- GB 2 oben
: in Z-Richtung zwischen Anschlagleisten eingeschlossen
  in Y- Richtung offen

Ergebnisse:

Legende	Nr	Probenhöhe mm	CV_{40} kPa	CC_{25} kPa	CC_{50} kPa	CC_{65} kPa
■	1	40,35	11,02	8,51	16,06	28,32

Seriengrafik:

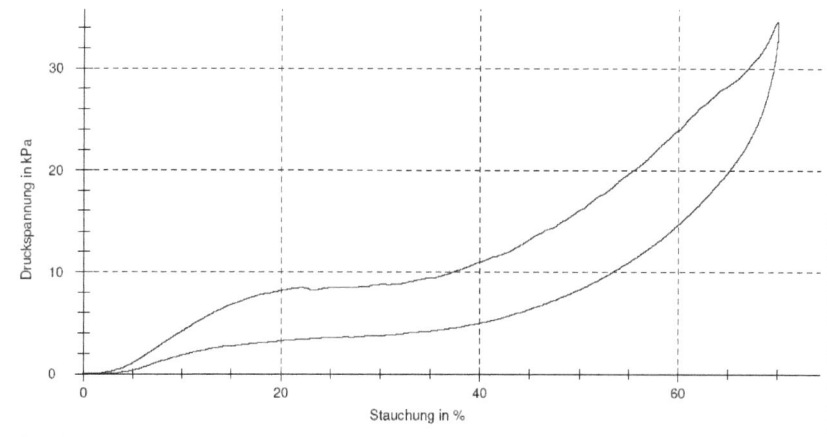

Anlage 13 Ergebnisvergleich

Anlage 13.1 Gegenüberstellung der Meßwerte mit den theoretischen DSVE nach Gl. 5.23 sowie nach Korrektur gemäß Gl. 7.1

Anlage 13.1.1 Tabellen zu Musterserie Nr. 1

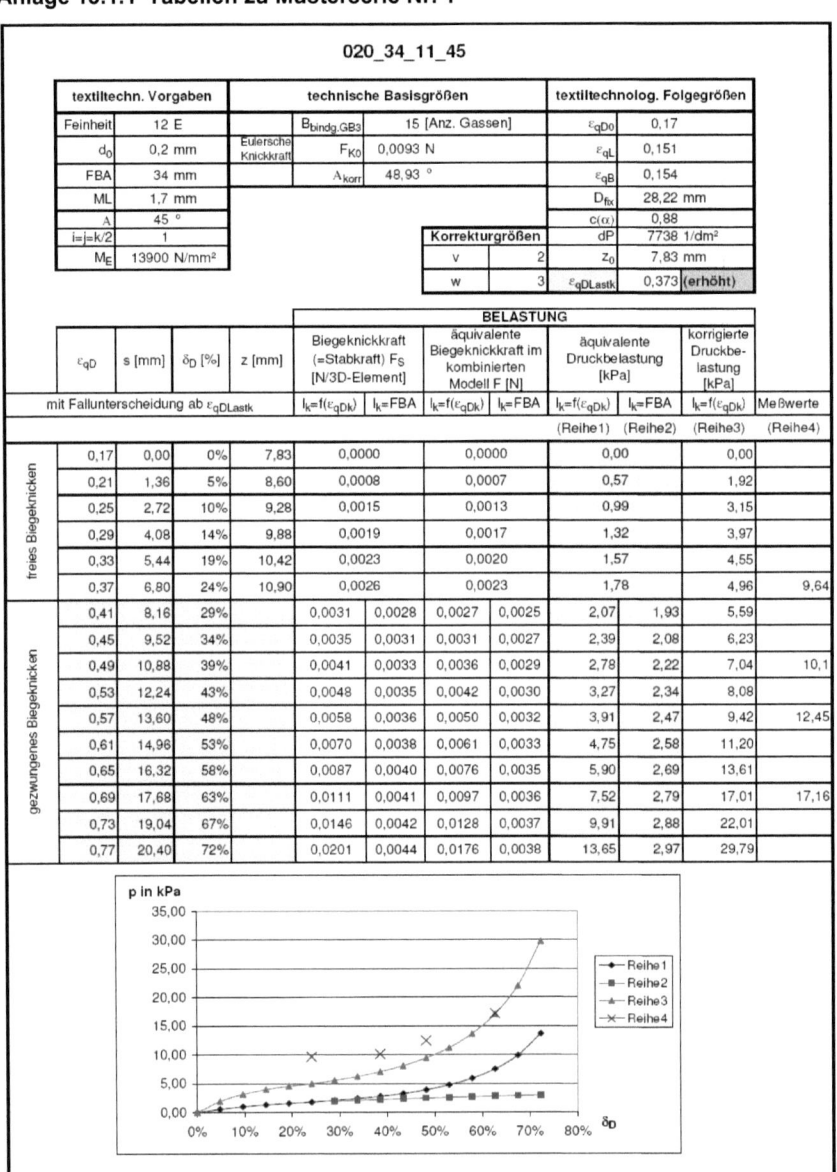

020_34_13_45

textiltechn. Vorgaben		technische Basisgrößen			textiltechnolog. Folgegrößen	
Feinheit	12 E		B_{bindg}	15 [Anz. Gassen]	ε_{qD0}	0,144
d_0	0,2 mm	Eulersche Knickkraft	F_{K0}	0,0093 N	ε_{qL}	0,126
FBA	34 mm		A_{korr}	48,93 °	ε_{qB}	0,171
ML	1,5 mm				D_{fix}	29,104 mm
A	45 °				$c(\alpha)$	0,88
i=j=k/2	1		Korrekturgrößen		dP	8694 1/dm²
M_E	13900 N/mm²		v	2	z_0	7,26 mm
			w	4	$\varepsilon_{qDLastk}$	0,373 (erhöht)

					BELASTUNG						
					Biegeknickkraft (=Stabkraft) F_S [N/3D-Element]		äquivalente Biegeknickkraft im kombinierten Modell F [N]		äquivalente Druckbelastung [kPa]		korrigierte Druckbelastung [kPa]	
	ε_{qD}	s [mm]	δ_D [%]	z [mm]	$l_k=f(\varepsilon_{qDk})$	l_k=FBA	$l_k=f(\varepsilon_{qDk})$	l_k=FBA	$l_k=f(\varepsilon_{qDk})$	l_k=FBA	$l_k=f(\varepsilon_{qDk})$	Meßwerte
mit Fallunterscheidung ab $\varepsilon_{qDLastk}$									(Reihe1)	(Reihe2)	(Reihe3)	(Reihe4)
freies Biegeknicken	0,14	0,00	0%	7,25511	0,0000		0,0000		0,00		0,00	
	0,18	1,36	5%	8,11224	0,0010		0,0009		0,75		2,29	
	0,22	2,72	9%	8,85155	0,0017		0,0015		1,28		3,73	
	0,26	4,08	14%	9,50059	0,0022		0,0019		1,68		4,69	
	0,30	5,44	19%	10,0768	0,0026		0,0023		1,99		5,36	
	0,34	6,80	23%	10,5921	0,0029		0,0026		2,24		5,85	8,16
gezwungenes Biegeknicken	0,38	8,16	28%		0,0031	0,0032	0,0028	0,0028	2,39	2,43	6,08	
	0,42	9,52	33%		0,0036	0,0034	0,0031	0,0030	2,73	2,59	6,78	
	0,46	10,88	37%		0,0041	0,0036	0,0036	0,0031	3,16	2,74	7,65	
	0,50	12,24	42%		0,0048	0,0038	0,0042	0,0033	3,69	2,88	8,75	10,48
	0,54	13,60	47%		0,0057	0,0039	0,0050	0,0035	4,36	3,01	10,16	
	0,58	14,96	51%		0,0069	0,0041	0,0060	0,0036	5,24	3,13	12,00	12,83
	0,62	16,32	56%		0,0084	0,0043	0,0074	0,0037	6,42	3,24	14,44	
	0,66	17,68	61%		0,0105	0,0044	0,0092	0,0039	8,04	3,35	17,81	
	0,70	19,04	65%		0,0136	0,0045	0,0119	0,0040	10,36	3,46	22,61	22,79
	0,74	20,40	70%		0,0182	0,0047	0,0159	0,0041	13,84	3,55	29,81	
	0,78	21,76	75%		0,0255	0,0048	0,0224	0,0042	19,45	3,65	41,33	

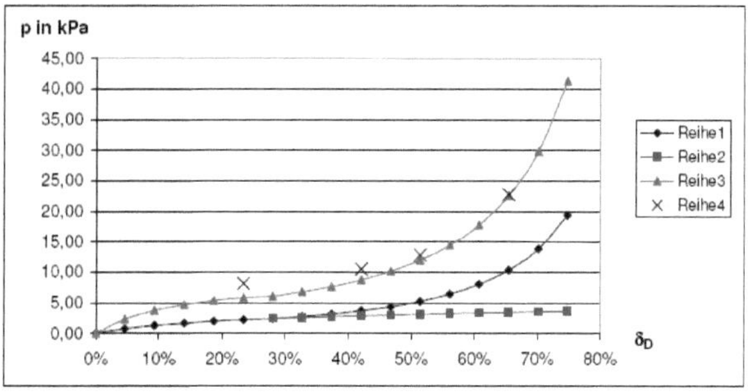

020_34_15_45

textiltechn. Vorgaben		technische Basisgrößen		textiltechnolog. Folgegrößen	
Feinheit	12 E	B_{bindg}	15 [Anz. Gassen]	ε_{qD0}	0,132
d_0	0,2 mm	Eulersche Knickkraft F_{K0}	0,0093 N	ε_{qL}	0,067
FBA	34 mm	A_{korr}	48,93 °	ε_{qB}	0,152
ML	1,3 mm			D_{fix}	29,512 mm
A	45 °			$c(\alpha)$	0,88
i=j=k/2	1	Korrekturgrößen		dP	9186 1/dm²
M_E	13900 N/mm²	v	2	z_0	6,97 mm
		w	3	$\varepsilon_{qDLastk}$	0,363

				BELASTUNG						
				Biegeknickkraft (=Stabkraft) F_S [N/3D-Element]		äquivalente Biegeknickkraft im kombinierten Modell F [N]		äquivalente Druckbelastung [kPa]		korrigierte Druckbelastung [kPa]
ε_{qD}	s [mm]	δ_D [%]	z [mm]	$l_k=f(\varepsilon_{qDk})$	l_k=FBA	$l_k=f(\varepsilon_{qDk})$	l_k=FBA	$l_k=f(\varepsilon_{qDk})$	l_k=FBA	$l_k=f(\varepsilon_{qDk})$	Meßwerte
								(Reihe1)	(Reihe2)	(Reihe3)	(Reihe4)
0,13	0,00	0%	6,96866	0,0000		0,0000		0,00		0,00	
0,17	1,36	5%	7,86912	0,0011		0,0009		0,86		3,09	
0,21	2,72	9%	8,64024	0,0018		0,0016		1,45		4,87	
0,25	4,08	14%	9,31419	0,0023		0,0021		1,89		5,99	
0,29	5,44	18%	9,91081	0,0028		0,0024		2,23		6,72	
0,33	6,80	23%	10,4434	0,0031		0,0027		2,50		7,22	9,2
0,37	8,16	28%	10,9213	0,0032	0,0034	0,0028	0,0030	2,57	2,71	7,14	
0,41	9,52	32%		0,0036	0,0036	0,0032	0,0031	2,93	2,88	7,87	
0,45	10,88	37%		0,0042	0,0038	0,0037	0,0033	3,37	3,03	8,79	
0,49	12,24	41%		0,0049	0,0039	0,0043	0,0035	3,92	3,17	9,94	11,29
0,53	13,60	46%		0,0057	0,0041	0,0050	0,0036	4,62	3,31	11,41	
0,57	14,96	51%		0,0069	0,0043	0,0060	0,0037	5,53	3,44	13,32	13,53
0,61	16,32	55%		0,0083	0,0044	0,0073	0,0039	6,73	3,55	15,84	
0,65	17,68	60%		0,0104	0,0046	0,0091	0,0040	8,36	3,67	19,28	
0,69	19,04	65%		0,0132	0,0047	0,0116	0,0041	10,67	3,77	24,13	24,2
0,73	20,40	69%		0,0175	0,0048	0,0153	0,0042	14,10	3,87	31,28	
0,77	21,76	74%		0,0242	0,0049	0,0212	0,0043	19,48	3,97	42,46	

Row labels (left margin): freies Biegeknicken (rows ε_{qD} = 0,13 bis 0,37, mit Fallunterscheidung ab $\varepsilon_{qDLastk}$); gezwungenes Biegeknicken (rows 0,41 bis 0,77)

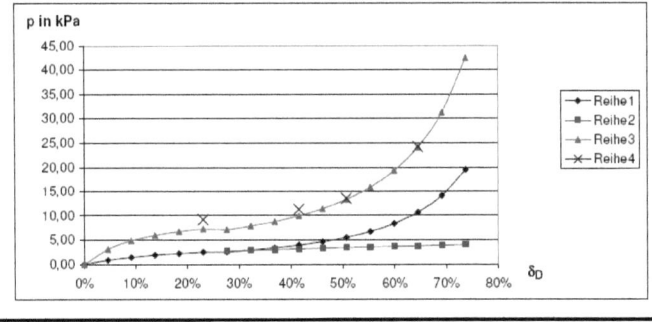

p in kPa — Reihe1, Reihe2, Reihe3, Reihe4 vs. δ_D

020_34_18_45

textiltechn. Vorgaben		technische Basisgrößen		textiltechnolog. Folgegrößen	
Feinheit	12 E	$B_{bindg.GB3}$	15 [Anz. Gassen]	ε_{qD0}	0,081
d_0	0,2 mm	Eulersche Knickkraft F_{K0}	0,0093 N	ε_{qL}	0,058
FBA	34 mm	A_{korr}	48,93 °	ε_{qB}	0,156
ML	1,11 mm			D_{fix}	31,246 mm
A	45 °			$c(\alpha)$	0,88
i=j=k/2	1	Korrekturgrößen		dP	10706 1/dm²
M_E	13900 N/mm²	v	1,8	z_0	5,53 mm
		w	4	$\varepsilon_{qDLastk}$	0,373 (erhöht)

				BELASTUNG					
ε_{qD}	s [mm]	δ_D [%]	z [mm]	Biegeknickkraft (=Stabkraft) F_S [N/3D-Element]		äquivalente Biegeknickkraft im kombinierten Modell F [N]		äquivalente Druckbelastung [kPa]	korrigierte Druckbelastung [kPa]
mit Fallunterscheidung ab $\varepsilon_{qDLastk}$				$I_k=f(\varepsilon_{qDk})$	I_k=FBA	$I_k=f(\varepsilon_{qDk})$	I_k=FBA	$I_k=f(\varepsilon_{qDk})$	I_k=FBA	$I_k=f(\varepsilon_{qDk})$	Meßwerte
								(Reihe1)	(Reihe2)	(Reihe3)	(Reihe4)
0,08	0,00	0%	5,53291	0,0000		0,0000		0,00		0,00	
0,12	1,36	4%	6,6916	0,0016		0,0014		1,52		4,62	
0,16	2,72	9%	7,63621	0,0026		0,0023		2,41		6,85	
0,20	4,08	13%	8,43893	0,0032		0,0028		3,01		8,10	
0,24	5,44	17%	9,13725	0,0037		0,0032		3,45		8,87	
0,28	6,80	22%	9,7536	0,0040		0,0035		3,79		9,36	
0,32	8,16	26%	10,3027	0,0043		0,0038		4,05		9,69	10,84
0,36	9,52	30%	10,7949	0,0045		0,0040		4,27		9,91	
0,40	10,88	35%		0,0051	0,0047	0,0045	0,0041	4,82	4,42	10,90	
0,44	12,24	39%		0,0059	0,0049	0,0052	0,0043	5,53	4,57	12,22	14,88
0,48	13,60	44%		0,0068	0,0050	0,0060	0,0044	6,42	4,70	13,87	
0,52	14,96	48%		0,0080	0,0051	0,0070	0,0045	7,53	4,83	15,96	
0,56	16,32	52%		0,0096	0,0053	0,0084	0,0046	8,97	4,95	18,66	20,03
0,60	17,68	57%		0,0116	0,0054	0,0101	0,0047	10,86	5,06	22,20	
0,64	19,04	61%		0,0143	0,0055	0,0125	0,0048	13,41	5,17	26,98	
0,68	20,40	65%		0,0181	0,0056	0,0159	0,0049	16,99	5,27	33,66	38,64
0,72	21,76	70%		0,0237	0,0057	0,0207	0,0050	22,21	5,36	43,38	

Rows labeled "freies Biegeknicken" (top block) and "gezwungenes Biegeknicken" (bottom block).

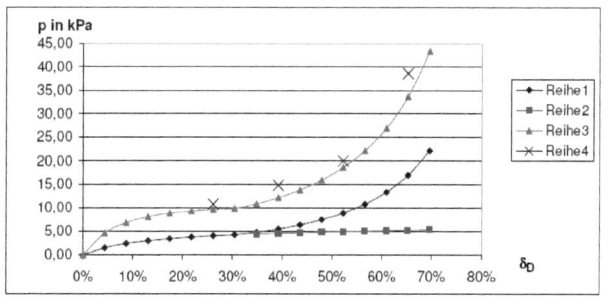

020_34_18_35

textiltechn. Vorgaben		technische Basisgrößen			textiltechnolog. Folgegrößen	
Feinheit	12 E	$B_{bindg.GB3}$	20 [Anz. Gassen]		ε_{qD0}	0,095
d_0	0,2 mm	Eulersche Knickkraft	F_{K0}	0,0093 N	ε_{qL}	0,043
FBA	34 mm		A_{korr}	40,21 °	ε_{qB}	0,14
ML	1,11 mm				D_{fix}	30,77 mm
A	35 °				$c(\alpha)$	0,82
i=j=k/2	1		Korrekturgrößen		dP	10342 1/dm²
M_E	13900 N/mm²		v	1,5	z_0	5,97 mm
			w	4	$\varepsilon_{qDLastk}$	0,373 (erhöht)

BELASTUNG

	ε_{qD}	s [mm]	δ_D [%]	z [mm]	Biegeknickkraft (=Stabkraft) F_S [N/3D-Element]		äquivalente Biegeknickkraft im kombinierten Modell F [N]		äquivalente Druckbelastung [kPa]		korrigierte Druckbelastung [kPa]	Meßwerte
	mit Fallunterscheidung ab $\varepsilon_{qDLastk}$				$I_k=f(\varepsilon_{qDk})$	I_k=FBA	$I_k=f(\varepsilon_{qDk})$	I_k=FBA	$I_k=f(\varepsilon_{qDk})$	I_k=FBA	$I_k=f(\varepsilon_{qDk})$	
									(Reihe1)	(Reihe2)	(Reihe3)	(Reihe4)
freies Biegeknicken	0,10	0,00	0%	5,97012	0,0000		0,0000		0,00		0,00	
	0,14	1,36	4%	7,04174	0,0014		0,0012		1,21		2,99	
	0,18	2,72	9%	7,93093	0,0023		0,0019		1,96		4,55	
	0,22	4,08	13%	8,69385	0,0029		0,0024		2,48		5,47	
	0,26	5,44	18%	9,36142	0,0034		0,0028		2,87		6,06	
	0,30	6,80	22%	9,95284	0,0037		0,0031		3,17		6,46	
	0,34	8,16	27%	10,481	0,0040		0,0033		3,41		6,73	8,16
gezwungenes Biegeknicken	0,38	9,52	31%	10,9551	0,0042	0,0042	0,0034	0,0035	3,54	3,60	6,79	
	0,42	10,88	35%		0,0048	0,0044	0,0039	0,0036	4,04	3,75	7,56	
	0,46	12,24	40%		0,0055	0,0046	0,0045	0,0038	4,66	3,89	8,51	9,93
	0,50	13,60	44%		0,0064	0,0047	0,0052	0,0039	5,42	4,02	9,70	
	0,54	14,96	49%		0,0075	0,0049	0,0062	0,0040	6,40	4,14	11,22	13,63
	0,58	16,32	53%		0,0090	0,0050	0,0074	0,0041	7,66	4,25	13,19	
	0,62	17,68	57%		0,0110	0,0051	0,0090	0,0042	9,33	4,36	15,81	
	0,66	19,04	62%		0,0137	0,0052	0,0112	0,0043	11,62	4,46	19,38	
	0,70	20,40	66%		0,0175	0,0054	0,0144	0,0044	14,87	4,56	24,43	30,84
	0,74	21,76	71%		0,0232	0,0055	0,0190	0,0045	19,70	4,65	31,92	

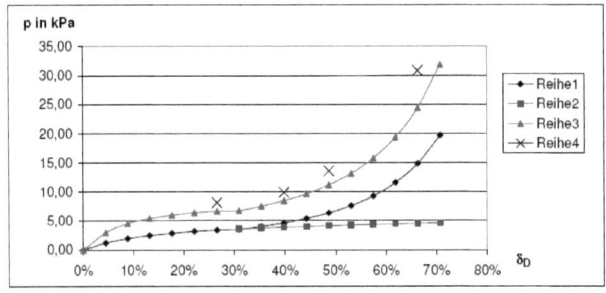

020_34_18_55

textiltechn. Vorgaben		technische Basisgrößen			textiltechnolog. Folgegrößen	
Feinheit	12 E	$B_{bindg.GB3}$		10 [Anz. Gassen]	ε_{qD0}	0,099
d_0	0,2 mm	Eulersche Knickkraft	F_{K0}	0,0093 N	ε_{qL}	0,02
FBA	34 mm		A_{korr}	60,74 °	ε_{qB}	0,161
ML	1,11 mm				D_{fix}	30,634 mm
A	55 °				$c(\alpha)$	0,94
i=j=k/2	1	Korrekturgrößen			dP	10353 1/dm²
M_E	13900 N/mm²		v	1,5	z_0	6,09 mm
			w	3,5	$\varepsilon_{qDLastk}$	0,363

BELASTUNG

	ε_{qD}	s [mm]	δ_D [%]	z [mm]	Biegeknickkraft (=Stabkraft) F_S [N/3D-Element]		äquivalente Biegeknickkraft im kombinierten Modell F [N]		äquivalente Druckbelastung [kPa]		korrigierte Druckbelastung [kPa]		Meßwerte
	mit Fallunterscheidung ab $\varepsilon_{qDLastk}$				$I_k=f(\varepsilon_{qDk})$	I_k=FBA	$I_k=f(\varepsilon_{qDk})$	I_k=FBA	$I_k=f(\varepsilon_{qDk})$	I_k=FBA	$I_k=f(\varepsilon_{qDk})$		
									(Reihe1)	(Reihe2)	(Reihe3)		(Reihe4)
freies Biegeknicken	0,10	0,00	0%	6,09	0,0000		0,0000		0,00		0,00		
	0,14	1,36	4%	7,14	0,0014		0,0013		1,33		3,50		
	0,18	2,72	9%	8,01	0,0022		0,0021		2,17		5,32		
	0,22	4,08	13%	8,76	0,0028		0,0027		2,76		6,39		
	0,26	5,44	18%	9,42	0,0033		0,0031		3,20		7,06		
	0,30	6,80	22%	10,01	0,0037		0,0034		3,54		7,49		
	0,34	8,16	27%	10,53	0,0039		0,0037		3,81		7,79		11,01
	0,38	9,52	31%	11,00	0,0041	0,0041	0,0039	0,0039	4,01	4,02	7,93		
gezwungenes Biegeknicken	0,42	10,88	36%		0,0047	0,0043	0,0044	0,0041	4,58	4,19	8,80		
	0,46	12,24	40%		0,0054	0,0045	0,0051	0,0042	5,28	4,35	9,89		11,49
	0,50	13,60	44%		0,0063	0,0046	0,0059	0,0043	6,15	4,50	11,26		
	0,54	14,96	49%		0,0075	0,0048	0,0070	0,0045	7,27	4,64	13,01		13,46
	0,58	16,32	53%		0,0090	0,0049	0,0084	0,0046	8,71	4,78	15,28		
	0,62	17,68	58%		0,0110	0,0051	0,0103	0,0047	10,64	4,90	18,31		
	0,66	19,04	62%		0,0137	0,0052	0,0128	0,0048	13,28	5,02	22,45		
	0,70	20,40	67%		0,0176	0,0053	0,0165	0,0050	17,05	5,13	28,33		24,49
	0,74	21,76	71%		0,0234	0,0054	0,0219	0,0051	22,67	5,23	37,08		

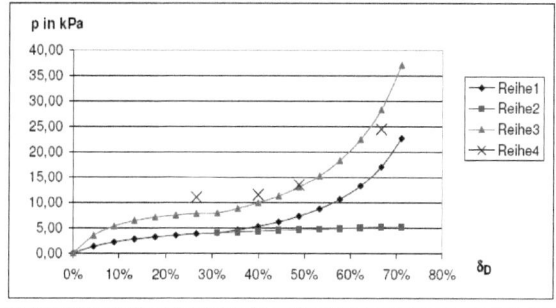

Anlage 13.1.2 Tabellen zu Musterserie Nr. 2

022_34_11_45

textiltechn. Vorgaben		technische Basisgrößen		textiltechnolog. Folgegrößen	
Feinheit	12 E	$B_{bindg.GB3}$	15 [Anz. Gassen]	ε_{qD0}	0,126
d_0	0,22 mm	Eulersche Knickkraft F_{K0}	0,0136 N	ε_{qL}	0,164
FBA	34 mm	A_{korr}	48,93 °	ε_{qB}	0,167
ML	1,7 mm			D_{fix}	29,716 mm
A	45 °			$c(\alpha)$	0,88
i=j=k/2	1	Korrekturgrößen		dP	7981 1/dm²
M_E	13900 N/mm²	v	1,3	z_0	6,82 mm
		w	4	$\varepsilon_{qDLastk}$	0,373 (erhöht)

BELASTUNG

	ε_{qD}	s [mm]	δ_D [%]	z [mm]	Biegeknickkraft (=Stabkraft) F_S [N/3D-Element]		äquivalente Biegeknickkraft im kombinierten Modell F [N]		äquivalente Druckbelastung [kPa]		korrigierte Druckbelastung [kPa]	Meßwerte
mit Fallunterscheidung ab $\varepsilon_{qDLastk}$					$l_k=f(\varepsilon_{qDk})$	$l_k=FBA$	$l_k=f(\varepsilon_{qDk})$	$l_k=FBA$	$l_k=f(\varepsilon_{qDk})$	$l_k=FBA$	$l_k=f(\varepsilon_{qDk})$	
									(Reihe1)	(Reihe2)	(Reihe3)	(Reihe4)
freies Biegeknicken	0,13	0,00	0%	6,82	0,0000		0,0000		0,00		0,00	
	0,17	1,36	5%	7,74	0,0016		0,0014		1,14		2,32	
	0,21	2,72	9%	8,53	0,0027		0,0024		1,92		3,70	
	0,25	4,08	14%	9,22	0,0036		0,0031		2,49		4,59	
	0,29	5,44	18%	9,83	0,0042		0,0037		2,92		5,19	
	0,33	6,80	23%	10,37	0,0047		0,0041		3,27		5,62	7,12
	0,37	8,16	27%	10,85	0,0051		0,0044		3,55		5,93	
gezwungenes Biegeknicken	0,41	9,52	32%		0,0058	0,0054	0,0051	0,0047	4,08	3,75	6,64	
	0,45	10,88	37%		0,0067	0,0056	0,0059	0,0049	4,69	3,95	7,46	
	0,49	12,24	41%		0,0078	0,0059	0,0068	0,0052	5,45	4,13	8,48	10,14
	0,53	13,60	46%		0,0091	0,0061	0,0080	0,0054	6,40	4,30	9,77	
	0,57	14,96	50%		0,0109	0,0064	0,0096	0,0056	7,64	4,46	11,45	12,61
	0,61	16,32	55%		0,0132	0,0066	0,0116	0,0058	9,27	4,61	13,65	
	0,65	17,68	59%		0,0164	0,0068	0,0144	0,0060	11,48	4,75	16,65	
	0,69	19,04	64%		0,0208	0,0070	0,0183	0,0061	14,59	4,88	20,84	22,24
	0,73	20,40	69%		0,0274	0,0072	0,0240	0,0063	19,16	5,01	26,99	
	0,77	21,76	73%		0,0375	0,0073	0,0329	0,0064	26,27	5,13	36,51	

022_34_13_45

textiltechn. Vorgaben		technische Basisgrößen		textiltechnolog. Folgegrößen	
Feinheit	12 E	$B_{bindg.GB3}$	15 [Anz. Gassen]	ε_{qDo}	0,1
d_0	0,22 mm	Eulersche Knickkraft F_{K0}	0,0136 N	ε_{qL}	0,141
FBA	34 mm	A_{korr}	48,93 °	ε_{qB}	0,145
ML	1,5 mm			D_{fix}	30,6 mm
A	45 °			$c(\alpha)$	0,88
i=j=k/2	1	Korrekturgrößen		dP	8576 1/dm²
M_E	13900 N/mm²	v	1,3	z_0	6,12 mm
		w	4	$\varepsilon_{qDLastk}$	0,373 **(erhöht)**

				BELASTUNG						
ε_{qD}	s [mm]	δ_D [%]	z [mm]	Biegeknickkraft (=Stabkraft) F_S [N/3D-Element]		äquivalente Biegeknickkraft im kombinierten Modell F [N]		äquivalente Druckbelastung [kPa]		korrigierte Druckbelastung [kPa]	Meßwerte
mit Fallunterscheidung ab $\varepsilon_{qDLastk}$				$I_k=f(\varepsilon_{qDk})$	I_k=FBA	$I_k=f(\varepsilon_{qDk})$	I_k=FBA	$I_k=f(\varepsilon_{qDk})$	I_k=FBA	$I_k=f(\varepsilon_{qDk})$	
								(Reihe1)	(Reihe2)	(Reihe3)	(Reihe4)
0,10	0,00	0%	6,12	0,0000		0,0000		0,00		0,00	
0,14	1,36	4%	7,16	0,0020		0,0017		1,50		3,18	
0,18	2,72	9%	8,03	0,0033		0,0029		2,45		4,88	
0,22	4,08	13%	8,78	0,0041		0,0036		3,11		5,91	
0,26	5,44	18%	9,44	0,0048		0,0042		3,61		6,58	
0,30	6,80	22%	10,02	0,0053		0,0047		4,00		7,02	
0,34	8,16	27%	10,54	0,0057		0,0050		4,31		7,33	9,98
0,38	9,52	31%		0,0060	0,0060	0,0053	0,0053	4,54	4,55	7,52	
0,42	10,88	36%		0,0069	0,0063	0,0061	0,0055	5,19	4,74	8,38	
0,46	12,24	40%		0,0080	0,0065	0,0070	0,0057	5,99	4,92	9,45	11,5
0,50	13,60	44%		0,0093	0,0068	0,0081	0,0059	6,98	5,10	10,80	
0,54	14,96	49%		0,0110	0,0070	0,0096	0,0061	8,25	5,26	12,51	13,8
0,58	16,32	53%		0,0132	0,0072	0,0115	0,0063	9,90	5,41	14,75	
0,62	17,68	58%		0,0161	0,0074	0,0141	0,0065	12,09	5,55	17,71	
0,66	19,04	62%		0,0201	0,0076	0,0176	0,0066	15,10	5,68	21,79	24,77
0,70	20,40	67%		0,0258	0,0077	0,0226	0,0068	19,40	5,81	27,57	
0,74	21,76	71%		0,0343	0,0070	0,0301	0,0069	25,83	5,93	36,20	

Left grouping: freies Biegeknicken (rows ε_{qD} = 0,10 bis 0,34); gezwungenes Biegeknicken (rows ε_{qD} = 0,38 bis 0,74).

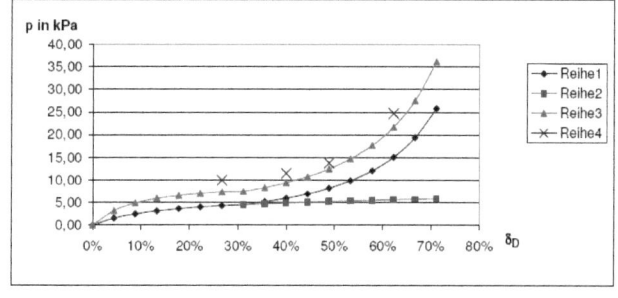

022_34_15_45

textiltechn. Vorgaben		technische Basisgrößen		textiltechnolog. Folgegrößen	
Feinheit	12 E	$B_{bindg.GB3}$	15 [Anz. Gassen]	ε_{qD0}	0,082
d_0	0,22 mm	Eulersche Knickkraft F_{K0}	0,0136 N	ε_{qL}	0,089
FBA	34 mm	A_{korr}	48,93 °	ε_{qB}	0,145
ML	1,3 mm			D_{fix}	31,212 mm
A	45 °			$c(\alpha)$	0,88
i=j=k/2	1	Korrekturgrößen		dP	9331 1/dm²
M_E	13900 N/mm²	v	1,3	z_0	5,57 mm
		w	4	$\varepsilon_{qDLastk}$	0,373 (erhöht)

				BELASTUNG				
ε_{qD}	s [mm]	δ_D [%]	z [mm]	Biegeknickkraft (=Stabkraft) F_S [N/3D-Element]		äquivalente Biegeknickkraft im kombinierten Modell F [N]		äquivalente Druckbelastung [kPa]	korrigierte Druckbelastung [kPa]	Meßwerte
mit Fallunterscheidung ab $\varepsilon_{qDLastk}$				$I_k=f(\varepsilon_{qDk})$	I_k=FBA	$I_k=f(\varepsilon_{qDk})$	I_k=FBA	$I_k=f(\varepsilon_{qDk})$	I_k=FBA	$I_k=f(\varepsilon_{qDk})$	
								(Reihe1)	(Reihe2)	(Reihe3)	(Reihe4)

	ε_{qD}	s [mm]	δ_D [%]	z [mm]	$I_k=f(\varepsilon_{qDk})$	I_k=FBA	$I_k=f(\varepsilon_{qDk})$	I_k=FBA	$I_k=f(\varepsilon_{qDk})$	I_k=FBA	$I_k=f(\varepsilon_{qDk})$	Meßwerte
freies Biegeknicken	0,08	0,00	0%	5,57	0,0000		0,0000		0,00		0,00	
	0,12	1,36	4%	6,72	0,0023		0,0021		1,91		4,21	
	0,16	2,72	9%	7,66	0,0037		0,0033		3,05		6,25	
	0,20	4,08	13%	8,46	0,0047		0,0041		3,82		7,40	
	0,24	5,44	17%	9,15	0,0053		0,0047		4,38		8,11	
	0,28	6,80	22%	9,77	0,0059		0,0051		4,80		8,57	
	0,32	8,16	26%	10,32	0,0063		0,0055		5,14		8,87	11,63
	0,36	9,52	31%	10,81	0,0066		0,0058		5,42		9,08	
gezwungenes Biegeknicken	0,40	10,88	35%		0,0075	0,0069	0,0066	0,0060	6,14	5,62	10,02	
	0,44	12,24	39%		0,0086	0,0071	0,0076	0,0062	7,05	5,80	11,24	12,76
	0,48	13,60	44%		0,0100	0,0073	0,0088	0,0064	8,18	5,98	12,76	
	0,52	14,96	48%		0,0117	0,0075	0,0103	0,0066	9,61	6,14	14,69	14,98
	0,56	16,32	52%		0,0140	0,0077	0,0123	0,0067	11,44	6,29	17,18	
	0,60	17,68	57%		0,0169	0,0079	0,0148	0,0069	13,86	6,44	20,45	
	0,64	19,04	61%		0,0209	0,0080	0,0184	0,0070	17,13	6,57	24,87	27,98
	0,68	20,40	65%		0,0265	0,0082	0,0233	0,0072	21,70	6,70	31,05	
	0,72	21,76	70%		0,0347	0,0083	0,0304	0,0073	28,40	6,82	40,05	

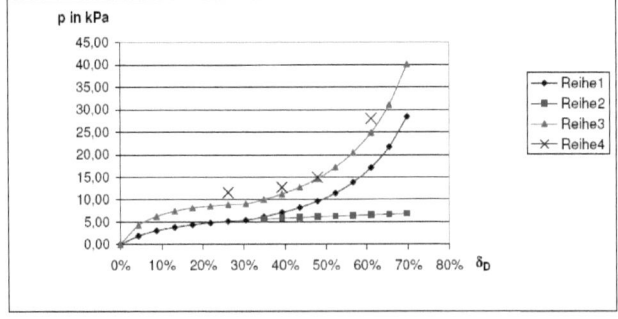

022_34_18_45

textiltechn. Vorgaben		technische Basisgrößen		textiltechnolog. Folgegrößen	
Feinheit	12 E	$B_{bindg.GB3}$	15 [Anz. Gassen]	ε_{qD0}	0,059
d_0	0,22 mm	Eulersche Knickkraft F_{K0}	0,0136 N	ε_{qL}	0,036
FBA	34 mm	A_{korr}	48,93 °	ε_{qB}	0,139
ML	1,11 mm			D_{fix}	31,994 mm
A	45 °			$c(\alpha)$	0,88
i=j=k/2	1	Korrekturgrößen		dP	10255 1/dm²
M_E	13900 N/mm²	v	1,5	z_0	4,75 mm
		w	4	$\varepsilon_{qDLastk}$	0,373 (erhöht)

				BELASTUNG					
ε_{qD}	s [mm]	δ_D [%]	z [mm]	Biegeknickkraft (=Stabkraft) F_S [N/3D-Element]		äquivalente Biegeknickkraft im kombinierten Modell F [N]		äquivalente Druckbelastung [kPa]		korrigierte Druckbelastung [kPa]	
mit Fallunterscheidung ab $\varepsilon_{qDLastk}$				$I_k=f(\varepsilon_{qDk})$	I_k=FBA	$I_k=f(\varepsilon_{qDk})$	I_k=FBA	$I_k=f(\varepsilon_{qDk})$	I_k=FBA	$I_k=f(\varepsilon_{qDk})$	Meßwerte
								(Reihe1)	(Reihe2)	(Reihe3)	(Reihe4)
0,06	0,00	0%	4,75	0,0000		0,0000		0,00		0,00	
0,10	1,36	4%	6,09	0,0030		0,0026		2,70		7,22	
0,14	2,72	9%	7,14	0,0046		0,0040		4,11		10,09	
0,18	4,08	13%	8,01	0,0056		0,0049		5,00		11,53	
0,22	5,44	17%	8,76	0,0063		0,0055		5,62		12,33	
0,26	6,80	21%	9,42	0,0068		0,0059		6,09		12,80	
0,30	8,16	26%	10,01	0,0072		0,0063		6,45		13,08	12,72
0,34	9,52	30%	10,53	0,0075		0,0066		6,74		13,24	
0,38	10,88	34%		0,0079	0,0077	0,0069	0,0068	7,08	6,96	13,54	
0,42	12,24	38%		0,0090	0,0079	0,0079	0,0070	8,09	7,14	15,08	20,3
0,46	13,60	43%		0,0104	0,0081	0,0091	0,0071	9,33	7,31	17,00	
0,50	14,96	47%		0,0121	0,0083	0,0106	0,0073	10,88	7,47	19,42	
0,54	16,32	51%		0,0143	0,0085	0,0125	0,0074	12,85	7,62	22,49	26,88
0,58	17,68	55%		0,0171	0,0086	0,0150	0,0076	15,41	7,76	26,49	
0,62	19,04	60%		0,0209	0,0088	0,0183	0,0077	18,81	7,89	31,81	
0,66	20,40	64%		0,0261	0,0089	0,0229	0,0078	23,48	8,02	39,10	50
0,70	21,76	69%		0,0335	0,0090	0,0294	0,0079	30,14	8,13	49,44	
0,74	23,12	72%		0,0446	0,0092	0,0391	0,0080	40,09	8,24	64,85	

Rows with ε_{qD} from 0,06 to 0,34: freies Biegeknicken. Rows from 0,38 to 0,74: gezwungenes Biegeknicken.

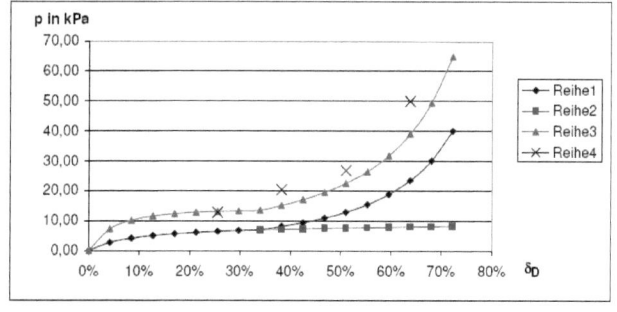

022_34_18_35

textiltechn. Vorgaben		technische Basisgrößen			textiltechnolog. Folgegrößen	
Feinheit	12 E		$B_{bindg.GB3}$	20 [Anz. Gassen]	ε_{qD0}	0,041
d_0	0,22 mm	Eulersche Knickkraft	F_{K0}	0,0136 N	ε_{qL}	0,078
FBA	34 mm		A_{korr}	40,21 °	ε_{qB}	0,113
ML	1,11 mm				D_{flx}	32,606 mm
Λ	35 °				$c(\alpha)$	0,82
i=j=k/2	1		Korrekturgrößen		dP	10408 1/dm²
M_E	13900 N/mm²		v	1,3	z_0	3,98 mm
			w	6	$\varepsilon_{qDLastk}$	0,363

				BELASTUNG						
ε_{qD}	s [mm]	δ_D [%]	z [mm]	Biegeknickkraft (=Stabkraft) F_S [N/3D-Element]	äquivalente Biegeknickkraft im kombinierten Modell F [N]		äquivalente Druckbelastung [kPa]		korrigierte Druckbelastung [kPa]	
mit Failunterscheidung ab $\varepsilon_{qDLastk}$				$I_k=f(\varepsilon_{qDk})$	$I_k=f(\varepsilon_{qDk})$	$I_k=FBA$	$I_k=f(\varepsilon_{qDk})$	$I_k=FBA$	$I_k=f(\varepsilon_{qDk})$	Meßwerte
					(Reihe1)		(Reihe2)		(Reihe3)	(Reihe4)
0,04	0,00	0%	3,98	0,0000	0,0000		0,00		0,00	
0,08	1,36	4%	5,53	0,0038	0,0032		3,29		6,49	
0,12	2,72	8%	6,69	0,0055	0,0046		4,74		8,76	
0,16	4,08	13%	7,64	0,0065	0,0054		5,60		9,87	
0,20	5,44	17%	8,44	0,0072	0,0059		6,18		10,49	
0,24	6,80	21%	9,14	0,0077	0,0063		6,60		10,88	
0,28	8,16	25%	9,75	0,0081	0,0066		6,92		11,12	18,84
0,32	9,52	29%	10,30	0,0084	0,0069		7,18		11,27	
0,36	10,88	33%	10,79	0,0086	0,0071		7,38		11,37	
0,40	12,24	38%		0,0097	0,0088	0,0080	0,0072	8,34	7,53	12,62	17,01
0,44	13,60	42%		0,0112	0,0090	0,0092	0,0074	9,57	7,67	14,26	
0,48	14,96	46%		0,0130	0,0091	0,0107	0,0075	11,11	7,80	16,31	
0,52	16,32	50%		0,0152	0,0093	0,0125	0,0076	13,04	7,92	18,89	21,95
0,56	17,68	54%		0,0181	0,0094	0,0149	0,0077	15,52	8,04	22,22	
0,60	19,04	58%		0,0219	0,0095	0,0181	0,0078	18,79	8,15	26,59	
0,64	20,40	63%		0,0271	0,0096	0,0223	0,0079	23,21	8,25	32,49	59,43
0,68	21,76	67%		0,0343	0,0097	0,0282	0,0080	29,40	8,34	40,74	
0,72	23,12	71%		0,0449	0,0098	0,0369	0,0081	38,43	8,43	52,76	

(Rows 0,04–0,36: freies Biegeknicken; Rows 0,40–0,72: gezwungenes Biegeknicken)

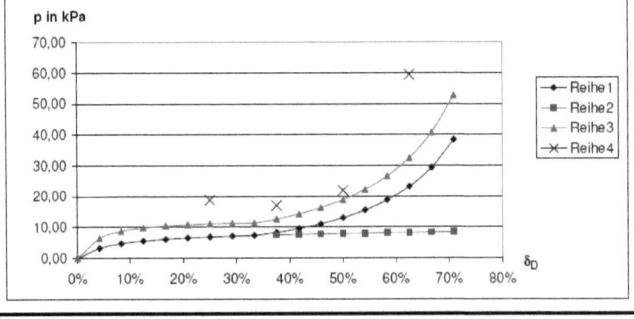

022_34_18_55

textiltechn. Vorgaben		technische Basisgrößen			textiltechnolog. Folgegrößen	
Feinheit	12 E		$B_{bindg.GB3}$	10 [Anz. Gassen]	ε_{qD0}	0,044
d_0	0,22 mm	Eulersche Knickkraft	F_{K0}	0,0136 N	ε_{qL}	0,049
FBA	34 mm		A_{korr}	60,74 °	ε_{qB}	0,144
ML	1,11 mm				D_{fix}	32,504 mm
A	55 °				$c(\alpha)$	0,94
i=j=k/2	1		Korrekturgrößen		dP	10456 1/dm²
M_E	13900 N/mm²		v	1,3	z_0	4,12 mm
			w	6	$\varepsilon_{qDLastk}$	0,373 (erhöht)

BELASTUNG

ε_{qD}	s [mm]	δ_D [%]	z [mm]	Biegeknickkraft (=Stabkraft) F_S [N/3D-Element]		äquivalente Biegeknickkraft im kombinierten Modell F [N]		äquivalente Druckbelastung [kPa]		korrigierte Druckbelastung [kPa]	Meßwerte
mit Fallunterscheidung ab $\varepsilon_{qDLastk}$				$I_k=f(\varepsilon_{qDk})$	I_k=FBA	$I_k=f(\varepsilon_{qDk})$	I_k=FBA	$I_k=f(\varepsilon_{qDk})$	I_k=FBA	$I_k=f(\varepsilon_{qDk})$	
								(Reihe1)	(Reihe2)	(Reihe3)	(Reihe4)
0,04	0,00	0%	4,12	0,0000		0,0000		0,00		0,00	
0,08	1,36	4%	5,63	0,0037		0,0034		3,59		7,05	
0,12	2,72	8%	6,77	0,0053		0,0050		5,23		9,63	
0,16	4,08	13%	7,70	0,0064		0,0059		6,22		10,92	
0,20	5,44	17%	8,49	0,0070		0,0066		6,88		11,66	
0,24	6,80	21%	9,19	0,0075		0,0070		7,37		12,12	
0,28	8,16	25%	9,80	0,0079		0,0074		7,74		12,42	16,28
0,32	9,52	29%	10,34	0,0082		0,0077		8,04		12,61	
0,36	10,88	33%	10,83	0,0085		0,0079		8,28		12,74	
0,40	12,24	38%		0,0097	0,0086	0,0090	0,0081	9,45	8,46	14,28	12,62
0,44	13,60	42%		0,0111	0,0088	0,0104	0,0082	10,86	8,62	16,16	
0,48	14,96	46%		0,0129	0,0090	0,0121	0,0084	12,60	8,77	18,49	
0,52	16,32	50%		0,0151	0,0091	0,0142	0,0085	14,81	8,92	21,44	16,61
0,56	17,68	54%		0,0180	0,0092	0,0169	0,0087	17,65	9,05	25,25	
0,60	19,04	59%		0,0219	0,0094	0,0205	0,0088	21,40	9,18	30,26	
0,64	20,40	63%		0,0270	0,0095	0,0253	0,0089	26,48	9,30	37,04	43,6
0,68	21,76	67%		0,0343	0,0096	0,0321	0,0090	33,61	9,41	46,54	
0,72	23,12	71%		0,0450	0,0097	0,0421	0,0091	44,05	9,52	60,44	

(Rows 0,04–0,36: freies Biegeknicken; Rows 0,40–0,72: gezwungenes Biegeknicken)

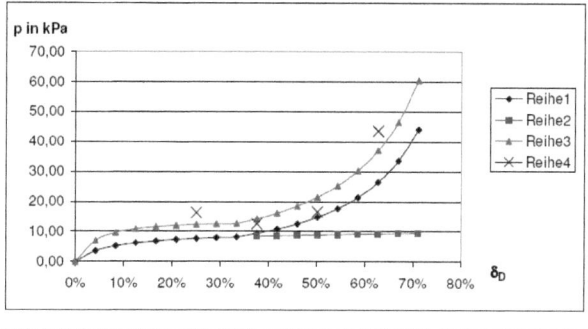

Anlage 13.1.3 Tabellen zu Musterserie Nr. 3

022_45_11_45

textiltechn. Vorgaben		technische Basisgrößen		textiltechnolog. Folgegrößen	
Feinheit	12 E	$B_{bindg.GB3}$	21 [Anz. Gassen]	ε_{qD0}	0,213
d_0	0,22 mm	Eulersche Knickkraft F_{K0}	0,0078 N	ε_{qL}	0,03
FBA	45 mm	A_{korr}	46,75 °	ε_{qB}	0,173
ML	1,7 mm			D_{fix}	35,42 mm
A	45 °			$c(\alpha)$	0,86
i=j=k/2	1	Korrekturgrößen		dP	6928 1/dm²
M_E	13900 N/mm²	v	3	z_0	11,46 mm
		w	4	$\varepsilon_{qDLastk}$	0,373 (erhöht)

				BELASTUNG						
ε_{qD}	s [mm]	δ_D [%]	z [mm]	Biegeknickkraft (=Stabkraft) F_S [N/3D-Element]		äquivalente Biegeknickkraft im kombinierten Modell F [N]		äquivalente Druckbelastung [kPa]	korrigierte Druckbelastung [kPa]	Meßwerte
mit Fallunterscheidung ab $\varepsilon_{qDLastk}$				$l_k=f(\varepsilon_{qDk})$	$l_k=$FBA	$l_k=f(\varepsilon_{qDk})$	$l_k=$FBA	$l_k=f(\varepsilon_{qDk})$	$l_k=$FBA	$l_k=f(\varepsilon_{qDk})$
								(Reihe1)	(Reihe2)	(Reihe3) (Reihe4)
0,21	0,00	0%	11,46	0,0000		0,0000		0,00	0,00	
0,25	1,80	5%	12,35	0,0006		0,0005		0,34	1,42	
0,29	3,60	10%	13,14	0,0010		0,0009		0,60	2,43	
0,33	5,40	15%	13,84	0,0013		0,0012		0,80	3,17	
0,37	7,20	20%	14,47	0,0016		0,0014		0,97	3,72	
0,41	9,00	25%		0,0019	0,0018	0,0016	0,0016	1,14	1,09	4,27	4,94
0,45	10,80	30%		0,0022	0,0020	0,0019	0,0017	1,31	1,21	4,81	
0,49	12,60	36%		0,0026	0,0022	0,0022	0,0019	1,53	1,32	5,48	
0,53	14,40	41%		0,0030	0,0024	0,0026	0,0021	1,80	1,43	6,33	7,69
0,57	16,20	46%		0,0036	0,0025	0,0031	0,0022	2,16	1,52	7,44	
0,61	18,00	51%		0,0044	0,0027	0,0038	0,0023	2,63	1,62	8,90	11,46
0,65	19,80	56%		0,0055	0,0028	0,0047	0,0025	3,27	1,70	10,90	
0,69	21,60	61%		0,0070	0,0030	0,0060	0,0026	4,17	1,78	13,72	
0,73	23,40	66%		0,0092	0,0031	0,0080	0,0027	5,52	1,86	17,89	17,25
0,77	25,20	71%		0,0127	0,0032	0,0110	0,0028	7,63	1,94	24,42	

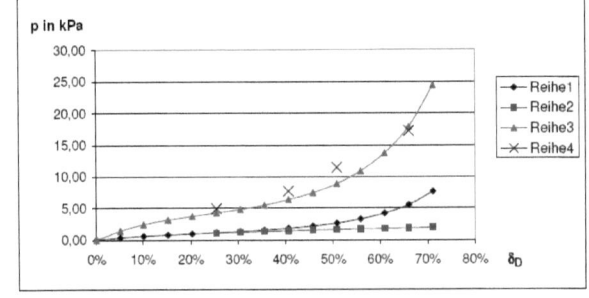

022_45_12_45

textiltechn. Vorgaben			technische Basisgrößen			textiltechnolog. Folgegrößen	
Feinheit	12 E		$B_{bindg.GB3}$	21 [Anz. Gassen]		ε_{qD0}	0,193
d_0	0,22 mm	Eulersche Knickkraft	F_{K0}	0,0078 N		ε_{qL}	0,021
FBA	45 mm		A_{korr}	46,75 °		ε_{qB}	0,16
ML	1,6 mm					D_{flx}	36,315 mm
λ	45 °					$c(\alpha)$	0,86
i=j=k/2	1					dP	7181 /dm²
M_E	13900 N/mm²			v	3	z_0	10,97 mm
				w	4	$\varepsilon_{qDLastk}$	0,363

					BELASTUNG				
ε_{qD}	s [mm]	δ_D [%]	z [mm]	Biegeknickkraft (=Stabkraft) F_S [N/3D-Element]		äquivalente Biegeknickkraft im kombinierten Modell F [N]		äquivalente Druckbelastung [kPa]		korrigierte Druckbelastung [kPa]	Meßwerte
mit Fallunterscheidung ab $\varepsilon_{qDLastk}$				$l_k=f(\varepsilon_{qDk})$	l_k=FBA	$l_k=f(\varepsilon_{qDk})$	l_k=FBA	$l_k=f(\varepsilon_{qDk})$	l_k=FBA	$l_k=f(\varepsilon_{qDk})$	
								(Reihe1)	(Reihe2)	(Reihe3)	(Reihe4)
0,19	0,00	0%	10,97	0,0000		0,0000		0,00		0,00	
0,23	1,80	5%	11,92	0,0006		0,0005		0,38		1,66	
0,27	3,60	10%	12,75	0,0011		0,0009		0,68		2,81	
0,31	5,40	15%	13,50	0,0015		0,0013		0,91		3,63	
0,35	7,20	20%	14,16	0,0018		0,0015		1,09		4,24	
0,39	9,00	25%	14,76	0,0019	0,0020	0,0017	0,0017	1,20	1,23	4,54	5,53
0,43	10,80	30%		0,0022	0,0022	0,0019	0,0019	1,37	1,35	5,08	
0,47	12,60	35%		0,0026	0,0024	0,0022	0,0020	1,59	1,46	5,75	
0,51	14,40	40%		0,0030	0,0025	0,0026	0,0022	1,86	1,57	6,60	7,76
0,55	16,20	45%		0,0036	0,0027	0,0031	0,0023	2,21	1,67	7,69	
0,59	18,00	50%		0,0043	0,0028	0,0037	0,0025	2,67	1,76	9,12	11,12
0,63	19,80	55%		0,0053	0,0030	0,0046	0,0026	3,28	1,85	11,03	
0,67	21,60	59%		0,0067	0,0031	0,0058	0,0027	4,13	1,94	13,69	
0,71	23,40	64%		0,0086	0,0032	0,0075	0,0028	5,36	2,02	17,51	17,34
0,75	25,20	69%		0,0117	0,0034	0,0101	0,0029	7,24	2,09	23,32	
0,79	27,00	74%		0,0166	0,0035	0,0144	0,0030	10,31	2,16	32,78	

Leftmost row labels: freies Biegeknicken (rows ε_{qD} = 0,19 to 0,35); gezwungenes Biegeknicken (rows ε_{qD} = 0,39 to 0,79).

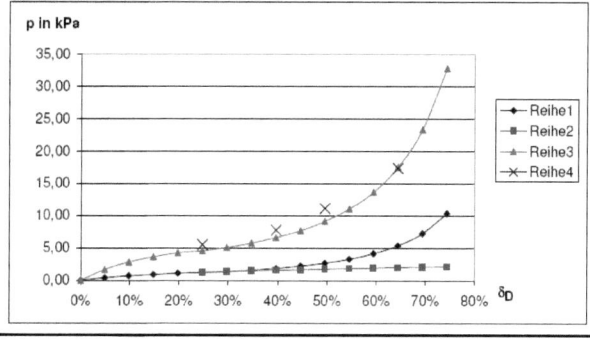

022_45_13_45

textiltechn. Vorgaben		technische Basisgrößen			textiltechnolog. Folgegrößen	
Feinheit	12 E	$B_{bindg.GB3}$		21 [Anz. Gassen]	ε_{qDo}	0,178
d_0	0,22 mm	Eulersche Knickkraft	F_{K0}	0,0078 N	ε_{qL}	-0,01
FBA	45 mm		A_{korr}	46,75 °	ε_{qB}	0,151
ML	1,5 mm				D_{flx}	36,99 mm
A	45 °				$c(\alpha)$	0,864
i=j=k/2	1				dP	7346 /dm²
M_E	13900 N/mm²			v	2,7	z_0	10,578 mm
				w	4	$\varepsilon_{qDLastk}$	0,363

				BELASTUNG					
ε_{qD}	s [mm]	δ_D [%]	z [mm]	Biegeknickkraft (=Stabkraft) F_S [N/3D-Element]	äquivalente Biegeknickkraft im kombinierten Modell F [N]		äquivalente Druckbelastung [kPa]		korrigierte Druckbelastung [kPa]	
mit Fallunterscheidung ab $\varepsilon_{qDLastk}$				$I_k=f(\varepsilon_{qDk})$	$I_k=FBA$	$I_k=f(\varepsilon_{qDk})$	$I_k=FBA$	$I_k=f(\varepsilon_{qDk})$	$I_k=FBA$	$I_k=f(\varepsilon_{qDk})$	Meßwerte
							(Reihe1)	(Reihe2)	(Reihe3)	(Reihe4)
0,18	0,00	0%	10,58	0,0000	0,0000		0,00		0,00	
0,22	1,80	5%	11,58	0,0007	0,0006		0,43		1,69	
0,26	3,60	10%	12,45	0,0012	0,0010		0,74		2,82	
0,30	5,40	15%	13,23	0,0016	0,0013		0,99		3,62	
0,34	7,20	19%	13,92	0,0019	0,0016		1,19		4,21	
0,38	9,00	24%	14,54	0,0020	0,0021	0,0017	0,0018	1,24	1,34	4,28	5,65
0,42	10,80	29%		0,0022	0,0023	0,0019	0,0020	1,42	1,46	4,77	
0,46	12,60	34%		0,0026	0,0025	0,0022	0,0021	1,64	1,58	5,38	
0,50	14,40	39%		0,0030	0,0027	0,0026	0,0023	1,91	1,69	6,14	7,52
0,54	16,20	44%		0,0036	0,0028	0,0031	0,0024	2,26	1,79	7,11	
0,58	18,00	49%		0,0043	0,0030	0,0037	0,0026	2,70	1,88	8,37	10,84
0,62	19,80	54%		0,0052	0,0031	0,0045	0,0027	3,30	1,97	10,05	
0,66	21,60	58%		0,0065	0,0032	0,0056	0,0028	4,12	2,06	12,34	
0,70	23,40	63%		0,0083	0,0034	0,0072	0,0029	5,28	2,14	15,59	19,1
0,74	25,20	68%		0,0110	0,0035	0,0095	0,0030	7,01	2,21	20,43	
0,78	27,00	73%		0,0154	0,0036	0,0133	0,0031	9,77	2,28	28,08	

(Rows 0,18–0,34: freies Biegeknicken; Rows 0,38–0,78: gezwungenes Biegeknicken)

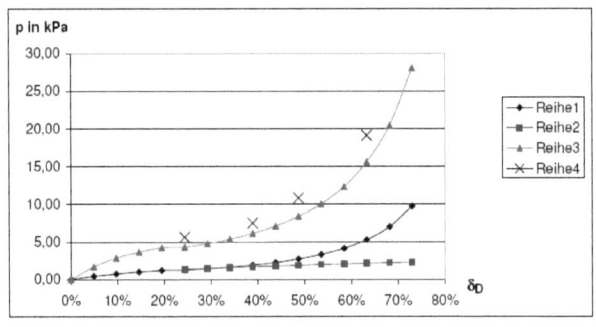

022_45_14_45

textiltechn. Vorgaben		technische Basisgrößen			textiltechnolog. Folgegrößen	
Feinheit	12 E		$B_{bindg.GB3}$	21 [Anz. Gassen]	ε_{qD0}	0,169
d_0	0,22 mm	Eulersche Knickkraft	F_{K0}	0,0078 N	ε_{qL}	0
FBA	45 mm		A_{korr}	46,75 °	ε_{qB}	0,148
ML	1,4 mm				D_{fix}	37,395 mm
A	45 °				$c(\alpha)$	0,864
i=j=k/2	1		Korrekturgrößen		dP	7921 /dm²
M_E	13900 N/mm²		v	3	z_0	10,332 mm
			w	4	$\varepsilon_{qDLastk}$	0,363

				BELASTUNG						
				Biegeknickkraft (=Stabkraft) F_S [N/3D-Element]		äquivalente Biegeknickkraft im kombinierten Modell F [N]		äquivalente Druckbelastung [kPa]	korrigierte Druckbelastung [kPa]	
ε_{qD}	s [mm]	δ_D [%]	z [mm]							Meßwerte
mit Fallunterscheidung ab $\varepsilon_{qDLastk}$				$I_k=f(\varepsilon_{qDk})$	I_k=FBA	$I_k=f(\varepsilon_{qDk})$	I_k=FBA	$I_k=f(\varepsilon_{qDk})$	I_k=FBA	
								(Reihe1) (Reihe2)	(Reihe3)	(Reihe4)
0,17	0,00	0%	10,3323	0,0000		0,0000		0,00	0,00	
0,21	1,80	5%	11,3639	0,0007		0,0006		0,48	2,15	
0,25	3,60	10%	12,2645	0,0012		0,0011		0,84	3,57	
0,29	5,40	14%	13,0611	0,0016		0,0014		1,11	4,56	
0,33	7,20	19%	13,7719	0,0019		0,0017		1,33	5,28	
0,37	9,00	24%	14,4095	0,0020	0,0022	0,0017	0,0019	1,36	1,51	5,22	6,37
0,41	10,80	29%		0,0023	0,0024	0,0020	0,0021	1,55	1,64	5,80	
0,45	12,60	34%		0,0026	0,0026	0,0022	0,0022	1,78	1,76	6,52	
0,49	14,40	39%		0,0030	0,0027	0,0026	0,0024	2,07	1,88	7,42	9,57
0,53	16,20	43%		0,0036	0,0029	0,0031	0,0025	2,43	1,98	8,56	
0,57	18,00	48%		0,0042	0,0030	0,0037	0,0026	2,91	2,08	10,04	13,25
0,61	19,80	53%		0,0052	0,0032	0,0045	0,0028	3,53	2,18	11,99	
0,65	21,60	58%		0,0064	0,0033	0,0055	0,0029	4,38	2,27	14,64	
0,69	23,40	63%		0,0082	0,0034	0,0070	0,0030	5,58	2,36	18,38	23,27
0,73	25,20	67%		0,0107	0,0036	0,0093	0,0031	7,35	2,44	23,86	
0,77	27,00	72%		0,0148	0,0037	0,0128	0,0032	10,12	2,51	32,41	

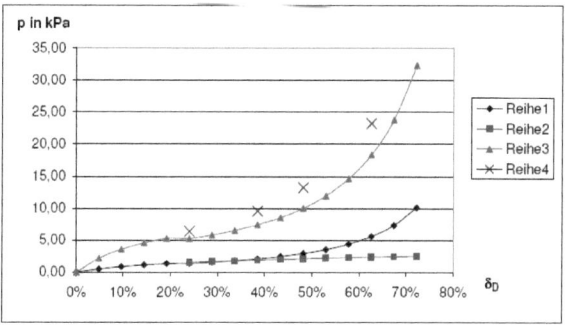

022_45_15_45

textiltechn. Vorgaben		technische Basisgrößen		textiltechnolog. Folgegrößen	
Feinheit	12 E	$B_{bindg.GB3}$	21 [Anz. Gassen]	ε_{qDo}	0,151
d_0	0,22 mm	Eulersche Knickkraft		ε_{qL}	-0,035
FBA	45 mm	F_{K0}	0,0078 N	ε_{qB}	0,139
ML	1,288 mm	A_{korr}	46,75 °	D_{fix}	38,205 mm
λ	45 °			$c(\alpha)$	0,86
i=j=k/2	1	Korrekturgrößen		dP	8232 /dm²
M_E	13900 N/mm²	v	2,7	z_0	9,81 mm
		w	4	$\varepsilon_{qDLastk}$	0,363

				BELASTUNG							
ε_{qD}	s [mm]	δ_D [%]	z [mm]	Biegeknickkraft (=Stabkraft) F_S [N/3D-Element]		äquivalente Biegeknickkraft im kombinierten Modell F [N]		äquivalente Druckbelastung [kPa]		korrigierte Druckbelastung [kPa]	
mit Fallunterscheidung ab $\varepsilon_{qDLastk}$				$l_k=f(\varepsilon_{qDk})$	l_k=FBA	$l_k=f(\varepsilon_{qDk})$	l_k=FBA	$l_k=f(\varepsilon_{qDk})$	l_k=FBA	$l_k=f(\varepsilon_{qDk})$	Meßwerte
								(Reihe1)	(Reihe2)	(Reihe3)	(Reihe4)
0,15	0,00	0%	9,81	0,0000		0,0000		0,00		0,00	
0,19	1,80	5%	10,92	0,0008		0,0007		0,56		2,29	
0,23	3,60	9%	11,87	0,0014		0,0012		0,96		3,74	
0,27	5,40	14%	12,71	0,0018		0,0015		1,26		4,73	
0,31	7,20	19%	13,46	0,0021		0,0018		1,50		5,43	
0,35	9,00	24%	14,13	0,0024		0,0021		1,69		5,94	7,44
0,39	10,80	28%	14,73	0,0026	0,0026	0,0022	0,0022	1,85	1,84	6,32	
0,43	12,60	33%		0,0030	0,0028	0,0026	0,0024	2,12	1,96	7,06	
0,47	14,40	38%		0,0034	0,0029	0,0030	0,0025	2,45	2,08	7,99	10,73
0,51	16,20	42%		0,0040	0,0031	0,0035	0,0027	2,87	2,19	9,16	
0,55	18,00	47%		0,0048	0,0032	0,0041	0,0028	3,40	2,29	10,67	
0,59	19,80	52%		0,0058	0,0034	0,0050	0,0029	4,10	2,39	12,63	13,62
0,63	21,60	57%		0,0071	0,0035	0,0061	0,0030	5,04	2,48	15,26	
0,67	23,40	61%		0,0089	0,0036	0,0077	0,0031	6,34	2,57	18,91	
0,71	25,20	66%		0,0115	0,0037	0,0100	0,0032	8,21	2,65	24,15	23,1
0,75	27,00	71%		0,0156	0,0038	0,0134	0,0033	11,07	2,72	32,10	

(Row labels: freies Biegeknicken / gezwungenes Biegeknicken)

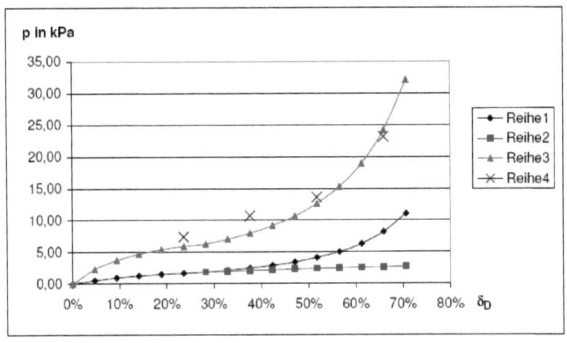

022_45_16_45

textiltechn. Vorgaben		technische Basisgrößen		textiltechnolog. Folgegrößen	
Feinheit	12 E	$B_{bindg.GB3}$	21 [Anz. Gassen]	ε_{qD0}	0,124
d_0	0,22 mm	Eulersche Knickkraft F_{K0}	0,0078 N	ε_{qL}	-0,054
FBA	45 mm	A_{korr}	46,75 °	ε_{qB}	0,136
ML	1,211 mm			D_{fix}	39,42 mm
A	45 °			$c(\alpha)$	0,86
i=j=k/2	1	Korrekturgrößen		dP	8567 1/dm²
M_E	13900 N/mm²	v	2,7	z_0	8,96 mm
		w	4	$\varepsilon_{qDLastk}$	0,373 **(erhöht)**

				BELASTUNG					
ε_{qD}	s [mm]	δ_D [%]	z [mm]	Biegeknickkraft (=Stabkraft) F_S [N/3D-Element]		äquivalente Biegeknickkraft im kombinierten Modell F [N]		äquivalente Druckbelastung [kPa]		korrigierte Druckbelastung [kPa]	Meßwerte
mit Fallunterscheidung ab $\varepsilon_{qDLastk}$				$I_k=f(\varepsilon_{qDk})$	$I_k=FBA$	$I_k=f(\varepsilon_{qDk})$	$I_k=FBA$	$I_k=f(\varepsilon_{qDk})$	$I_k=FBA$		
								(Reihe1)	(Reihe2)	(Reihe3)	(Reihe4)
0,12	0,00	0%	8,96	0,0000		0,0000		0,00		0,00	
0,16	1,80	5%	10,19	0,0009		0,0008		0,70		2,96	
0,20	3,60	9%	11,24	0,0016		0,0014		1,17		4,71	
0,24	5,40	14%	12,16	0,0021		0,0018		1,52		5,83	
0,28	7,20	18%	12,97	0,0024		0,0021		1,78		6,59	
0,32	9,00	23%	13,69	0,0027		0,0023		1,99		7,13	6,03
0,36	10,80	27%	14,33	0,0029		0,0025		2,16		7,52	
0,40	12,60	32%	14,91	0,0033	0,0031	0,0029	0,0027	2,47	2,29	8,36	
0,44	14,40	37%		0,0038	0,0032	0,0033	0,0028	2,84	2,40	9,38	
0,48	16,20	41%		0,0044	0,0034	0,0038	0,0029	3,29	2,51	10,66	10,78
0,52	18,00	46%		0,0052	0,0035	0,0045	0,0031	3,87	2,61	12,28	
0,56	19,80	50%		0,0062	0,0037	0,0054	0,0032	4,61	2,71	14,37	18,18
0,60	21,60	55%		0,0075	0,0038	0,0065	0,0033	5,59	2,80	17,12	
0,64	23,40	59%		0,0093	0,0039	0,0081	0,0034	6,92	2,89	20,85	
0,68	25,20	64%		0,0119	0,0040	0,0102	0,0035	8,78	2,97	26,06	28,97
0,72	27,00	68%		0,0155	0,0041	0,0134	0,0036	11,51	3,04	33,68	
0,76	28,80	73%		0,0213	0,0042	0,0184	0,0036	15,74	3,11	45,45	

Left labels: freies Biegeknicken (rows 0,12–0,36); gezwungenes Biegeknicken (rows 0,40–0,76)

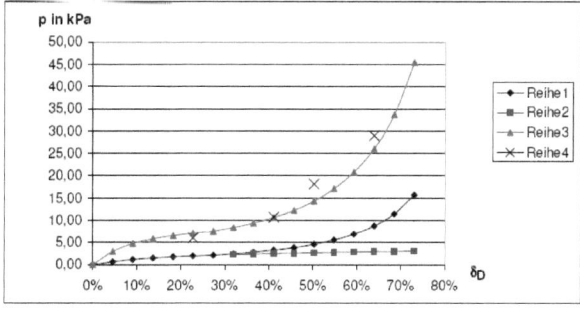

022_45_18_45

textiltechn. Vorgaben		technische Basisgrößen			textiltechnolog. Folgegrößen	
Feinheit	12 E	$B_{bindg.GB3}$	21 [Anz. Gassen]		ε_{qD0}	0,122
d_0	0,22 mm	Eulersche Knickkraft	F_{K0}	0,0078 N	ε_{qL}	-0,106
FBA	45 mm		A_{korr}	46,75 °	ε_{qB}	0,136
ML	1,109 mm				D_{fix}	39,51 mm
A	45 °				$c(\alpha)$	0,86
i=j=k/2	1		Korrekturgrößen		dP	8916 /dm²
M_E	13900 N/mm²		v	2,5	z_0	8,89 mm
			w	4	$\varepsilon_{qDLastk}$	0,373 (erhöht)

				BELASTUNG					
ε_{qD}	s [mm]	δ_D [%]	z [mm]	Biegeknickkraft (=Stabkraft) F_S [N/3D-Element]		äquivalente Biegeknickkraft im kombinierten Modell F [N]		äquivalente Druckbelastung [kPa]		korrigierte Druckbelastung [kPa]		Meßwerte
mit Fallunterscheidung ab $\varepsilon_{qDLastk}$				$I_k=f(\varepsilon_{qDk})$	I_k=FBA	$I_k=f(\varepsilon_{qDk})$	I_k=FBA	$I_k=f(\varepsilon_{qDk})$	I_k=FBA	$I_k=f(\varepsilon_{qDk})$	
								(Reihe1)	(Reihe2)	(Reihe3)	(Reihe4)
freies Biegeknicken											
0,12	0,00	0%	8,89	0,0000		0,0000		0,00		0,00	
0,16	1,80	5%	10,14	0,0010		0,0008		0,74		2,90	
0,20	3,60	9%	11,19	0,0016		0,0014		1,23		4,61	
0,24	5,40	14%	12,12	0,0021		0,0018		1,60		5,69	
0,28	7,20	18%	12,93	0,0024		0,0021		1,87		6,43	
0,32	9,00	23%	13,65	0,0027		0,0023		2,09		6,95	6,19
0,36	10,80	27%	14,30	0,0029		0,0025		2,27		7,32	
gezwungenes Biegeknicken											
0,40	12,60	32%	14,89	0,0033	0,0031	0,0029	0,0027	2,57	2,40	8,08	
0,44	14,40	36%		0,0038	0,0033	0,0033	0,0028	2,96	2,52	9,06	
0,48	16,20	41%		0,0045	0,0034	0,0038	0,0030	3,43	2,63	10,29	10,80
0,52	18,00	46%		0,0052	0,0036	0,0045	0,0031	4,03	2,74	11,85	
0,56	19,80	50%		0,0062	0,0037	0,0054	0,0032	4,80	2,84	13,85	19,37
0,60	21,60	55%		0,0075	0,0038	0,0065	0,0033	5,81	2,93	16,49	
0,64	23,40	59%		0,0093	0,0039	0,0081	0,0034	7,18	3,02	20,06	
0,68	25,20	64%		0,0118	0,0040	0,0102	0,0035	9,10	3,10	25,04	37,93
0,72	27,00	68%		0,0155	0,0041	0,0134	0,0036	11,91	3,18	32,30	
0,76	28,80	73%		0,0211	0,0042	0,0182	0,0037	16,25	3,26	43,48	

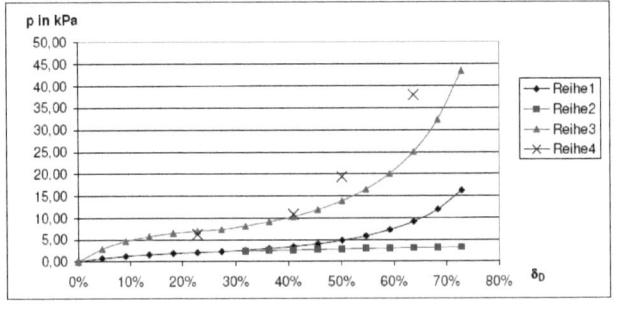

Anlage 13.1.4 Tabellen zu Musterserie Nr. 4

022_45_11_55

textiltechn. Vorgaben		technische Basisgrößen		textiltechnolog. Folgegrößen	
Feinheit	12 E	$B_{bindg.GB3}$	15 [Anz. Gassen]	ε_{qD0}	0,198
d_0	0,22 mm	F_{K0} (Eulersche Knickkraft)	0,0078 N	ε_{qL}	0,095
FBA	45 mm	A_{korr}	56,63 °	ε_{qB}	0,196
ML	1,7 mm			D_{fix}	36,09 mm
A	55 °			$c(\alpha)$	0,918
i=j=k/2	1	Korrekturgrößen		dP	7638 /dm²
M_E	13900 N/mm²	v	3	z_0	11,095 mm
		w	4	$\varepsilon_{qDLastk}$	0,363

BELASTUNG

	ε_{qD}	s [mm]	δ_D [%]	z [mm]	Biegeknickkraft (=Stabkraft) F_S [N/3D-Element]		äquivalente Biegeknickkraft im kombinierten Modell F [N]		äquivalente Druckbelastung [kPa]		korrigierte Druckbelastung [kPa]		Meßwerte
	mit Fallunterscheidung ab $\varepsilon_{qDLastk}$				$I_k=f(\varepsilon_{qDk})$	I_k=FBA	$I_k=f(\varepsilon_{qDk})$	I_k=FBA	$I_k=f(\varepsilon_{qDk})$	I_k=FBA	$I_k=f(\varepsilon_{qDk})$		
									(Reihe1)		(Reihe2)	(Reihe3)	(Reihe4)
freies Biegeknicken	0,20	0,00	0%	11,09	0,0000		0,0000		0,00		0,00		
	0,24	1,80	5%	12,03	0,0006		0,0006		0,42		1,82		
	0,28	3,60	10%	12,85	0,0011		0,0010		0,75		3,08		
	0,32	5,40	15%	13,58	0,0014		0,0013		1,00		4,00		
	0,36	7,20	20%	14,24	0,0017		0,0016		1,21		4,68		
gezwungenes Biegeknicken	0,40	9,00	25%	14,83	0,0019	0,0019	0,0018	0,0018	1,35	1,36	5,09		6,56
	0,44	10,80	30%		0,0022	0,0021	0,0020	0,0020	1,55	1,50	5,71		
	0,48	12,60	35%		0,0026	0,0023	0,0023	0,0021	1,79	1,62	6,47		
	0,52	14,40	40%		0,0030	0,0025	0,0028	0,0023	2,10	1,75	7,44		9,09
	0,56	16,20	45%		0,0036	0,0027	0,0033	0,0024	2,50	1,86	8,69		
	0,60	18,00	50%		0,0043	0,0028	0,0040	0,0026	3,02	1,97	10,32		10,66
	0,64	19,80	55%		0,0053	0,0029	0,0049	0,0027	3,73	2,07	12,52		
	0,68	21,60	60%		0,0067	0,0031	0,0062	0,0028	4,71	2,16	15,59		
	0,72	23,40	65%		0,0088	0,0032	0,0080	0,0029	6,15	2,25	20,03		13,77
	0,76	25,20	70%		0,0119	0,0033	0,0109	0,0031	8,35	2,34	26,84		
	0,80	27,00	75%		0,0171	0,0034	0,0157	0,0032	11,98	2,42	38,03		

022_45_12_55

textiltechn. Vorgaben		technische Basisgrößen			textiltechnolog. Folgegrößen	
Feinheit	12 E	$B_{bindg.GB3}$	15 [Anz. Gassen]		ε_{qD0}	0,193
d_0	0,22 mm	Eulersche Knickkraft	F_{K0}	0,0078 N	ε_{qL}	0,028
FBA	45 mm		A_{korr}	56,63 °	ε_{qB}	0,164
ML	1,6 mm				D_{fix}	36,315 mm
A	55 °				$c(\alpha)$	0,918
i=j=k/2	1		Korrekturgrößen		dP	7267 /dm²
M_E	13900 N/mm²		k	3	z_0	10,969 mm
			x	4	$\varepsilon_{qDLastk}$	0,363

BELASTUNG

	ε_{qD}	s [mm]	δ_D [%]	z [mm]	Biegeknickkraft (=Stabkraft) F_S [N/3D-Element]		äquivalente Biegeknickkraft im kombinierten Modell F [N]		äquivalente Druckbelastung [kPa]		korrigierte Druckbelastung [kPa]	Meßwerte
	mit Fallunterscheidung ab $\varepsilon_{qDLastk}$				$I_k=f(\varepsilon_{qDk})$	I_k=FBA	$I_k=f(\varepsilon_{qDk})$	I_k=FBA	$I_k=f(\varepsilon_{qDk})$	I_k=FBA	$I_k=f(\varepsilon_{qDk})$	
									(Reihe1)	(Reihe2)	(Reihe3)	(Reihe4)
freies Biegeknicken	0,19	0,00	0%	10,97	0,0000		0,0000				0,00	0,00
	0,23	1,80	5%	11,92	0,0006		0,0006		0,41		1,79	
	0,27	3,60	10%	12,75	0,0011		0,0010		0,73		3,02	
	0,31	5,40	15%	13,50	0,0015		0,0013		0,97		3,90	
	0,35	7,20	20%	14,16	0,0018		0,0016		1,17		4,56	
gezwungenes Biegeknicken	0,39	9,00	25%	14,76	0,0019	0,0020	0,0018	0,0018	1,29	1,32	4,88	7,01
	0,43	10,80	30%		0,0022	0,0022	0,0020	0,0020	1,48	1,45	5,46	
	0,47	12,60	35%		0,0026	0,0024	0,0024	0,0022	1,71	1,57	6,18	
	0,51	14,40	40%		0,0030	0,0025	0,0028	0,0023	2,00	1,69	7,10	9,7
	0,55	16,20	45%		0,0036	0,0027	0,0033	0,0025	2,38	1,79	8,27	
	0,59	18,00	50%		0,0043	0,0028	0,0039	0,0026	2,87	1,90	9,80	11,71
	0,63	19,80	55%		0,0053	0,0030	0,0049	0,0027	3,52	1,99	11,85	
	0,67	21,60	59%		0,0067	0,0031	0,0061	0,0029	4,44	2,08	14,71	
	0,71	23,40	64%		0,0086	0,0032	0,0079	0,0030	5,76	2,17	18,82	16,23
	0,75	25,20	69%		0,0117	0,0034	0,0107	0,0031	7,78	2,25	25,06	
	0,79	27,00	74%		0,0166	0,0035	0,0152	0,0032	11,08	2,32	35,22	

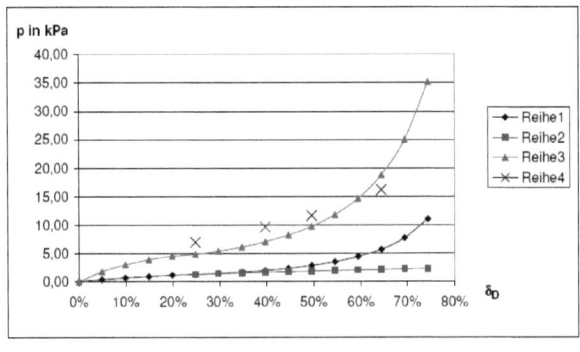

022_45_13_55

textiltechn. Vorgaben		technische Basisgrößen			textiltechnolog. Folgegrößen	
Feinheit	12 E		$B_{bindg.GB3}$	15 [Anz. Gassen]	ε_{qD0}	0,184
d_0	0,22 mm	Eulersche Knickkraft	F_{K0}	0,0078 N	ε_{qL}	0,014
FBA	45 mm		A_{korr}	56,63 °	ε_{qB}	0,164
ML	1,5 mm				D_{fix}	36,72 mm
A	55 °				$c(\alpha)$	0,918
i=j=k/2	1		Korrekturgrößen		dP	7641 /dm²
M_E	13900 N/mm²		k	3	z_0	10,737 mm
			x	4	$\varepsilon_{qDLastk}$	0,363

					BELASTUNG							
	ε_{qD}	s [mm]	δ_D [%]	z [mm]	Biegeknickkraft (=Stabkraft) F_S [N/3D-Element]		äquivalente Biegeknickkraft im kombinierten Modell F [N]		äquivalente Druckbelastung [kPa]		korrigierte Druckbelastung [kPa]	
mit Fallunterscheidung ab $\varepsilon_{qDLastk}$					$l_k=f(\varepsilon_{qDk})$	l_k=FBA	$l_k=f(\varepsilon_{qDk})$	l_k=FBA	$l_k=f(\varepsilon_{qDk})$ (Reihe1)	l_k=FBA (Reihe2)	$l_k=f(\varepsilon_{qDk})$ (Reihe3)	Meßwerte (Reihe4)
freies Biegeknicken	0,18	0,00	0%	10,74	0,0000		0,0000		0,00		0,00	
	0,22	1,80	5%	11,72	0,0007		0,0006		0,46		1,99	
	0,26	3,60	10%	12,57	0,0011		0,0010		0,80		3,34	
	0,30	5,40	15%	13,34	0,0015		0,0014		1,06		4,30	
	0,34	7,20	20%	14,02	0,0018		0,0017		1,28		5,01	
gezwungenes Biegeknicken	0,38	9,00	25%	14,63	0,0019	0,0021	0,0018	0,0019	1,37	1,44	5,21	7,29
	0,42	10,80	29%		0,0022	0,0023	0,0020	0,0021	1,56	1,58	5,81	
	0,46	12,60	34%		0,0026	0,0024	0,0024	0,0022	1,80	1,71	6,56	
	0,50	14,40	39%		0,0030	0,0026	0,0028	0,0024	2,11	1,83	7,50	9,86
	0,54	16,20	44%		0,0036	0,0028	0,0033	0,0025	2,49	1,94	8,71	
	0,58	18,00	49%		0,0043	0,0029	0,0039	0,0027	2,99	2,04	10,28	12,64
	0,62	19,80	54%		0,0052	0,0031	0,0048	0,0028	3,67	2,14	12,37	
	0,66	21,60	59%		0,0065	0,0032	0,0060	0,0029	4,59	2,24	15,26	
	0,70	23,40	64%		0,0084	0,0033	0,0077	0,0030	5,92	2,33	19,37	18,93
	0,74	25,20	69%		0,0113	0,0034	0,0103	0,0032	7,91	2,41	25,55	
	0,78	27,00	74%		0,0158	0,0036	0,0145	0,0033	11,11	2,49	35,42	

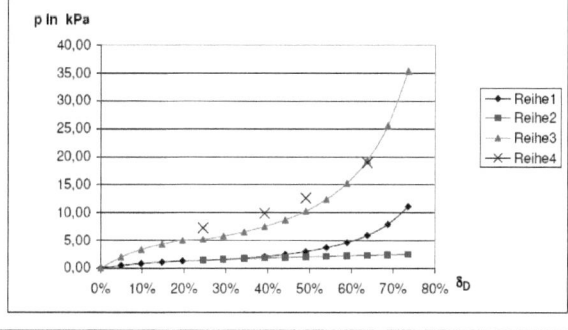

022_45_14_55

textiltechn. Vorgaben		technische Basisgrößen			textiltechnolog. Folgegrößen	
Feinheit	12 E		$B_{bindg.GB3}$	15 [Anz. Gassen]	ε_{qDo}	0,173
d_0	0,22 mm	Eulersche Knickkraft	F_{Ko}	0,0078 N	ε_{qL}	-0,009
FBA	45 mm		A_{korr}	56,63 °	ε_{qB}	0,148
ML	1,4 mm				D_{fix}	37,215 mm
A	55 °				$c(\alpha)$	0,918
i=j=k/2	1		Korrekturgrößen		dP	7850 /dm²
M_E	13900 N/mm²		k	2,5	z_0	10,442 mm
			x	4	$\varepsilon_{qDLastk}$	0,373 (erhöht)

					BELASTUNG					
ε_{qD}	s [mm]	δ_D [%]	z [mm]	Biegeknickkraft (=Stabkraft) F_S [N/3D-Element]		äquivalente Biegeknickkraft im kombinierten Modell F [N]		äquivalente Druckbelastung [kPa]		korrigierte Druckbelastung [kPa]
mit Fallunterscheidung ab $\varepsilon_{qDLastk}$				$I_k=f(\varepsilon_{qDk})$	I_k=FBA	$I_k=f(\varepsilon_{qDk})$	I_k=FBA	$I_k=f(\varepsilon_{qDk})$	I_k=FBA	$I_k=f(\varepsilon_{qDk})$	Meßwerte
								(Reihe1)	(Reihe2)	(Reihe3)	(Reihe4)
0,17	0,00	0%	10,44	0,0000		0,0000		0,00		0,00	
0,21	1,80	5%	11,46	0,0007		0,0006		0,50		1,83	
0,25	3,60	10%	12,35	0,0012		0,0011		0,87		3,05	
0,29	5,40	15%	13,14	0,0016		0,0015		1,15		3,91	
0,33	7,20	19%	13,84	0,0019		0,0018		1,38		4,53	
0,37	9,00	24%	14,47	0,0022		0,0020		1,56		5,00	7,43
0,41	10,80	29%	15,04	0,0026	0,0024	0,0023	0,0022	1,84	1,69	5,73	
0,45	12,60	34%		0,0029	0,0025	0,0027	0,0023	2,12	1,82	6,45	
0,49	14,40	39%		0,0034	0,0027	0,0031	0,0025	2,46	1,95	7,35	8,89
0,53	16,20	44%		0,0040	0,0029	0,0037	0,0026	2,90	2,06	8,49	
0,57	18,00	48%		0,0048	0,0030	0,0044	0,0028	3,47	2,17	9,98	12,78
0,61	19,80	53%		0,0059	0,0031	0,0054	0,0029	4,23	2,27	11,94	
0,65	21,60	58%		0,0073	0,0033	0,0067	0,0030	5,26	2,36	14,62	
0,69	23,40	63%		0,0093	0,0034	0,0086	0,0031	6,72	2,45	18,40	21,46
0,73	25,20	68%		0,0123	0,0035	0,0113	0,0032	8,88	2,54	23,99	
0,77	27,00	73%		0,0171	0,0036	0,0156	0,0033	12,28	2,62	32,75	

Rows 0,17–0,37: freies Biegeknicken. Rows 0,41–0,77: gezwungenes Biegeknicken.

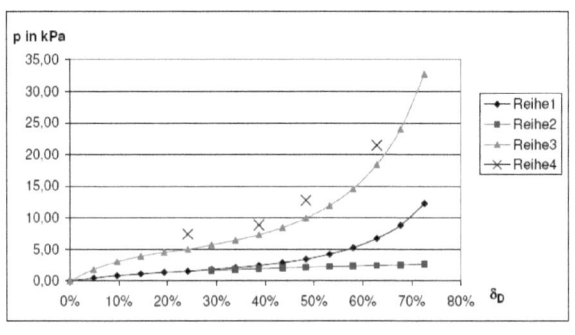

022_45_15_55

textiltechn. Vorgaben		technische Basisgrößen		textiltechnolog. Folgegrößen	
Feinheit	12 E	$B_{bindg.GB3}$	15 [Anz. Gassen]	ε_{qD0}	0,158
d_0	0,22 mm	Eulersche Knickkraft F_{K0}	0,0078 N	ε_{qL}	-0,028
FBA	45 mm	A_{korr}	56,63 °	ε_{qB}	0,132
ML	1,3 mm			D_{ftx}	37,89 mm
A	55 °			$c(\alpha)$	0,92
i=j=k/2	1	Korrekturgrößen		dP	8145 1/dm²
M_E	13900 N/mm²	k	2,5	z_0	10,02 mm
		x	4	$\varepsilon_{qDLastk}$	0,363

					BELASTUNG				
ε_{qD}	s [mm]	δ_D [%]	z [mm]	Biegeknickkraft (=Stabkraft) F_S [N/3D-Element]		äquivalente Biegeknickkraft im kombinierten Modell F [N]		äquivalente Druckbelastung [kPa]	korrigierte Druckbelastung [kPa]
mit Fallunterscheidung ab $\varepsilon_{qDLastk}$				$l_k=f(\varepsilon_{qDk})$	l_k=FBA	$l_k=f(\varepsilon_{qDk})$	l_k=FBA	$l_k=f(\varepsilon_{qDk})$ (Reihe1)	l_k=FBA (Reihe2)	$l_k=f(\varepsilon_{qDk})$ (Reihe3)	Meßwerte (Reihe4)

ε_{qD}	s [mm]	δ_D [%]	z [mm]	$l_k=f(\varepsilon_{qDk})$	l_k=FBA	$l_k=f(\varepsilon_{qDk})$	l_k=FBA	(Reihe1)	(Reihe2)	(Reihe3)	(Reihe4)
0,16	0,00	0%	10,02	0,0000		0,0000		0,00		0,00	
0,20	1,80	5%	11,09	0,0008		0,0007		0,56		2,11	
0,24	3,60	10%	12,03	0,0013		0,0012		0,97		3,48	
0,28	5,40	14%	12,85	0,0017		0,0016		1,28		4,42	
0,32	7,20	19%	13,58	0,0020		0,0019		1,53		5,09	
0,36	9,00	24%	14,24	0,0023		0,0021		1,73		5,58	7,79
0,40	10,80	29%		0,0026	0,0025	0,0024	0,0023	1,93	1,87	6,07	
0,44	12,60	33%		0,0030	0,0027	0,0027	0,0025	2,21	2,00	6,80	
0,48	14,40	38%		0,0034	0,0028	0,0032	0,0026	2,57	2,13	7,72	10,18
0,52	16,20	43%		0,0040	0,0030	0,0037	0,0028	3,01	2,25	8,87	
0,56	18,00	48%		0,0048	0,0032	0,0044	0,0029	3,58	2,35	10,35	15,11
0,60	19,80	52%		0,0058	0,0033	0,0053	0,0030	4,33	2,46	12,30	
0,64	21,60	57%		0,0071	0,0034	0,0066	0,0031	5,34	2,55	14,93	
0,68	23,40	62%		0,0090	0,0035	0,0083	0,0032	6,74	2,65	18,58	
0,72	25,20	67%		0,0118	0,0037	0,0108	0,0034	8,79	2,73	23,88	23,89
0,76	27,00	71%		0,0160	0,0038	0,0147	0,0035	11,94	2,81	31,99	

(left labels: freies Biegeknicken; gezwungenes Biegeknicken)

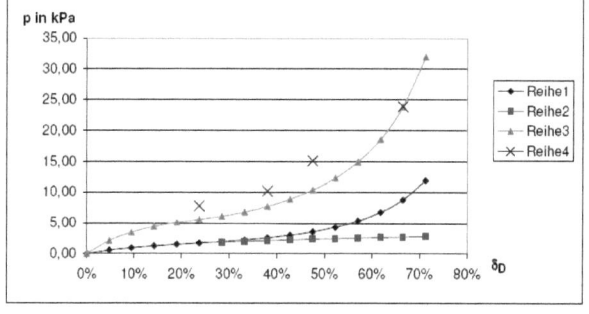

022_45_16_55

textiltechn. Vorgaben	
Feinheit	12 E
d_0	0,22 mm
FBA	45 mm
ML	1,2 mm
A	55 °
i=j=k/2	1
M_E	13900 N/mm²

technische Basisgrößen		
	$B_{bindg.GB3}$	15 [Anz. Gassen]
Eulersche Knickkraft	F_{K0}	0,0078 N
	A_{korr}	56,63 °

textiltechnolog. Folgegrößen	
ε_{qD0}	0,144
ε_{qL}	-0,059
ε_{qB}	0,132
D_{fix}	38,52 mm
$c(\alpha)$	0,918
dP	8566 /dm²
z_0	9,602 mm
$\varepsilon_{qDLastk}$	0,363

Korrekturgrößen	
v	2,5
w	4

	ε_{qD}	s [mm]	δ_D [%]	z [mm]	BELASTUNG: Biegeknickkraft (=Stabkraft) F_S [N/3D-Element]		äquivalente Biegeknickkraft im kombinierten Modell F [N]		äquivalente Druckbelastung [kPa]		korrigierte Druckbelastung [kPa]	
mit Fallunterscheidung ab $\varepsilon_{qDLastk}$					$l_k=f(\varepsilon_{qDk})$	l_k=FBA	$l_k=f(\varepsilon_{qDk})$	l_k=FBA	$l_k=f(\varepsilon_{qDk})$ (Reihe1)	l_k=FBA (Reihe2)	$l_k=f(\varepsilon_{qDk})$ (Reihe3)	Meßwerte (Reihe4)
freies Biegeknicken	0,14	0,00	0%	9,60	0,0000		0,0000		0,00		0,00	
	0,18	1,80	5%	10,74	0,0008		0,0008		0,65		2,47	
	0,22	3,60	9%	11,72	0,0014		0,0013		1,10		4,01	
	0,26	5,40	14%	12,57	0,0018		0,0017		1,45		5,05	
	0,30	7,20	19%	13,34	0,0022		0,0020		1,71		5,77	
	0,34	9,00	23%	14,02	0,0025		0,0023		1,93		6,30	8,41
gezwungenes Biegeknicken	0,38	10,80	28%		0,0026	0,0027	0,0024	0,0024	2,06	2,09	6,54	
	0,42	12,60	33%		0,0030	0,0028	0,0028	0,0026	2,36	2,23	7,30	
	0,46	14,40	37%		0,0035	0,0030	0,0032	0,0028	2,72	2,36	8,24	
	0,50	16,20	42%		0,0040	0,0032	0,0037	0,0029	3,18	2,48	9,43	10,04
	0,54	18,00	47%		0,0048	0,0033	0,0044	0,0030	3,76	2,59	10,95	
	0,58	19,80	51%		0,0057	0,0034	0,0053	0,0031	4,52	2,70	12,92	15,78
	0,62	21,60	56%		0,0070	0,0036	0,0065	0,0033	5,53	2,80	15,56	
	0,66	23,40	61%		0,0088	0,0037	0,0081	0,0034	6,93	2,89	19,18	
	0,70	25,20	65%		0,0114	0,0038	0,0104	0,0035	8,92	2,98	24,35	25,78
	0,74	27,00	70%		0,0152	0,0039	0,0139	0,0036	11,93	3,06	32,11	
	0,78	28,80	75%		0,0213	0,0040	0,0196	0,0037	16,76	3,14	44,52	

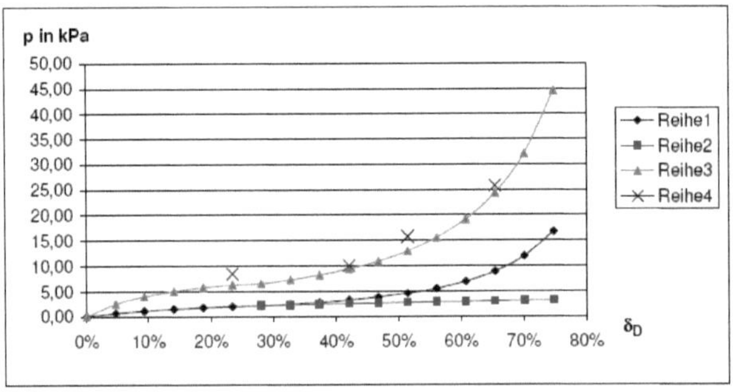

022_45_18_55

textiltechn. Vorgaben			technische Basisgrößen			textiltechnolog. Folgegrößen	
Feinheit	12 E	Eulersche Knickkraft	$B_{bindg.GB3}$	15 [Anz. Gassen]		ε_{qD0}	0,131
d_0	0,22 mm		F_{K0}	0,0078 N		ε_{qL}	-0,097
FBA	45 mm		A_{korr}	56,63 °		ε_{qB}	0,113
ML	1,1 mm					D_{fix}	39,105 mm
A	55 °					$c(\alpha)$	0,92
i=j=k/2	1		Korrekturgrößen			dP	8827 /dm²
M_E	13900 N/mm²		v	2,5		z_0	9,19 mm
			w	4		$\varepsilon_{qDLastk}$	0,373 (erhöht)

				BELASTUNG					
ε_{qD}	s [mm]	δ_D [%]	z [mm]	Biegeknickkraft (=Stabkraft) F_S [N/3D-Element]	äquivalente Biegeknickkraft im kombinierten Modell F [N]		äquivalente Druckbelastung [kPa]		korrigierte Druckbelastung [kPa]
mit Fallunterscheidung ab $\varepsilon_{qDLastk}$				$I_k=f(\varepsilon_{qDk})$	$I_k=FBA$	$I_k=f(\varepsilon_{qDk})$	$I_k=FBA$		$I_k=f(\varepsilon_{qDk})$
							(Reihe1)	(Reihe2)	(Reihe3)
0,13	0,00	0%	9,19068	0,0000		0,0000		0,00	0,00
0,17	1,80	5%	10,3875	0,0009		0,0008		0,73	2,83
0,21	3,60	9%	11,4118	0,0015		0,0014		1,23	4,53
0,25	5,40	14%	12,3066	0,0020		0,0018		1,60	5,64
0,29	7,20	18%	13,0986	0,0023		0,0021		1,88	6,41
0,33	9,00	23%	13,8054	0,0026		0,0024		2,11	6,95
0,37	10,80	28%	14,4396	0,0028		0,0026		2,29	7,35
0,41	12,60	32%		0,0033	0,0030	0,0030	0,0027	2,68	2,43	8,37
0,45	14,40	37%		0,0038	0,0032	0,0035	0,0029	3,08	2,56	9,41
0,49	16,20	41%		0,0044	0,0033	0,0041	0,0030	3,59	2,68	10,72
0,53	18,00	46%		0,0052	0,0034	0,0048	0,0032	4,23	2,79	12,38
0,57	19,80	51%		0,0062	0,0036	0,0057	0,0033	5,05	2,90	14,53
0,61	21,60	55%		0,0076	0,0037	0,0070	0,0034	6,14	3,00	17,37
0,65	23,40	60%		0,0094	0,0038	0,0086	0,0035	7,63	3,09	21,24
0,69	25,20	64%		0,0120	0,0039	0,0110	0,0036	9,74	3,18	26,70
0,73	27,00	69%		0,0159	0,0040	0,0146	0,0037	12,85	3,26	34,73
0,77	28,80	74%		0,0219	0,0041	0,0201	0,0038	17,73	3,34	47,29

Meßwerte (Reihe4):
- 0,33: 8,51
- 0,49: 11,02
- 0,57: 16,06
- 0,69: 28,32

(freies Biegeknicken: rows 0,13 – 0,37; gezwungenes Biegeknicken: rows 0,41 – 0,77)

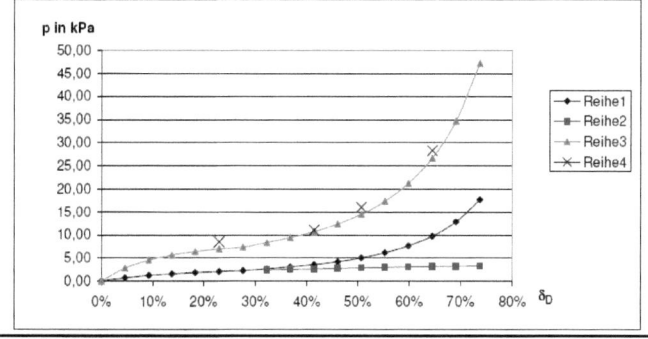

Anlage 13.2 Relativer Vergleich der berechneten Druckspannungs-Verformungswerte mit den Meßwerten

Anlage 13.2.1 Vergleichsliste Musterserie Nr. 1

Musterserie Nr. 1				Primär-Code 020_34			
MD (Sek.-Code)	ML	A (Sek.-Code)	Vergleichs-größe	CC_{25}	CV_{40}	CC_{50}	CC_{65}
11	1,70	45	Meßwert	9,64	10,10	12,45	17,16
			Ber. c(α)	1,78	2,78	4,30	8,70
			Ber. 1.EF	1,32	2,10	3,20	6,30
			Ber. 2.EF	2,24	3,49	4,50	10,90
13	1,50		Meßwert	8,16	10,48	12,83	22,79
			Ber. c(α)	2,24	3,60	5,24	10,36
			Ber. 1.EF	1,64	2,70	3,84	7,58
			Ber. 2.EF	2,73	4,25	6,39	12,62
15	1,30		Meßwert	9,20	11,29	13,53	24,20
			Ber. c(α)	2,50	3,90	5,50	10,67
			Ber. 1.EF	1,84	2,89	4,07	7,85
			Ber. 2.EF	3,10	4,84	6,81	13,16
18	1,11		Meßwert	10,84	14,88	20,03	38,44
			Ber. c(α)	4,05	5,70	8,20	13,00
			Ber. 1.EF	2,95	4,15	5,04	12,42
			Ber. 2.EF	4,85	6,90	10,00	20,60
	1,11	35	Meßwert	8,16	9,93	13,63	30,84
			Ber. c(α)	3,05	4,66	6,70	14,10
			Ber. 1.EF	2,30	3,24	4,70	9,80
			Ber. 2.EF	3,20	4,47	6,44	13,50
	1,11	55	Meßwert	11,01	11,49	13,46	24,49
			Ber. c(α)	3,40	5,28	7,60	12,00
			Ber. 1.EF	3,04	4,35	5,60	9,90
			Ber. 2.EF	6,26	8,95	12,92	20,30

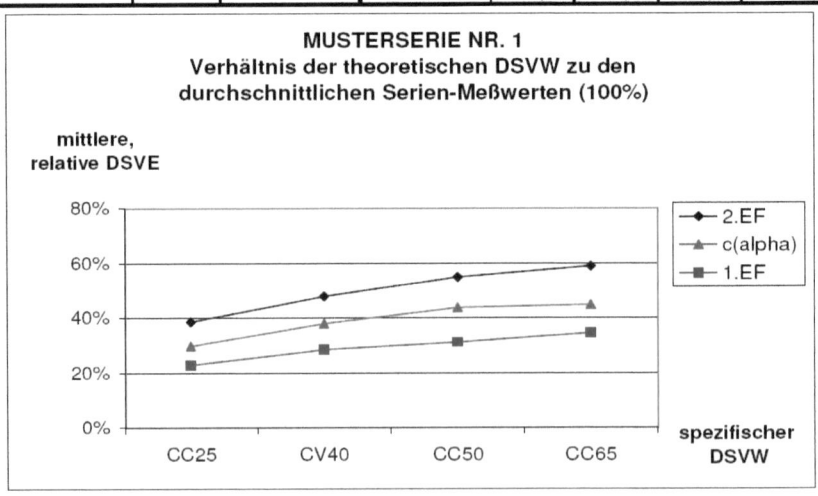

MUSTERSERIE NR. 1
Verhältnis der theoretischen DSVW zu den durchschnittlichen Serien-Meßwerten (100%)

Anlage 13.2.2 Vergleichsliste Musterserie Nr. 2

Musterserie Nr. 2				Primär-Code 022_34			
MD (Sek.-Code)	ML	A (Sek.-Code)	Vergleichs-größe	CC_{25}	CV_{40}	CC_{50}	CC_{65}
11	1,70	45	Meßwert	7,12	10,14	12,61	22,24
			Ber. c(α)	3,40	5,25	7,64	12,20
			Ber. 1.EF	2,50	3,75	5,60	10,50
			Ber. 2.EF	3,15	6,97	9,35	19,26
13	1,50		Meßwert	9,98	11,05	13,80	24,77
			Ber. c(α)	4,20	5,99	8,65	13,60
			Ber. 1.EF	3,07	4,40	6,37	12,37
			Ber. 2.EF	5,12	7,37	10,56	16,74
15	1,30		Meßwert	11,63	12,76	14,98	27,98
			Ber. c(α)	5,06	7,30	10,50	19,41
			Ber. 1.EF	3,93	5,30	7,61	15,69
			Ber. 2.EF	6,11	8,90	12,92	26,65
18	1,11		Meßwert	12,72	20,30	26,88	50,00
			Ber. c(α)	6,38	8,60	12,35	25,00
			Ber. 1.EF	4,62	6,18	8,97	18,00
			Ber. 2.EF	8,04	10,40	14,80	30,44
	1,11	35	Meßwert	18,84	17,01	21,95	59,43
			Ber. c(α)	6,92	8,95	13,04	20,50
			Ber. 1.EF	4,79	7,10	8,95	18,05
			Ber. 2.EF	6,53	10,01	12,62	25,46
	1,11	55	Meßwert	16,28	12,62	16,61	43,60
			Ber. c(α)	7,74	10,15	14,81	30,04
			Ber. 1.EF	6,29	8,13	11,76	23,86
			Ber. 2.EF	12,75	17,03	24,85	50,41

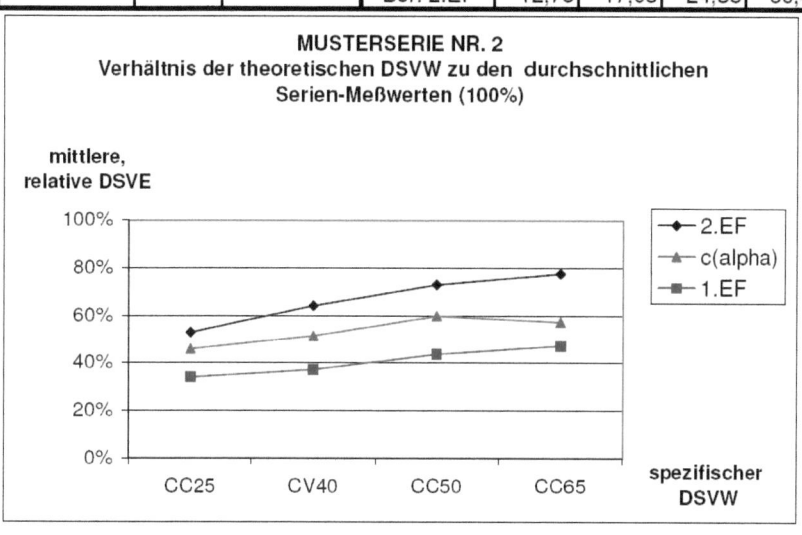

MUSTERSERIE NR. 2
Verhältnis der theoretischen DSVW zu den durchschnittlichen Serien-Meßwerten (100%)

Anlage 13.2.3 Vergleichsliste Musterserie Nr. 3

Musterserie Nr. 3				Primär-Code 022_45				
MD (Sek.-Code)	ML	A	(Sek.-Code)	Vergleichs-größe	CC_{25}	CV_{40}	CC_{50}	CC_{65}
11	1,70		45	Meßwert	4,94	7,69	11,46	17,25
				Ber. c(α)	0,94	1,44	2,09	4,34
				Ber. 1.EF	0,68	1,05	1,52	3,13
				Ber. 2.EF	1,09	1,67	2,41	5,18
12	1,60			Meßwert	5,53	7,76	11,12	17,34
				Ber. c(α)	1,20	1,86	2,67	5,74
				Ber. 1.EF	0,87	1,35	1,94	3,96
				Ber. 2.EF	1,40	2,18	3,12	6,72
13	1,50			Meßwert	5,65	7,52	10,84	17,91
				Ber. c(α)	1,28	1,98	2,82	6,00
				Ber. 1.EF	0,93	1,44	2,06	4,35
				Ber. 2.EF	1,51	2,32	3,31	7,00
14	1,40			Meßwert	6,37	9,57	13,25	23,27
				Ber. c(α)	1,41	2,16	3,04	6,47
				Ber. 1.EF	1,01	1,57	2,28	4,70
				Ber. 2.EF	1,65	2,53	3,70	7,57
15	1,29			Meßwert	6,03	10,78	18,18	28,97
				Ber. c(α)	1,73	2,66	3,68	9,34
				Ber. 1.EF	1,29	1,94	2,68	5,72
				Ber. 2.EF	2,04	3,15	4,54	9,29
16	1,21			Meßwert	7,44	10,73	13,62	23,10
				Ber. c(α)	2,08	3,18	4,61	9,46
				Ber. 1.EF	1,51	2,33	3,36	6,90
				Ber. 2.EF	2,44	3,74	5,45	11,19
18	1,11			Meßwert	6,19	10,80	19,37	37,93
				Ber. c(α)	2,18	3,32	4,80	9,80
				Ber. 1.EF	1,59	2,43	3,50	7,15
				Ber. 2.EF	2,26	3,94	5,67	11,58

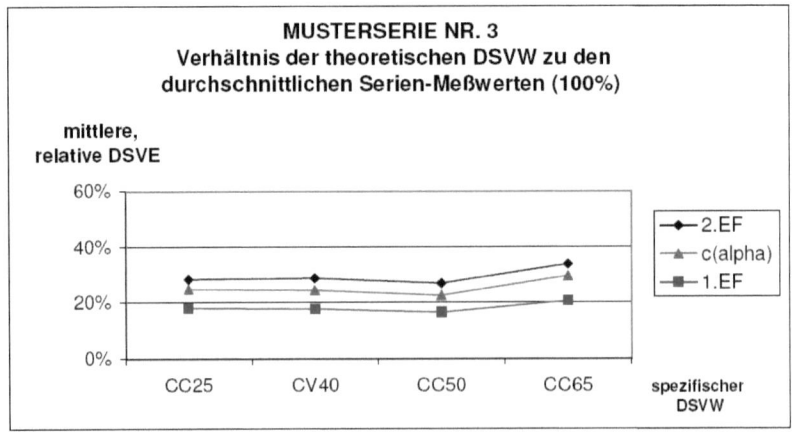

MUSTERSERIE NR. 3
Verhältnis der theoretischen DSVW zu den durchschnittlichen Serien-Meßwerten (100%)

Anlage 13.2.4 Vergleichsliste Musterserie Nr. 4

Musterserie Nr. 3				Primär-Code 022_45				
MD (Sek.-Code)	ML	A	(Sek.-Code)	Vergleichs-größe	CC_{25}	CV_{40}	CC_{50}	CC_{65}
11	1,70			Meßwert	6,56	9,09	10,66	13,77
				Ber. c(α)	1,35	2,10	3,02	6,15
				Ber. 1.EF	1,07	1,66	2,39	4,85
				Ber. 2.EF	2,06	3,21	4,61	9,37
12	1,60			Meßwert	7,01	9,70	11,71	16,23
				Ber. c(α)	1,29	2,00	2,87	6,17
				Ber. 1.EF	1,03	1,60	2,29	4,92
				Ber. 2.EF	2,00	3,11	4,46	9,59
13	1,50			Meßwert	7,29	9,86	12,64	18,93
				Ber. c(α)	1,37	2,19	3,13	6,31
				Ber. 1.EF	1,09	1,74	2,49	5,03
				Ber. 2.EF	2,12	3,37	4,85	9,78
14	1,40	55		Meßwert	7,43	8,89	12,78	21,46
				Ber. c(α)	1,62	2,55	3,77	7,56
				Ber. 1.EF	1,29	2,05	2,93	6,08
				Ber. 2.EF	2,54	4,02	5,87	11,94
15	1,29			Meßwert	7,79	10,18	15,11	23,89
				Ber. c(α)	1,77	2,74	3,95	7,97
				Ber. 1.EF	1,43	2,21	3,18	6,43
				Ber. 2.EF	3,15	4,35	6,27	12,65
16	1,21			Meßwert	8,41	10,04	15,78	25,78
				Ber. c(α)	1,98	3,01	4,14	8,92
				Ber. 1.EF	1,79	2,40	3,48	7,17
				Ber. 2.EF	3,12	4,69	6,89	14,08
18	1,11			Meßwert	8,51	11,02	16,06	28,32
				Ber. c(α)	2,18	3,47	4,72	10,37
				Ber. 1.EF	1,76	2,81	3,96	8,39
				Ber. 2.EF	3,50	5,57	7,91	16,65

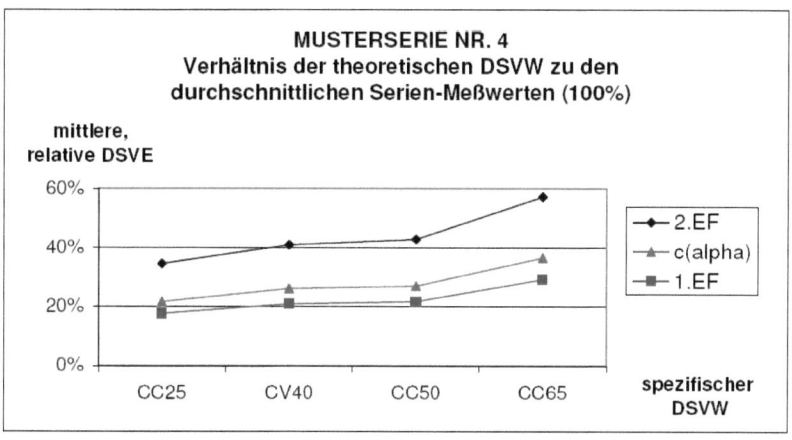

MUSTERSERIE NR. 4
Verhältnis der theoretischen DSVW zu den durchschnittlichen Serien-Meßwerten (100%)

Anlage 13.2.5 Zusammenfassender Vergleich der Musterserien Nr. 1 – 4

DSVE / DSVW	CC_{25}	CV_{40}	CC_{50}	CC_{65}
1. EF (relativer Mittelwert Serie 1-4)	23%	26%	28%	33%
c(alpha) (relativer Mittelwert Serie 1-4)	31%	35%	38%	42%
2. EF (relativer Mittelwert Serie 1-4)	39%	45%	49%	57%

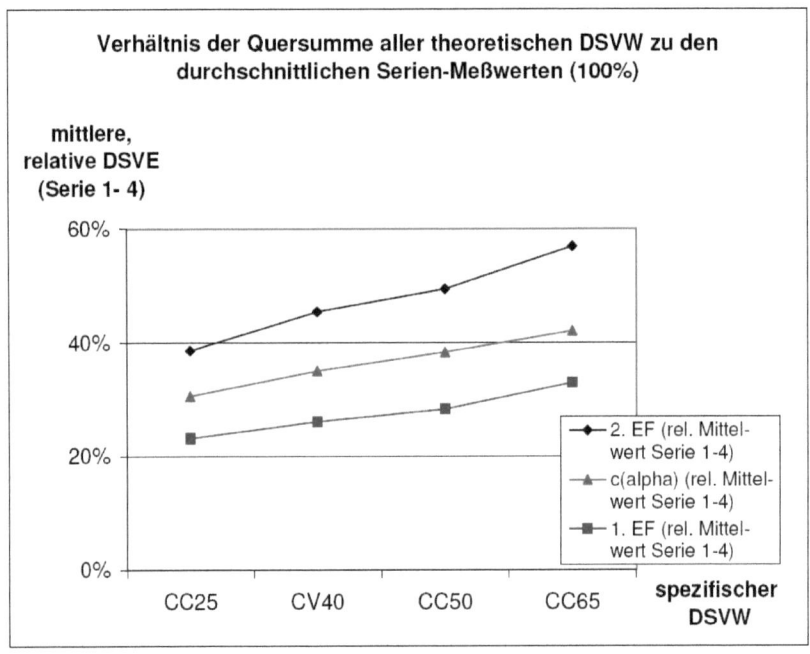

I want morebooks!

Buy your books fast and straightforward online - at one of world's fastest growing online book stores! Environmentally sound due to Print-on-Demand technologies.

Buy your books online at
www.morebooks.shop

Kaufen Sie Ihre Bücher schnell und unkompliziert online – auf einer der am schnellsten wachsenden Buchhandelsplattformen weltweit! Dank Print-On-Demand umwelt- und ressourcenschonend produziert.

Bücher schneller online kaufen
www.morebooks.shop

KS OmniScriptum Publishing
Brivibas gatve 197
LV-1039 Riga, Latvia
Telefax: +371 686 204 55

info@omniscriptum.com
www.omniscriptum.com

Printed by Books on Demand GmbH, Norderstedt / Germany